LES

TRAVAUX DES CHAMPS

TABLE DES PLANCHES ET GRAVURES

NOUVEAU COURS D'ENSEIGNEMENT PRIMAIRE
Rédigé conformément aux programmes officiels du 27 juillet 1882 et du 18 janvier 1887

LES
TRAVAUX DES CHAMPS

LECTURES

SUR L'AGRICULTURE, L'AGRONOMIE, LES CULTURES FORESTIÈRES, MARAICHÈRES ET POTAGÈRES, LA VITICULTURE, L'ÉLEVAGE, L'APICULTURE, LA SÉRICICULTURE, L'HORTICULTURE, L'ÉCONOMIE RURALE ET LA COMPTABILITÉ AGRICOLE

PAR

VICTOR FOURNIER

INSPECTEUR DE L'ENSEIGNEMENT PRIMAIRE
OFFICIER DE L'INSTRUCTION PUBLIQUE

Ouvrage illustré de plus de 360 vignettes expliquées

Remuez votre champ dès qu'on aura fait l'août.
Creusez, fouillez, bêchez ; ne laissez nulle place
Où la main ne passe et repasse.

LA FONTAINE

PARIS
ANCIENNE LIBRAIRIE PICARD-BERNHEIM ET Cie
ALCIDE PICARD ET KAAN ÉDITEURS
11, RUE SOUFFLOT, 11

Saint-Denis. — Imprimerie Alcide Picard et Kaan. — 1088. M 1.

PRÉFACE

Une des conséquences de l'instruction primaire obligatoire doit être, à notre avis, de donner à l'enseignement national une impulsion qui tourne largement au profit des intérêts généraux du pays, surtout en favorisant du mieux possible les intérêts moraux, intellectuels et matériels des gens de la campagne, qui forment la partie la plus dense de la population, et qui sont, par là même, dignes d'un intérêt tout particulier.

La logique exige donc que l'enseignement de **l'agriculture et de l'horticulture** ait, à l'école primaire la juste place qui lui revient dans la pensée du législateur et que le bon sens public lui assigne depuis longtemps.

Cependant cet enseignement, bien qu'il soit inscrit dans les programmes officiels à titre *obligatoire*, n'est pas encore parvenu à s'orienter d'une manière assez précise, à se généraliser, et, sauf de très rares et très honorables exceptions, les instituteurs, de ce côté, en sont encore à chercher leur voie et à traverser la période des tâtonnements.

Il nous paraît y avoir à cela plusieurs raisons. Et d'abord, la plupart des maîtres ne semblent pas, à cet égard, être suffisamment préparés pour répandre autour d'eux **l'enseignement agricole.** En outre, pour le choix d'un *traité* pouvant leur servir de guide, ils se trouvent placés entre des ouvrages écrits d'ailleurs avec la plus grande compétence, mais dont les uns donnent tant de détails techniques, que les esprits les plus attentifs ne peuvent les suivre sans lassitude; dont les autres, trop écourtés, ne soulèvent qu'un coin particulier de cette vaste étude.

Aussi, devant cette lacune, les instituteurs, pris de découragement, perdent-ils de vue les grandes lignes de cette intéressante question, l'encadrement rationnel qu'elle comporte, et tombent-ils dans l'incertitude et l'hésitation pour acquérir d'abord, pour transmettre ensuite, les connaissances si vraiment utiles d'ensemble et de détail de la **science agricole.**

Nous parlons de ces hésitations pour les avoir personnellement éprouvées.

Nous sommes convaincu que l'enseignement primaire, par sa nature même, doit se tenir à égale distance, en chaque matière, du *trop* et du *trop peu*, sous peine d'être atteint d'une déperdition regrettable d'efforts et de temps : il y a donc à déterminer une juste proportion de *mesure*, de *dosage*, pour élever chaque branche d'enseignement jusqu'au niveau des forces intellectuelles des enfants, sans que ce niveau doive jamais être dépassé.

Là est le secret de tout enseignement bien ordonné. C'est aussi le but que nous nous sommes proposé d'atteindre en publiant ce cours : *rendre accessible aux maîtres et aux élèves l'étude d'une science qui n'est pas sans aridité.*

Nos leçons ont été uniquement préparées en vue d'organiser d'une manière fructueuse **l'enseignement agricole** dans un établissement primaire dont nous avons eu la direction : à défaut de tout autre mérite, nous pouvons invoquer en leur faveur celui d'avoir été faites à un point de vue pédagogique et pratique, pour les besoins journaliers de nos élèves, et d'avoir été expérimentées, non sans succès, pendant une quinzaine d'années.

Elles peuvent également servir comme exercices de *lecture courante,* comme textes de *dictées orthographiques* et comme *sujets techniques* à développer.

Nous livrons au bienveillant examen des instituteurs ce modeste travail fait par l'un d'eux, et nous nous estimerons heureux s'il peut conquérir les sympathies du personnel enseignant et contribuer, comme nous l'espérons, au développement progressif de l'instruction populaire.

V. FOURNIER.

DISPOSITIONS ADDITIONNELLES A L'ARRÊTÉ ORGANIQUE DU 18 JANVIER 1887.

Arrêté du 24 juillet 1888

EXAMEN DU CERTIFICAT D'ÉTUDES PRIMAIRES ÉLÉMENTAIRES

Art 260. — Outre les matières énoncées aux articles 3 et 5 du présent réglement, l'examen peut comprendre, *sur la demande du candidat,* un exercice de dessin linéaire et des **interrogations sur l'agriculture.**

Il sera fait mention sur le certificat des matières complémentaires pour lesquelles le candidat aura obtenu au moins la note 5.

Fig. 1. — LABOUR ET SEMAILLES EN ÉGYPTE, d'après les monuments égyptiens. L'agriculture était en honneur dès la plus haute antiquité.

CHAPITRE PREMIER

La vie des végétaux.

SOMMAIRE. — I. Du travail; sa moralité. — II. De la vie végétale. — III. Nutrition des plantes, sève, absorption. — IV. Composition de l'air atmosphérique. — V. Respiration des plantes. — VI. Réflexions et conseils. — VII. Influence du climat sur la végétation. — VIII. Régions agricoles; de leurs produits. — IX. Durée de la vie chez les végétaux. — X. Divers modes de reproduction des plantes.

I. DU TRAVAIL; SA MORALITÉ

1. La **terre** est la mère nourricière de l'homme, des animaux et des plantes. Nous devons la féconder par le travail.

2. *Travailler*, c'est être utile à soi et aux autres. Les travailleurs intelligents et honnêtes assurent à leurs familles le bien-être et la joie du foyer, et, à l'État, la prospérité et la paix, dont le prix est inestimable.

3. La nation la plus policée est aussi celle où le travail est le plus en honneur : les peuples barbares n'ont jamais su travailler. Le travail entretient la santé, dissipe l'ennui, apaise les passions, conserve la sérénité de l'esprit; il nous rend meilleurs.

4. Aucun travail n'est plus utile et plus honorable que celui du cultivateur : aucune profession n'est plus digne de nos respects.

ENTRETIENS

1. Qu'est-ce que la terre? — **2.** Qu'est-ce que travailler? — Quels sont les avantages du travail pour la famille et pour l'État? — **3.** Les peuples barbares travaillent-ils? — Dites quels sont les effets moraux du travail. — **4.** Le métier de cultivateur est-il honorable?

II. DE LA VIE VÉGÉTALE

Fig. 2. — TYPES DE VÉGÉTAUX.

Arbre. (plante *ligneuse.*) **Œillet.** (plante *herbacée.*) **Champignon.** (*cryptogame.*)

1. Les **végétaux** sont des êtres vivants. Ils naissent, s'accroissent, accomplissent les fonctions de la vie végétative, dont la principale est la *nutrition* et, si aucun fait anormal ne vient précipiter le terme de leur existence, ils dépérissent et meurent au bout d'un temps qui, pour chaque espèce, est sensiblement le même.

2. La nutrition des végétaux comprend trois fonctions distinctes dont la connaissance jette une vive clarté sur les phénomènes que la culture a pour but de favoriser : 1° l'*absorption* par les racines des principes nourriciers que le sol contient; 2° la *circulation* du liquide nourricier à travers le végétal; 3° la *respiration* qui s'effectue par les feuilles et met le fluide nourricier en contact avec l'atmosphère.

ENTRETIENS

1. Les végétaux sont-ils des êtres vivants? — Quels sont les faits caractéristiques de la vie? — **2.** Combien la nutrition des végétaux comprend-elle de fonctions principales?

III. NUTRITION DES PLANTES, SÈVE, ABSORPTION

Fig. 3. — ORGANES DE NUTRITION D'UN ARBRE.

1. *Racines* et *radicelles* enfoncées dans la terre. — **2.** Le *tronc* ou *tige* qui s'élève dans l'air entre les racines et les branches couvertes de feuilles. — **3.** *Branches.* — **4.** *Feuilles.* — **5.** Arbre montrant la section du tronc.

1. L'**absorption** du liquide nourricier s'effectue par l'extrémité des radicelles au moyen de petits organes appelés *spongioles*, visibles à l'œil nu chez beaucoup de végétaux. Pour que l'absorption puisse avoir lieu, il faut que les principes nourriciers soient suffisamment dissous dans le sol humidifié.

2. Le liquide nourricier se nomme la **sève**. Des racines, la sève monte par des conduits d'une extrême ténuité jusqu'aux parties vertes. Elle porte alors le nom de *sève ascendante.*

3. C'est dans les parties vertes ou feuilles qu'elle s'élabore par l'influence de l'atmosphère et devient propre à nourrir le végétal.

4. La *sève élaborée* ou *descendante* redescend le long des branches et du tronc, entre l'écorce et le bois, en déposant sur son parcours une couche de matière appelée *cambium*, qui s'organise et donne chaque année une nouvelle couche de bois et une nouvelle couche d'écorce.

5. La couche de bois s'appelle l'*aubier*, la couche d'écorce se nomme le *liber*.

C'est par le contact des couches de liber que les greffes reprennent.

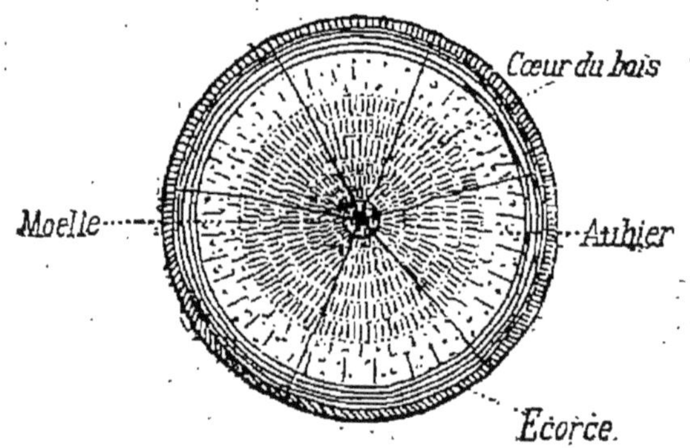

Fig. 4. — COUPE D'UN TRONC D'ARBRE.

6. La terre fournit ainsi libéralement aux besoins des plantes et chaque espèce y puise ce qui lui convient plus particulièrement. Mais elle ne tarderait pas à s'épuiser si on ne lui rendait, au moyen des engrais, les substances dont les végétaux se sont emparés et si, en alternant les cultures, on ne laissait se reconstituer peu à peu les éléments propres à chacune d'elles.

ENTRETIENS

1. Comment s'effectue l'absorption? — Qu'est-ce que les spongioles? — **2**. Qu'est-ce que la sève? — **3**. Qu'est-ce que la sève élaborée? — **4**. Où passe-t-elle? — Qu'est-ce que le cambium? — **5**. L'aubier? — Le liber? — **6**. Comment rend-on à la terre sa fertilité?

IV. COMPOSITION DE L'AIR ATMOSPHÉRIQUE

1. **L'air atmosphérique** est composé de deux gaz : l'*oxygène* et l'*azote*.

2. 100 litres d'air contiennent environ 21 litres d'oxygène et 79 litres d'azote.

3. *L'oxygène est absolument indispensable à la vie.* Par la *respiration* il est le principe de la chaleur animale; par la *combustion* il produit la chaleur de nos foyers.

L'*azote* est un corps neutre qui tempère les effets de l'oxygène et l'empêche d'agir trop activement sur nos organes.

4. Les deux phénomènes de la respiration et de la combustion ne diffèrent pas essentiellement l'un de l'autre.

5. Dans la combustion, l'oxygène se combine avec le *carbone* (ou charbon) et produit un gaz, l'*acide carbonique.* Dans l'acte de la respiration, l'oxygène se combine avec le carbone du sang et produit également de l'*acide carbonique.*

6. L'acide carbonique est un gaz *asphyxiant.* Il donne la mort en suspendant le phénomène de la respiration.

7. Lorsque l'air atmosphérique contient de l'acide carbonique en une certaine quantité, des phénomènes d'asphyxie peuvent se produire, et, dans tous les cas, la respiration est insuffisante et la santé s'altère.

8. Il est donc absolument nécessaire d'entretenir un air pur suffisamment renouvelé dans tous les lieux où l'homme et les animaux doivent vivre.

9. Les chambres à coucher, les étables doivent être largement aérées et d'une capacité suffisante.

10. Tout foyer doit avoir une ventilation énergique pour entraîner au dehors les gaz de la combustion.

ENTRETIENS

1. Quelle est la composition de l'air? — **2.** Dans quelle proportion renferme-t-il ces gaz? — **3.** A quoi sert l'oxygène? —

A quoi sert l'azote ? — **5.** Quels gaz produisent la combustion et la respiration ? — **6.** L'acide carbonique est-il propre à entretenir la vie? — **7.** Qu'arrive-t-il lorsque l'air est vicié par l'acide carbonique ?— **8.** Quelles précautions prescrit l'hygiène relativement aux animaux ? — **9.** Relativement aux chambres à coucher et aux étables? — **10.** Relativement aux foyers de combustion?

V. RESPIRATION DES PLANTES

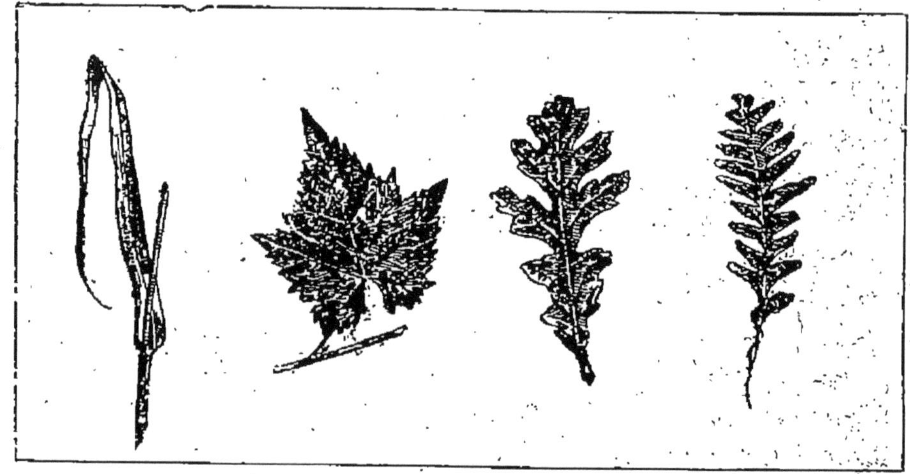

Fig. 5. — DIFFÉRENTES SORTES DE FEUILLES.
Blé. **Vigne.** **Chêne.** **Fougère.** (*polypode.*)

1. Cette masse d'acide carbonique, jetée incessamment dans l'atmosphère par les combustions et la respiration des animaux, finirait par en altérer la pureté, si la nature prévoyante n'y avait pourvu.

2. C'est la **respiration des plantes** qui rétablit l'équilibre.

3. L'animal, avons-nous dit, respire l'air, absorbe l'oxygène et rend de l'acide carbonique.

4. Le phénomène de la respiration des plantes est double. Sous l'influence de la lumière, elles respirent l'acide carbonique, le décomposent, s'assimilent le *carbone*, qu'elles fixent dans leur masse, et restituent à l'atmosphère l'oxygène pur. C'est la respiration *diurne*.

5. Pendant la nuit, les plantes respirent à la manière des animaux, c'est la respiration *nocturne*.

6. Les organes de la respiration chez les plantes, ou

stomates, se trouvent principalement à la partie inférieure des feuilles.

7. Les arrosages ont pour but non seulement d'humidifier le sol et de rafraîchir le végétal, mais encore de débarrasser les feuilles de la poussière qui, en obstruant les stomates, s'opposerait à l'intégrité de leurs fonctions respiratoires.

ENTRETIENS

1. L'équilibre de l'air atmosphérique peut-il être rompu? — **2.** Comment est rétabli cet équilibre? — **3.** Comment respirent les animaux? — **4.** Comment respirent les plantes? — Respiration diurne. — **5.** Respiration nocturne. — **6.** Où se trouvent chez les plantes les organes de la respiration? — Qu'appelle-t-on stomates? — **7.** A quoi servent les arrosages?

VI. RÉFLEXIONS ET CONSEILS

I. L'air des appartements, et, en particulier, celui des salles de classes, l'air des étables, doit être renouvelé tous les jours à plusieurs reprises.

II. Les plantes de nos semis, les arbres de nos forêts, ne doivent pas être rapprochés jusqu'à l'étouffement: s'ils sont assez clairsemés, ils décomposeront plus facilement les divers gaz contenus dans l'atmosphère.

III. Les détritus des plantes et des fruits corrompent la pureté de l'air: il faut les écarter de nos habitations.

IV. Il est imprudent d'entretenir des plantes dans les chambres où l'on couche.

V. On doit veiller à la bonne ventilation des appareils de chauffage, sous peine d'asphyxie.

VI. L'acide carbonique se dégage souvent du fond des puits, des grottes, des carrières, des mines, où l'on ne doit pénétrer qu'en prenant de grandes précautions; il se dégage surtout dans les cuves où le vin est en fermentation.

ENTRETIENS

1. L'air des appartements doit-il être renouvelé? — 2. Les arbres dans les forêts et dans les jardins doivent-ils être rapprochés les uns des autres? — Qu'arrivera-t-il s'ils sont clairsemés? — 3. L'air est-il corrompu par les détritus des végétaux? — 4. Faut-il entretenir des plantes dans les chambres à coucher? — 5. La ventilation des appareils de chauffage est-elle nécessaire? — 6. D'où l'acide carbonique se dégage-t-il encore?

VII. INFLUENCE DU CLIMAT SUR LA VÉGÉTATION

1. Pour vivre et se fortifier, il faut donc aux plantes de l'air, de la lumière, de la chaleur et surtout une certaine humidité répandue dans le sol.

2. Tous les climats ne conviennent pas également à la végétation. Celle-ci est nulle dans le voisinage des pôles, rudimentaire ou pauvre sur des latitudes plus basses, et ne devient puissante et variée qu'en entrant dans la zone tempérée, où l'on trouve, en outre des arbres forestiers, les céréales, les plantes fourragères, les légumes, les arbres à fruits; et dans les climats doux et ensoleillés, la vigne, l'olivier, l'oranger, etc...

3. Notre belle France, admirablement située, se distingue par l'abondance et le choix de ses productions végétales; sa richesse agricole fait sa véritable force et lui permet d'envisager l'avenir avec une entière sécurité.

ENTRETIENS

1. Que faut-il aux plantes pour vivre? — 2. Tous les climats conviennent-ils à la végétation? — La végétation est-elle abondante aux pôles? — Sur les basses latitudes? — Dans la zone tempérée? — Quels sont les principaux végétaux de la zone tempérée? — Des climats doux et ensoleillés? — 3. La France est-elle bien située? — Par quoi se distingue-t-elle?

VIII. RÉGIONS AGRICOLES; DE LEURS PRODUITS

1. Les régions de la France qui ont à peu près le même climat, la même nature de sol, donnent aussi généralement les mêmes productions.

2. La vigne est cultivée dans 77 départements, le tabac dans 16, le blé, l'avoine, le seigle dans tous.

3. Le *Nord* fournit abondamment des grains de toute espèce, les betteraves à sucre, le lin, le colza, le tabac, les pommes de terre, le houblon.

4. Le *Nord-Est,* l'avoine, le houblon.

5. Le *Nord-Ouest,* l'orge, le sarrasin, le chanvre, les pommes à cidre.

6. Le *Centre,* le blé, le seigle, l'avoine, la vigne, les pommes de terre, les fourrages.

7. L'*Est,* le houblon, les pommes de terre.

8. Le *Midi,* la vigne, les betteraves, le tabac.

9. Le *Sud-Ouest,* la vigne, le maïs, le blé.

10. Le *Sud-Est,* l'olivier, la garance, la vigne.

11. Les *pays montagneux* sont couverts de vastes pâturages qui servent à l'élevage du bétail et présentent aussi de grands espaces boisés.

12. La *région forestière* comprend principalement : les Landes, le Var, la Côte-d'Or, les Vosges, le Morvan, les Ardennes, les Alpes.

ENTRETIENS

1. Quelles sont les régions de la France qui donnent les mêmes productions? — **2.** Dans combien de départements la vigne est-elle cultivée? — Le tabac? — Le blé? — **3.** Quelles sont les productions du Nord? — **4.** Du Nord-Est? — **5.** Du Nord-Ouest? — **6.** Du Centre? — **7.** De l'Est? — **8.** Du Midi? — **9.** Du Sud-Ouest? — **10.** Du Sud-Est? — **11.** Des pays montagneux? — **12.** Quelles sont les régions forestières?

IX. DURÉE DE LA VIE CHEZ LES VÉGÉTAUX

1. Les arbres et les plantes, suivant les espèces auxquelles ils appartiennent, vivent pendant un temps plus ou moins long.

2. On appelle *annuelles* les plantes qui, en dehors des accidents, naissent et meurent dans la même année; *bisannuelles* celles qui mettent deux ans pour accomplir leur évolution, et *vivaces*, celles dont les racines persistent pendant un temps plus long et donnent, à chaque saison, des fleurs et des fruits.

Fig. 6. — 1. CHÊNE. 2. CHATAIGNIER. 3. BAOBAB.

Il existe près de 300 espèces de **Chêne.** On les trouve de préférence dans les contrées tempérées de l'hémisphère boréal et dans les montagnes de l'Amérique et de l'Asie. Le chêne vit plusieurs siècles, il en existe de plus de 1000 ans, celui de Montravail, dans la Charente-Inférieure, a 88 mètres de circonférence.

Le **Châtaignier** se plaît dans les terrains sablonneux sur les hauteurs; il ne dépasse guère au nord les limites de la vigne. Il vit très longtemps et atteint des dimentions colossales. Tout le monde connaît les châtaigniers de Robinson, près de Paris, dans les branches desquels sont installées des salles de restaurant contenant une quinzaine de convives. Le châtaignier de l'Etna, en Sicile, mesure 50 mètres de circonférence.

On ne trouve le **Baobab** qu'en Afrique, dans les parties tropicales, au Sénégal, etc. C'est le plus gros des arbres connus. Sa hauteur dépasse rarement 6 à 7 mètres, mais il atteint fréquemment 30 à 35 mètres de circonférence

3. Les arbres sont les végétaux qui ont la plus longue existence; quelques espèces : *chêne*, *hêtre*, *châtaignier*, *cèdre*, *marronnier*, peuvent durer pendant des siècles et même des milliers d'années; les sujets prennent alors des proportions colossales ; on en trouve qui mesurent jusqu'à 40 mètres de circonférence à la base.

4. Le fameux *baobab*, dans l'Afrique équatoriale, est un des géants de la végétation.

5. L'âge des arbres se reconnaît en comptant, sur une coupe du tronc, les couches concentriques que le cambium dépose chaque année.

ENTRETIENS

1. Qu'elle est la durée de la vie des plantes? — **2.** Qu'appelle-t-on plante annuelle? — Plante bisannuelle? — Vivace? — **3.** Quels sont les végétaux qui ont la plus longue existence? — Quelles sont les espèces qui durent pendant des siècles et même des milliers d'années? — **4.** Qu'est-ce que le baobab? — **5.** Comment reconnait-on l'âge d'un arbre?

X. DIVERS MODES DE REPRODUCTION DES PLANTES

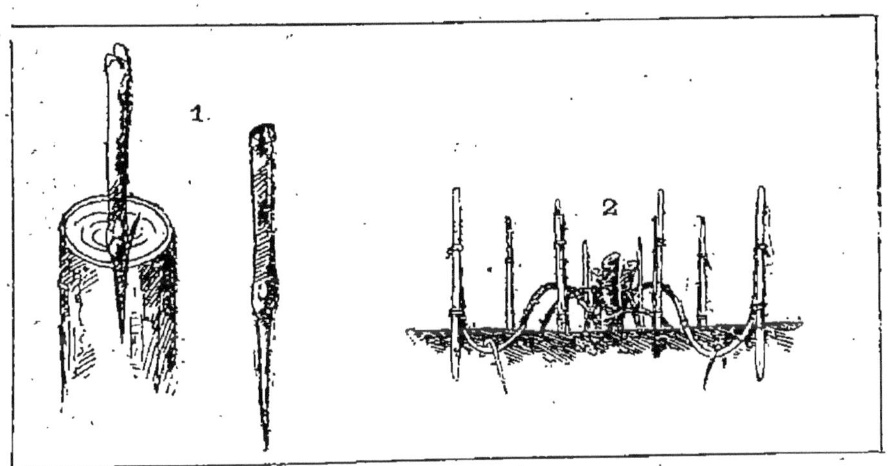

Fig. 7. — GREFFE. MARCOTTE.

1. Greffe en fente. — **2.** Cep de vigne portant plusieurs marcottes.

La **greffe en fente** se pratique surtout en avril. L'opération consiste à prendre sur un arbre de l'espèce que l'on veut propager, une petite branche muni d'yeux. La greffe taillée en biseau est ensuite introduite dans une fente pratiquée dans l'arbre que l'on désire greffer et maintenue au moyen de cire ou d'onguent de saint Fiacre.

Il faut choisir pour **marcottes** des pousses d'un an, prises sur des arbres jeunes et vigoureux. On fait cette opération avant l'ascension de la sève.

1. Les plantes se reproduisent de différentes manières,

que nous indiquerons sommairement, et sur lesquelles nous aurons occasion de revenir.

2. Elles se reproduisent par *boutures* quand un rameau est détaché de l'individu et déposé dans la terre ou dans le terreau pour y prendre racine. On emploie le bouturage pour les plantes dont les racines adventives se reproduisent facilement, surtout pour des arbres à bois blanc, saules et peupliers et pour un grand nombre de plantes qui font l'ornement des jardins.

3. Par *marcottes*, quand une branche ou un rameau est ployé dans le sol pour prendre racine, et peut ensuite être détaché de la tige mère pour former un autre individu vivant de sa vie propre. Cette opération doit son nom à son inventeur MARCOTTE.

4. Par *greffe*, quand on rapporte un végétal sur un autre pour avoir des fleurs et des fruits d'une autre espèce que la tige et les racines. On greffe en fente, en couronne, en approche, en écusson.

5. Tous ces procédés sont utiles et employés avantageusement ; ils servent à obtenir les variétés importantes, et surtout à économiser du temps, par l'emploi de sujets sains et forts.

6. Néanmoins le mode de reproduction le plus usité est par *semis* ou par *graines*.

ENTRETIENS

1. Comment se reproduisent les plantes? — **2.** Comment se reproduisent-elles par bouture? — Pour quelles plantes emploie-t-on surtout le bouturage? — **3.** Qu'est-ce qu'une marcotte? — De qui cette opération a-t-elle pris le nom? — **4**. Qu'est-ce que la reproduction par greffe? — Dites les noms des principales sortes de greffe? — **5** Qu'obtient-on par ces divers procédés? — **6**. Quel est le mode de reproduction le plus usité ?

CHAPITRE II

Nature des terres cultivables ; moyens de fertiliser.

SOMMAIRE. — I. Nature des terres cultivables. — II. Nature des terres cultivables (Suite). — III Amendements. — IV. La chaux. — V. Opération du chaulage. — VI. Marne. Opération du marnage. — VII. Vase des étangs, des mares, etc., suie, compost. — VIII. Stimulants. Le plâtre. — IX. Écobuage. — X. Assainissement. — XI. Drainage. — XII. Défrichements.

I. NATURE DES TERRES CULTIVABLES

Fig. 8. — FABRICATION DES BRIQUES.

Les **briques** sont des parallélépipèdes d'*argile* que l'on fabrique soit à la main, soit à la mécanique. Il existe des machines à bras. La figure ci-dessus (1) représente une machine plus perfectionnée, elle est mue par la vapeur. L'argile est jetée par l'ouvrier dans une sorte d'auge, d'où elle est entraînée par un mécanisme ingénieux et comprimée dans les moules. Elle sort sous forme de briques de l'appareil ; il ne reste plus qu'à les cuire dans le four représenté également ci-dessus (2) et qui est formé de briques crues.

1. La couche terrestre où se fait le travail de la végétation est composée d'*argile*, de *silice* et de *carbonate de chaux*, mélangés diversement avec l'*humus*.

2. L'**argile** est une terre douce au toucher, d'une odeur caractéristique, qui happe à la langue, s'étire et retient l'eau fortement; on l'appelle aussi *terre glaise*. Elle est employée dans l'industrie pour la fabrication des briques et de la poterie.

3. La **silice** ou *sable* est une roche en menus fragments, très répandue dans la nature, et dont on se sert pour faire le verre, les mortiers.

4. Le **carbonate de chaux** forme la craie, le marbre, la pierre à bâtir; on en fait usage journellement dans tous les pays.

5. L'**humus** est une matière noire, fine, qui provient de la décomposition des végétaux et qui, mélangée aux diverses natures des terrains, sert à les fertiliser.

ENTRETIENS

1. De quoi est composée la couche terrestre? — **2.** Qu'est-ce que l'argile? — **3.** Dites ce que c'est que le sable et à quoi on l'emploie. — **4.** Dites quelles roches sont formées de carbonate de chaux. — **5.** Quel est l'aspect de l'humus et de quoi se compose-t-il?

II. NATURE DES TERRES CULTIVABLES (Suite.)

1. Tout sol qui comprendrait uniquement ou en trop grande quantité l'une des substances fondamentales serait impropre à la végétation.

2. On range les **terres cultivables** en trois classes. Si l'*argile* y domine, elles sont dites *argileuses* ou **terres fortes.**

Si le *sable* y domine, elles sont dites *sablonneuses* ou **légères.**

Si la *chaux* y tient le premier rang, elles sont dites **terres calcaires.**

3. La terre est dite **franche** ou **normale** lorsque les trois éléments s'y trouvent mélangés dans des proportions convenables.

4. La terre franche constitue des terrains fertiles, faciles à cultiver où le calcaire figure de 8 à 15 0/0.

ENTRETIENS

1. Dans quel cas une terre serait-elle impropre à la végétation? — **2.** Qu'est-ce qu'une terre forte? — Une terre légère? — Une terre calcaire? — **3.** Qu'est-ce qu'une terre franche? — **4.** Par quoi sont constitués les terrains fertiles ?

III. AMENDEMENTS

1. La nature du sol n'est pas toujours dans des conditions favorables à la culture des plantes qu'on y destine; on doit alors l'améliorer.

2. Le *sol argileux* retient l'humidité avec trop de force pendant la saison des pluies et se fendille pendant les chaleurs; le *sol sableux* laisse couler trop vite les eaux; le *sol calcaire* peut, dans de certaines conditions d'humidité, attaquer et détruire les radicelles des végétaux.

3. Si le terrain est trop chargé d'argile, on y mêle de la *chaux*; s'il est trop sablonneux, on y répand de la *marne* qui contient à la fois de l'argile et du calcaire.

4. On peut donc amender les terrains les uns par les autres, c'est-à-dire en changer la nature, par l'introduction de substances qui n'y sont primitivement qu'en petite quantité. Les matières employées à cet effet s'appellent **amendements,** et ont pour but d'accroître, de développer ou d'entretenir la force productive.

5. Les substances qui ne changent pas sensiblement la nature du sol, qui ne l'engraissent pas, mais qui ont pour objet particulier d'activer la végétation, ont reçu le nom de **stimulants** : la chaux *amende*, le plâtre *stimule*.

ENTRETIENS

1. Doit-on améliorer les terrains quand ils ne sont pas dans des conditions favorables à la culture? — **2.** Quels sont les défauts du sol argileux? — Du sol sablonneux? — Du sol calcaire? —

3. Comment amende-t-on les terrains argileux? — Les terrains sablonneux? — **4.** Dites si l'on peut améliorer les terrains les uns par les autres. — Qu'appelle-t-on amendements? — **5.** Qu'appelle-t-on stimulants? — Citez un amendement. — Un stimulant.

IV. LA CHAUX

1. La **chaux** est de la pierre calcaire que l'on fait cuire dans un four appelé *four à chaux*; après sa calcination, c'est la *chaux vive*. Elle se délite et se pulvérise au contact de l'eau et devient de la *chaux éteinte*.

Fig 9. — FOUR A CHAUX. (Coupe.)

On obtient la **chaux** en faisant cuire dans des fours construits pour cet usage la pierre calcaire vulgairement appelée *pierre à chaux*. On forme d'abord une voûte au-dessus du foyer d'allumage, puis on dispose le calcaire par lits en alternant : un lit de charbon et un lit de pierre. Lorsqu'elle est cuite on la retire; elle a toujours l'apparence de la pierre et porte le nom de *chaux vive*. Lorsqu'on l'arrose avec de l'eau, elle se délite, se fendille en dégageant une forte chaleur qui produit de la vapeur d'eau; c'est alors la *chaux éteinte*.

2. La chaux est employée journellement dans les constructions, pour la confection des mortiers.

3. En agriculture, on l'emploie comme *amendement;* mais il ne faut en faire usage qu'avec prudence pour éviter les résultats contraires à ceux qu'on attend.

4. Les terrains auxquels la chaux convient le plus sont ceux qui ne sont formés que d'argile, de sable et d'humus ; ces terrains représentent les deux tiers de nos terres cultivables.

5. Il faut se rappeler qu'en *chaulant* un terrain, on n'est cependant pas dispensé d'y répandre des fumiers.

ENTRETIENS

1. Dites comment se fabrique la chaux. — Avec quelle pierre? — Comment est-elle après la cuisson? — Quel nom prend-elle lorsqu'elle a été mise en contact avec de l'eau? — **2.** De quel usage est-elle dans les constructions? — **3.** L'emploie-t-on comme amendement en agriculture? — Y a-t-il des précautions à prendre dans son emploi? — **4.** Quels sont les terrains qui sont améliorés par la chaux? — Y a-t-il beaucoup de ces terrains en France? — **5.** Doit-on fumer les terres malgré le chaulage?

V. OPÉRATION DU CHAULAGE

1. Pour s'assurer de l'opportunité du **chaulage,** il est prudent de faire des essais sur des espaces de peu d'étendue. Si les essais réussissent, on peut *chauler* sans crainte.

2. Voici comment on fait cette opération :

A des distances de 7 à 8 mètres, on fait, par un temps humide, avec la *chaux vive*, des tas que l'on recouvre d'une couche de terre de 20 à 30 centimètres pour que la pluie ne se mette pas en contact avec la chaux. On laisse ces tas pendant une quinzaine de jours. On répand ensuite le mélange, terre et chaux, bien également sur la surface du sol; on herse, l'on fait un labour léger d'abord, mais que plus tard on rendra plus profond. Lorsque le chaulage est fait dans de bonnes conditions, la valeur foncière du terrain augmente, les mauvaises herbes disparaissent.

ENTRETIENS

1. Est-il prudent de faire des essais avant de chauler un champ? — **2.** Décrivez l'opération du chaulage. — Quel est l'effet d'un chaulage fait dans de bonnes conditions?

VI. MARNE. — OPÉRATION DU MARNAGE

1. La **marne** est une roche mélangée de chaux et d'argile, dont on se sert pour amender les sols qui sont trop argileux ou trop sablonneux.

2. Son principe dominant étant le carbonate de chaux, on ne doit jamais l'employer sur des terrains calcaires. La quantité de marne à déposer sur le sol dépend de la nature des terres et aussi des récoltes qu'on doit y faire venir.

3. Le *froment*, le *trèfle*, les *betteraves* absorbent plus de chaux que les autres plantes : il convient donc de leur en offrir.

4. La marne déposée sur le sol au commencement de l'hiver, par petits tas, est réduite en poudre au printemps. On la répand le plus également possible ; puis on laboure, on herse, et l'on sème en automne.

5. Les terrains marnés doivent être fumés abondamment.

ENTRETIENS

1. Qu'est-ce que la marne? — Dites les noms des terrains qui sont amendés avec succès par la marne. — **2.** Quel est le principe dominant de la marne? — Peut-on l'employer sur des terrains calcaires? — La quantité de marne à déposer sur le sol est-elle la même pour tous les terrains? — **3.** Citez les plantes les plus avides de chaux. — **4.** Décrivez l'opération du marnage. — **5.** Les terrains marnés doivent-ils être fumés?

VII. VASE DES ÉTANGS, DES MARES, etc. SUIE, COMPOST

1. Il est d'autres amendements qui sont vivement recommandés par les cultivateurs :

2. La **vase** des **étangs**, des **mares**, des **fossés**

bourbeux, qui contient des débris végétaux, et qui convient aux *sols légers*.

3. La **vase de mer** ou *tangue*, qui contient du sel marin, des débris de coquillages et des matières azotées.

4. Les **cendres de bois**, contenant de la potasse, qui conviennent aux *prairies* et aux terres préparées pour une récolte de sarrasin.

Les cendres de bois qui ont servi à faire la lessive peuvent encore être employées, car elles n'ont pas été complètement épuisées.

5. La **suie** des cheminées, qui éloigne ou détruit les insectes nuisibles à la végétation. Elle est délayée dans l'eau et répandue sous forme d'arrosage.

6. Le **compost**, mélange de matières végétales et animales soumises d'abord à la fermentation, et dont les jardiniers font un fréquent usage.

7. On emploie même les **scories** des fonderies ou provenant des machines à vapeur des usines, qu'on étend sur les routes pour y être écrasées et améliorées au contact de l'air, et qu'on utilise ensuite.

8. Les **débris de poterie**, les **plâtras**, les **débris de marbre** sont mélangés aux *sols argileux* auxquels ils fournissent le calcaire qui leur manque.

ENTRETIENS

1. Y a-t-il d'autres amendements recommandés par les cultivateurs? — **2.** Pourquoi la vase des étangs est-elle d'un bon usage? — A quels terrains convient-elle? — **3.** Que contient la vase de mer? — **4.** Citez les cultures qui s'accommodent bien des cendres de bois. — Les cendres de bois qui on servi à la lessive sont-elles encore bonnes? — **5.** D'où provient la suie? — Décrivez les effets produits par les arrosages à la suie. — **6.** Qu'est-ce que le compost? — **7.** D'où viennent les scories? — Comment les scories s'emploient-elles? — **8.** A quels sols conviennent les débris de poterie, les plâtras, les débris de marbre? — Que fournissent-ils?

VIII. STIMULANTS. LE PLATRE

1. Le **plâtre** est du *gypse* ou *sulfate de chaux.* On le cuit au four comme la chaux; après calcination, on le pulvérise; il devient alors très avide d'eau. Le plâtre est très employé par les maçons dans la constructions des maisons et bâtiments de toute sorte et aussi par les mouleurs.

Fig. 10. — FOUR A PLATRE. (Coupe).

Pour faire le **plâtre**, on dispose sous des espèces de hangars le *gypse* ou *pierre à plâtre;* on en forme une série de petites voûtes au dessous desquelles on allume du feu après que la pierre entremêlée de fagots de menues branches de bois a été entassée au dessus. Quand la cuisson est complète, la pierre est pulvérisée dans des moulins et criblée sur des tamis plus ou moins fins selon l'usage auquel le plâtre est destiné.

Les environs de Paris, dont le sol recèle beaucoup de gypse, possèdent un nombre considérable de *fours à plâtre.*

2. En agriculture, on s'en sert, sinon comme *amendement,* au moins comme **stimulant,** pour hâter le développement de certaines plantes : *trèfle, sainfoin, luzerne, colza, chanvre, lin,* etc.

3. Le plâtrage peut doubler ou même tripler la récolte; mais à la condition de ne l'employer que sur les sols pauvres en calcaire et de fumer abondamment.

4. C'est l'illustre **Franklin** qui en a répandu l'usage en faisant une expérience que vous devez connaître. Près de Washington, il écrivit ces mots en caractères gigantesques, sur un champ de luzerne voisin d'une route : *Ceci est plâtré.* Les tiges, ainsi saupoudrées, atteignirent une plus grande croissance que les autres; les mots furent lus par les voyageurs passant sur la route, et les effets merveilleux du plâtre pulvérisé se trouvèrent ainsi proclamés.

ENTRETIENS

1. Dites le nom de la pierre qui sert à faire le plâtre. — Décrivez la fabrication du plâtre. — Quelles sont les industries qui emploient le plâtre? — **2**. Quel est l'usage du plâtre en agriculture? — Citez les plantes dont il hâte le développement. — **3.** Quels peuvent être les effets du plâtrage? — A quelles conditions? — **4**. Qui a répandu l'usage du plâtre? — Racontez comment s'y prit Franklin.

IX. ÉCOBUAGE

Fig. 11. — ÉCOBUAGE.

L'écobuage se pratique surtout sur les terres meubles; il a pour but de détruire les mauvaises herbes et les œufs d'insectes. Les cendres produites par la combustion des végétaux enrichissent le sol de principes fertilisants et, quand le terrain est argileux, l'*argile* calcinée est rendue plus perméable à l'air et à l'humidité.

1. Quand un terrain est resté longtemps sans culture, si la couche végétale du sol est assez épaisse, on peut pratiquer l'opération connue sous le nom d'**écobuage.**

2. Les terres argileuses tourbeuses ou marécageuses sont les seules qui puissent en profiter.

3. Pour *écobuer* un terrain, on coupe la couche supérieure par plaques, que l'on dispose sur le sol en forme de *fourneaux*, et, quand ces plaques sont bien desséchées, vers la fin de l'été, on met des broussailles dans l'intérieur des tas et on les fait brûler. Lorsque le feu est éteint, on brise les tas, on répand les cendres sur le sol et on laboure.

4. Cette opération n'est pas toujours utile. Les résultats les plus sensibles qu'elle donne sont la destruction des mauvaises herbes et des œufs d'insectes nuisibles, et la préparation des cendres qui sont un excellent amendement.

ENTRETIENS

1. Dans quelle circonstance peut-on pratiquer l'écobuage? — **2.** Dites quelles terres se prêtent à cette opération. — **3.** Expliquez comment se pratique l'écobuage. — **4.** L'écobuage est-il toujours utile? — Dites quels en sont les résultats.

X. ASSAINISSEMENT

1. Les bonnes terres ne doivent être ni trop sèches, ni trop humides.

2. Quand la nature du terrain ou les dispositions particulières du sol empêchent l'écoulement des eaux surabondantes, il est nécessaire d'**assainir**, c'est-à-dire de faciliter la dispersion des eaux qui s'y trouvent en excès.

3. Quand le terrain est en pente, il est aisé d'atteindre le but en pratiquant à l'intérieur du sol des rigoles d'écoulement dans lesquelles on place des pierres concassées ou autres matières à travers lesquelles l'eau s'infiltre et s'éloigne pour aboutir à quelque fossé ou à quelque ruisseau du voisinage.

4. Il faut assainir aussi bien les prairies marécageuses que les terres à labour. L'eau en excès détruit les radicelles des plantes terrestres et favorise la végétation des plantes aquatiques : *joncs*, *prêles* et autres, qui sont absolument impropres à la nourriture des animaux.

ENTRETIENS

1. Dites ce qu'il faut aux terres pour être bonnes. — **2.** Qu'est-ce qu'assainir une terre et en quoi consiste cette opération? — **3.** Que fait-on lorsque le terrain est en pente? — **4.** Dans quel but assainit-on les prairies marécageuses et les terres à labour?

XI. DRAINAGE

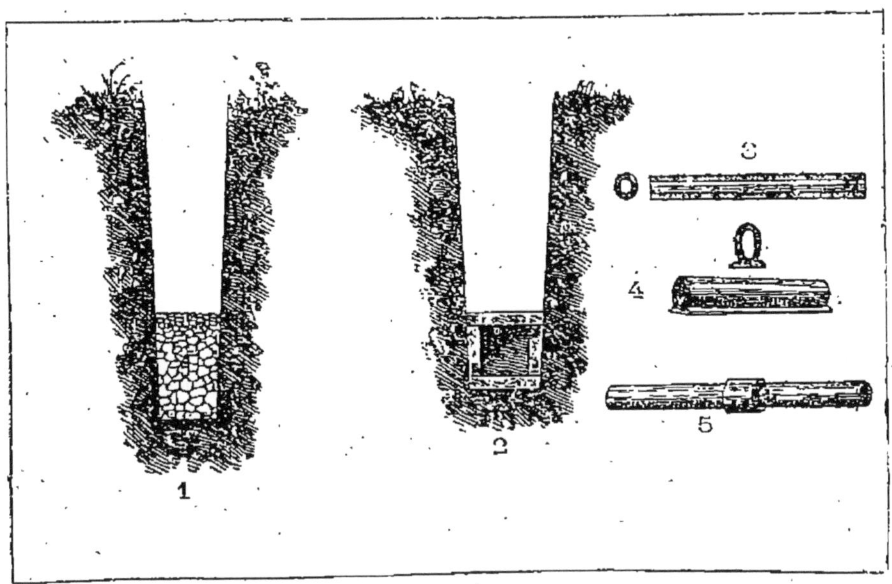

Fig. 12. — LE DRAINAGE.

1. Fossé de **drainage** garni de *pierraille* (pierres concassées). On peut remplacer la pierraille par des fascines ou fagots de menues branches. — **2.** Fossé dans lequel le conduit est formé de pierres plates. — **3.** Tuyau de drainage cylindrique en poterie. — **4.** Tuyau en poterie avec talon plat reposant sur le sol. — **5.** Tuyaux en poterie réunis par un manchon au lieu d'être placés bout à bout.

1. Pour assainir un terrain, il n'est pas de meilleur système que le **drainage**, au moyen duquel les eaux s'écoulent soit par des fossés dont le fond est garni de pierres ou de fagots de branches, ou de pierres plates superposées formant un conduit quadrangulaire, soit enfin par des tuyaux en terre cuite disposés bout à bout, et ayant une longueur de 30 à 40 centimètres. Les terres de déblai servent à combler le fossé.

2. On fabrique ces tuyaux par des procédés mécaniques qui permettent d'en faire l'achat à des prix très modérés (20 fr. le mille environ).

3. Leur forme cylindrique et leur nature poreuse augmentent la quantité des points d'écoulement. Ils ont l'avantage d'être très légers, d'occuper peu de place, de se laisser obstruer difficilement, et de résister aux pressions extérieures.

4. On a calculé que la dépense à faire pour drainer revient à près de 200 fr. par hectare ; par contre, on fait rapporter à l'argent ainsi dépensé, par l'amélioration du sol, un revenu de 20 à 25 pour cent.

5. L'inclinaison des tuyaux est donnée suivant la pente du terrain. Ils doivent être placés à la profondeur où l'eau est retenue (ordinairement 1^m à 1^m, 50) ; si elle pouvait stationner en dessous, le drainage deviendrait inutile.

ENTRETIENS

1. Dites quelle est l'utilité du drainage. — Comment les eaux s'écoulent-elles? — **2.** Comment sont fabriqués les tuyaux ? — Dites-en le prix approximatif. — **3.** Quels sont les avantages de ces tuyaux? — **4.** A quelle somme revient le drainage d'un hectare? — De combien pour cent cette amélioration augmente-t-elle le revenu? — **5.** Quelle inclinaison donne-t-on aux tuyaux et à quelle profondeur les enterre-t-on?

XII. DÉFRICHEMENT

1. Défricher, c'est mettre en état de culture une terre improductive ou de mauvais rapport, comme une lande, une bruyère, un bois, une prairie naturelle.

2. Avant de faire un *défrichement,* il faut se demander si cette opération, en dehors des frais qu'elle entraîne, pourra donner des résultats avantageux par les produits qui viendront sur le sol.

3. Pour les terrains boisés et en pente, il y a souvent danger à remuer la couche végétale trop profondément ; car la terre, n'étant plus retenue par les racines des arbres, peut être entraînée par les pluies, au grand détriment du cultivateur.

4. Si l'opération est décidée, on procédera soit par un seul labour profond de 15 à 25 centimètres, soit par deux labours pénétrant de 10 à 12 centimètres de profondeur. On se sert, à cet effet, de la charrue ordinaire ou de la charrue à sous-sol.

ENTRETIENS

1. Qu'est-ce que défricher? — Citez des terrains susceptibles d'être défrichés. — **2.** Que doit-on se demander avant d'entreprendre un défrichement? — **3.** Y a-t-il danger à remuer profondément le sol lorsqu'on défriche un terrain en pente et boisé? — Pourquoi? — **4.** Comment procède-t-on au défrichement? — Quelle charrue emploie-t-on?

CHAPITRE III

Les engrais.

SOMMAIRE. — I. Des engrais. — II. Fumier, litière, soins à donner au fumier. — III. Fumiers chauds : de cheval, de mulet, de mouton, etc. — IV. Guano. — V. Fumiers froids : de bœuf, de vache, de porc. — VI. Purin, urines, fosse à purin. — VII. Engrais humain. Fosses d'aisances. — VIII. Autres engrais : Os, sang, etc., cadavres d'animaux. — IX. Engrais verts. Autres engrais végétaux. — X. Engrais artificiels.

I. DES ENGRAIS

1. Nous avons dit que les plantes puisent leur *carbone* dans l'air atmosphérique; elles puisent dans l'air et dans le sol l'*oxygène* et l'*hydrogène* nécessaires à leur constitution.

2. Mais les végétaux contiennent en outre des sels minéraux et métalliques, tels que des *sels de potasse*, de *fer* etc.; enfin et surtout de l'*azote*. Ce sont ces dernières substances qui font leur richesse et les rendent propres à la nourriture des animaux.

3. Or, les composés azotés ne sont assez abondants dans aucun sol en culture, et d'ailleurs s'épuisent promptement. C'est au cultivateur à les fournir; il le fait au moyen des *engrais*.

4. Les **engrais** sont d'origine *animale* ou *végétale*. La *valeur d'un engrais est d'autant plus grande qu'il contient plus d'azote*. C'est dans les matières d'origine animale que l'azote existe en plus grande quantité.

5. Le principal engrais est le *fumier*.

ENTRETIENS

1. Que puisent les plantes dans l'air, dans le sol? — **2.** Que contiennent encore les végétaux? — **3.** Que fait le cultivateur au moyen des engrais? — **4.** Quel gaz fait la richesse d'un engrais? — Quels sont les engrais qui contiennent le plus d'azote? — **5.** Quel est l'engrais le plus employé?

II. FUMIER, LITIÈRE, SOINS À DONNER AU FUMIER

1. Les **fumiers** sont des engrais excellents, composés de matières végétales — paille, feuilles sèches, bruyères, etc... — qui se trouvent mêlées aux déjections des animaux après leur avoir servi de *litière*.

2. La **litière** doit être distribuée convenablement dans l'*étable* afin que toutes les parties s'imprègnent des matières animales.

3. La fermentation des fumiers, contrairement à un préjugé encore répandu, bien loin d'augmenter leur qualité occasionne un dégagement des principes les plus utiles, notamment d'ammoniaque (composé d'azote et d'hydrogène).

4. On doit donc tasser le fumier et le placer sous un hangar, hors des atteintes du soleil ou de la pluie, qui lui feraient perdre les principes fertilisants qu'il possède en gaz et en liquides.

5. Ces tas doivent être recouverts de terre, privés le plus possible du contact de l'air, et souvent arrosés de *purin*.

6. Quelques agronomes conseillent même de désinfecter le fumier au moyen d'un peu de sulfate de fer (couperose verte) dissous dans le purin avant l'arrosement. Par cette pratique, non seulement on retient l'azote, mais on développe un sel de fer utile à la culture.

ENTRETIENS

1. Qu'est-ce que le fumier ? — **2.** Pourquoi étale-t-on convenablement la litière dans l'étable ? — **3.** La fermentation du fumier augmente-t-elle sa qualité ? — **4.** Que fait-on du fumier? — Le soleil et la pluie ont-ils une action sur lui ? — **5.** Quels soins donne-t-on ensuite? — **6.** Que conseillent quelques agronomes ?

III. FUMIERS CHAUDS : DE CHEVAL, DE MULET, DE MOUTON, ETC.

1. Le fumier des *écuries* provient du **cheval**, de l'**âne**, du **mulet.** Il est chaud et actif. On l'emploie de préférence sur les *terres froides* et *argileuses*.

2. Le fumier de cheval contient 7 à 8 0/0 d'azote.

3. Le fumier des *bergeries*, donné par le **mouton** et la **chèvre,** est encore plus actif et doit être appliqué sur les mêmes terrains.

4. Les déjections des *pigeons*, celles des *poules*, désignées sous le nom de **colombine,** possèdent aussi une grande puissance de chaleur et servent particulièrement, avec les déjections des autres oiseaux de basse-cour, à la fumure des jardins.

5. La colombine contient jusqu'à 8 0/0 d'azote. Malheureusement on ne sait pas utiliser entièrement tous ces puissants agents de notre richesse agricole.

ENTRETIENS

1. Qu'est-ce que le fumier d'écurie ? — Est-il chaud ? — A quels terrains convient-il ? — **2.** Quelle est sa richesse en azote ? — **3.** Dites ce que vous savez du fumier de bergerie. — **4.** Qu'est-ce que la colombine ? — A quoi l'emploie-t-on ? — **5.** Quelle est la richesse en azote de la colombine.

IV. GUANO

1. Dans l'Amérique du Sud, au Pérou, en Patagonie et dans les petites îles voisines du littoral, existent des masses énormes d'un engrais particulier, qui a des analogies avec la colombine et que l'on désigne sous le nom de **guano.**

2. Ce sont les déjections des oiseaux de mer, accumulées depuis des siècles et même des milliers d'années, très riches en *azote*, en *phosphates*, et dont les couches atteignent parfois 15 à 20 mètres d'épaisseur.

3. Depuis quelques années, il s'en fait en Europe, surtout en Angleterre, une grande importation. Sa richesse en azote varie de 50 (importation anglaise) à 139 pour mille (importation française).

4. C'est un engrais sec, que l'on répand sur la terre, après le labour, ou même quand les plantes sont en pied, à raison de 250 à 300 kilogrammes par hectare ; il convient surtout aux *prairies naturelles* et aux *céréales*. Le prix du guano est d'environ 32 francs par quintal métrique.

ENTRETIENS

1. Où se trouvent les principaux gisements de guano ? — **2.** Qu'est-ce que le guano ? — Que contient-il ? — Les couches ont-elles beaucoup d'épaisseur ? — **3.** Quels sont les pays qui emploient le guano ? — **4.** Comment s'en sert-on ? — Quelle quantité en faut-il par hectare ? — A quelles cultures convient-il ? — Que coûte le quintal métrique ?

V. FUMIERS FROIDS : DE BOEUF, DE VACHE, DE PORC

1. Le fumier des **bêtes à cornes** est long, pailleux, plus onctueux que ceux dont nous avons parlé précédemment; il est plus humide, plus froid et convient surtout aux terres *légères, sablonneuses, sèches.*

2. Le fumier de **porc** a beaucoup d'analogie avec celui des bêtes à cornes et convient également aux terres *légères, sèches, sablonneuses.*

3. Ces fumiers contiennent en grande quantité les *urines* des animaux et devraient être portés sur les champs auxquels on les destine au sortir de l'étable, pour éviter une déperdition trop grande de purin.

4. Ils renferment environ 4 0/00 d'azote.

5. On étend le fumier sur la surface du sol le plus également possible. Si la terre n'est pas ensemencée, on fait un léger labour, pour le soustraire aux influences de l'air et du soleil.

6. Pendant l'hiver, il peut être répandu sur un champ emblavé, et, sous l'action des pluies, pénètre dans le sol comme s'il se trouvait sur des prairies artificielles.

ENTRETIENS

1. Comment est le fumier des bêtes à cornes ? — Est-il froid ? — A quelles terres convient-il ? — **2.** Que savez-vous du fumier de porc ? — **3.** Que contiennent le fumier des bêtes à cornes et le fumier de porc ? — **4.** Quelle en est la proportion en azote ? — Devrait-on les porter sur les champs au sortir de l'étable ? — Pourquoi ? — **5.** Comment l'emploie-t-on ? — **6.** Dites comment on peut l'employer en hiver sur les champs emblavés.

VI. PURIN, URINES, FOSSE A PURIN

1. Le **purin** est le liquide provenant des fumiers et qui se trouve mêlé aux **urines** des animaux ; c'est une matière riche en *azote* et des plus fertilisantes.

Fig. 13. — FOSSE A PURIN AVEC POMPE. (Coupe.)

La **fosse à purin** doit être placée à côté de la plate-forme *bombée* sur laquelle on entasse et l'on foule le fumier au sortir des étables. Des rigoles doivent y amener le purin. Par les temps secs, on arrose le fumier avec du *purin* pour en faciliter la décomposition; il acquiert aussi par ces arrosages une plus grande puissance fertilisante. Le purin est puisé au moyen de la pompe.

2. Par ignorance ou coupable insouciance, un grand nombre de cultivateurs, dans les campagnes, laissent perdre ce précieux élément de richesse qu'on voit couler aux abords des étables, sur la voie publique, sans que personne daigne l'utiliser.

3. Cette négligence est une des plus grandes fautes de l'agriculteur.

4. Il faut pratiquer, dans le voisinage des étables et des tas de fumier, une **fosse** cimentée ou un trou dans lequel on placera une cuve, et où le liquide arrivera par de petites rigoles habilement dirigées. On aura ainsi sous la main du purin à volonté, soit pour arroser les tas de fumier, dont la qualité sera de beaucoup meilleure, soit pour l'arrosage des prairies, auxquelles ce traitement convient en particulier.

5. Une manière simple de recueillir le purin, c'est de le faire absorber par de la marne ou de la terre, qui se trouvent ainsi transformées en engrais.

ENTRETIENS

1. Qu'est-ce que le purin ? — Est-il riche en azote ? — **2.** Doit-on laisser perdre le purin ? — **3.** Un agriculteur intelligent doit-il le recueillir ? — **4.** Décrivez l'installation d'une fosse à purin. — Comment utilise-t-on le purin? — **5.** Indiquez un moyen de recueillir le purin.

VII. ENGRAIS HUMAIN, FOSSES D'AISANCES

1. L'engrais humain est un des plus riches en matières animales; par conséquent un des engrais les plus actifs que l'on puisse employer. Dans tous les pays où l'agriculture est en progrès on le place justement au rang qu'il mérite. Il importe donc que, sous des prétextes frivoles, on ne le rejette pas avec défaveur.

2. A la ferme, comme à la maison bourgeoise et comme à l'école, la propreté et la décence exigent qu'on établisse des **fosses d'aisances** bien conditionnées et pouvant être vidées commodément.

3. Pour être vidée la fosse doit être préalablement désinfectée au moyen du *sulfate de zinc*. Un kilogramme de sulfate de zinc dissout dans environ dix litres d'eau suffit pour une fosse ordinaire. On fait pénétrer le désinfectant dans la masse en agitant avec un bâton; au bout de trois à quatre heures, les gaz ont été transformés en matières fixes, la fosse peut être vidée.

Dans les écoles, un litre du mélange, versé dans la fosse chaque jour, fait disparaître toute odeur.

4. Dans l'état ordinaire, l'engrais humain peut être distribué sur le sol sous forme de liquide; s'il est sec et pulvérisé, mélangé à de la terre, il porte le nom de *poudrette*. La poudrette contient depuis 15 jusqu'à 30 0/00 d'azote.

ENTRETIENS

1. Quel est l'engrais le plus riche en matières animales? — **2.** Qu'est-ce qu'une fosse d'aisances ? — Comment doit-on les installer ? — **3.** Comment enlève-t-on la mauvaise odeur de ces matières ? — **4.** Expliquez le mode de distribution sur le sol, des matières fécales liquides. — Qu'est-ce que la poudrette ? — Quelle est sa richesse en azote?

VIII. AUTRES ENGRAIS : OS, SANG, ETC., CADAVRES D'ANIMAUX

1. Il faut encore ranger, parmi les bons engrais, le **sang** des abattoirs, la **boue** des rues, les **chiffons** de laine, les **eaux** des éviers, des **lessives,** des **savonnages**, le **poil**, les **cornes**, les **os** et même les **cadavres** des animaux.

2. Quand une bête a succombé par suite de maladie ou d'accident, il est dangereux pour la santé publique, de laisser son cadavre exposé sur le sol à la voracité des oiseaux de proie ou des animaux carnassiers.

3. La décomposition ne tarde pas à se manifester; les mouches vont s'y vautrer et peuvent communiquer des maladies dangereuses avec les virus qu'elles en rapportent; l'air enfin est vicié par le voisinage de corps en putréfaction.

4. Il vaut mieux appeler un équarrisseur, faire couper les chairs en menus fragments et les enfouir ensuite, par espaces égaux, à une profondeur convenable.

5. Si l'animal était mort du *charbon* ou de toute autre *maladie contagieuse*, le cadavre devrait être enfoui dans la chaux vive, afin de détruire les germes de la maladie; autrement ces germes, rapportés par les vers et les plantes, à la surface du sol, propageraient la contagion.

ENTRETIENS

1. Citez les matières qui fournissent de bons engrais. — **2.** Est-il dangereux de laisser sur le sol les cadavres d'animaux? — **3.** Les mouches qui vont sur les corps en putréfaction sont-elles à craindre? — **4.** Comment faut-il s'y prendre pour employer les chairs comme engrais? — **5.** Faut-il employer ce système quand l'animal est mort de maladie contagieuse?

IX. ENGRAIS VERTS ; AUTRES ENGRAIS VÉGÉTAUX

1. On appelle **engrais verts** ou **engrais végétaux** des plantes qu'on destine à être enfouies dans le sol, tandis qu'elles sont vertes, et avant que leur graine ne soit venue à maturité.

2. On restitue ainsi à la terre les éléments que ces plantes lui avaient empruntés pour se nourrir, et on y ajoute en plus le carbone et les sels tirés de l'atmosphère ; c'est une nourriture toute prête pour la prochaine semence qu'elle va recevoir.

3. L'action de ces engrais est de courte durée ; leur principal rôle est de diviser le sol et de le rafraîchir, ce qui est un avantage pour les terrains qui sont naturellement trop chauds.

4. On enfouit en vert : le *sarrasin*, le *trèfle*, la *vesce*, le *lupin*.

5. L'opération se fait souvent quand la première récolte a été mise en grange.

6. La *sciure de bois*, la *tourbe*, les *tourteaux*, le *tan*, et d'autres débris de végétaux constituent des engrais qu'il faut savoir utiliser.

ENTRETIENS

1. Qu'est-ce que les engrais verts ? — **2.** De quelle utilité sont-ils pour la terre ? — **3.** L'action de ces engrais est-elle de longue durée ? — **4.** Citez les plantes que l'on enfouit en vert. — **5.** A quel moment procède-t-on à cette opération ? — **6.** Quels sont encore les engrais végétaux qu'on peut employer avec succès ?

X. ENGRAIS ARTIFICIELS

1. Dans les régions où le bétail ne peut être facilement élevé, les agriculteurs sentent la pénurie des *engrais de ferme* et ont recours aux **engrais chimiques**

pour rendre au sol les substances dont il s'est appauvri par l'entretien des plantes.

2. Les principaux *engrais minéraux* sont les suivants :

1° Les **phosphates de chaux**, qui forment de riches gisements au Nord et à l'Ouest de la France (nodules en poudre, environ 5 fr. les 100 kil.).

3. 2° Les **superphosphates** (environ 15 fr. les 100 kil.), mélanges de phosphates et de nodules rendus plus actifs par l'emploi de l'*acide sulfurique*, et ordinairement associés au *nitrate de soude* et au *sulfate d'ammoniaque*.

4. 3° Le **nitrate de potasse** et le **nitrate de soude** (50 à 60 fr. les 100 kil.), qui sont d'un prix relativement élevé, mais dont l'efficacité est aujourd'hui parfaitement démontrée.

5. 4° Enfin, le **sulfate d'ammoniaque** (55 à 60 fr. les 100 kil.), d'un usage très répandu et qui sert à la fabrication des *engrais mixtes*.

6. La loi du 27 juillet 1867 punit sévèrement toute falsification dans le commerce des engrais.

ENTRETIENS

1. A quels engrais les agriculteurs ont-ils recours pour remplacer les engrais de ferme? — **2.** Qu'est-ce que le phosphate de chaux? — **3.** Qu'est-ce que le superphosphate de chaux? — Au moyen de quel acide le rend-on plus actif? — Avec quoi l'associe-t-on souvent? — **4.** Qu'est-ce que le nitrate de potasse? — Le nitrate de soude? — **5.** Parlez du sulfate d'ammoniaque. — **6.** Quel est le but de la loi du 27 juillet 1867?

CHAPITRE IV

Voies de communication. — Labours.

SOMMAIRE. — I. Importance des voies de communication. — II. Des labours. — III. Divers modes de labours.

I. IMPORTANCE DES VOIES DE COMMUNICATION

1. Ce n'est pas tout d'avoir des terrains : il faut pouvoir les exploiter ; il ne suffit pas d'avoir des amendements et des engrais : il faut pouvoir les transporter sur les propriétés ; s'il est bon d'avoir un outillage suffisant et perfectionné : il faut encore avoir les moyens de le faire fonctionner. Tout cela implique nécessairement un bon état des chemins vicinaux et des chemins ruraux, comme aussi de tout sentier qui va de la ferme au domaine.

2. L'entretien des chemins et, en général, de toute **voie de communication**, se trouve donc étroitement lié aux progrès de l'agriculture. Cela est vrai, non seulement pour exploiter une ferme, mais aussi pour en écouler les produits et les faire arriver aux villes voisines où se font généralement les transactions.

3. Les communes mettent leurs chemins en bon état par l'emploi des journées de *prestation* ; l'entretien des routes est confié aux soins des cantonniers.

ENTRETIENS

1. Suffit-il d'avoir des terrains et des engrais? — L'agriculture n'a-t-elle pas besoin de voies de communication? — **2.** L'existence et le bon état des chemins et des routes sont-ils nécessaires à l'agriculture? — **3.** Comment les communes entretiennent-elles leurs chemins? — A qui est confié l'entretien des routes?

II. DES LABOURS

Fig. 14. — LE LABOUR.

Le **labour** a pour but de retourner le sol, de ramener les parties profondes au contact de l'atmosphère, de le rendre plus meuble et de détruire les mauvaises herbes et les insectes nuisibles.

1. Les **labours** ont pour but principal de retourner la couche arable en mettant en dessous, au contact des racines, la partie supérieure, aérée et fertile, et en amenant à la surface la partie inférieure, pour qu'elle y vienne à son tour subir les influences de l'air, de la lumière, de la chaleur, de la pluie.

2. Par le labour, le sol est rendu plus meuble ; les amendements et les engrais s'y répartissent mieux et y pénètrent aux profondeurs voulues; les mauvaises herbes sont arrachées et disparaissent; les insectes nuisibles sont delogés et les semences, trouvant un sol convenablement préparé pour les recevoir, y germent, naissent, croissent dans les conditions les plus favorables à leur développement.

3. Les terres légères n'ont pas besoin de labours profonds ; ceux-ci doivent être réservés pour les terrains argileux et compacts. Dans tous les cas, *un bon labour équivaut à une bonne fumure.*

ENTRETIENS

1. De quelle utilité sont les labours? — Quelles influences subit la terre ramenée du fond par la charrue? — **2.** Quels sont les effets des labours? — **3.** Comment laboure-t-on les terres légères? — Les terres fortes? — Un labour équivaut-il à une fumure ?

III. DIVERS MODES DE LABOURS

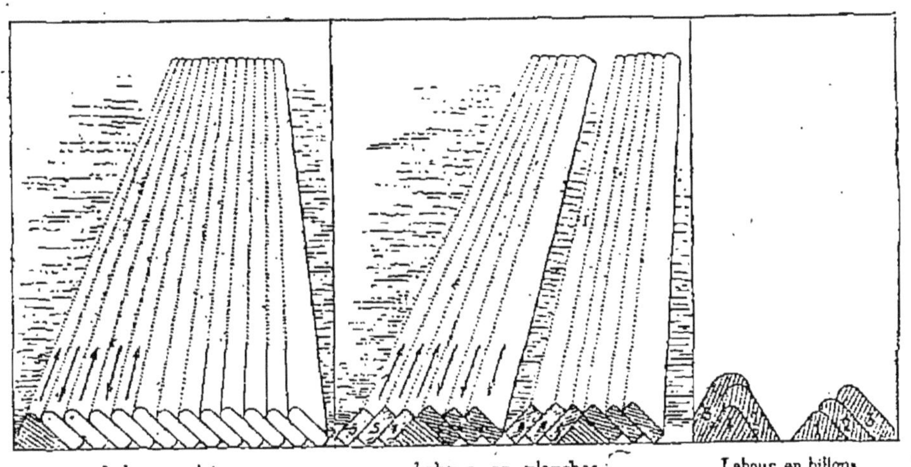

Fig. 15. — LES LABOURS.

Le **labour à plat** convient aux *terres sèches*, il s'exécute avec l'*araire* ou mieux avec la *charrue Brabant;* il a l'avantage de ne pas faire perdre de terrain par les dérayures et de se faire plus vite que les autres labours puisqu'on n'a qu'à tourner sur place à l'extrémité de chaque raie.

Le **labour en planches** est le plus généralement adopté, il se pratique soit avec l'*araire*, soit avec la *charrue à avant-train*. On divise la surface du champ, par des dérayures, en planches de deux à dix mètres de large séparées par deux rigoles.

Le **labour en billons** ne convient qu'aux *terrains humides*. Il se compose de trois à cinq raies tracées au moyen de l'*araire* et séparées par des rigoles qui facilitent l'écoulement des eaux.

1. On laboure à *plat*, en *planches*, ou *par billons.*

2. A **plat,** quand la charrue renverse la terre du même côté et que le champ, après l'opération, présente, d'un bout à l'autre, une surface unie.

3. En **planches,** quand on trace, à des distances de deux à trois mètres, des raies plus profondes que les autres en rejetant la terre des deux côtés ; c'est le plus employé.

4. Par **billons,** quand, d'espace en espace, on accumule la terre pour obtenir une couche plus épaisse, afin de diviser tout le sol en bandes à doubles pentes, séparées par un sillon creux qui facilite l'écoulement des eaux.

5. Pour faire un bon labour, il faut tenir compte de la nature du sol, de sa profondeur, des plantes qu'on y destine et aussi des convenances atmosphériques.

Fig. 16 — CHARRUE TRAINÉE PAR DES BŒUFS.

6. On emploie à ce travail les bœufs, les vaches, les chevaux, les mulets ou les ânes, suivant l'effort qu'il faut produire ; la *façon* donnée par les bœufs est la plus uniforme.

ENTRETIENS

1. Y a-t-il plusieurs modes de labours? — Nommez-les. — **2.** Qu'est-ce que le labour à plat? — **3.** En planches? — **4.** Par billons? — **5.** De quoi faut-il tenir compte pour faire un bon labour? — **6.** Quels animaux emploie-t-on pour tirer la charrue? — Quels sont ceux qui donnent la façon la plus uniforme?

CHAPITRE V

Outillage agricole.

SOMMAIRE. — I. Outillage agricole. Influence des expositions et des concours. — II. Charrue. Diverses pièces de la charrue. — III. Diverses espèces de charrues. — IV. Herses, rouleaux. — V. Extirpateur, houe à cheval, buttoir. — VI. Semoir. — VII. Moissonneuse, faucheuse, batteuse. — VIII. Instruments de petite culture. Instruments de transport.

I. OUTILLAGE AGRICOLE; INFLUENCE DES EXPOSITIONS ET DES CONCOURS

1. L'agriculture, comme l'industrie, a besoin d'un bon **outillage,** sans quoi les bras ne suffiraient pas à la besogne.

2. Les machines et les instruments ne suppriment pas la coopération du travailleur : ils l'aident. Le travail se fait avec plus de sûreté et de précision; la promptitude d'exécution permet aussi de soutenir plus avantageusement la concurrence.

3. Depuis un demi-siècle, une grande impulsion a été donnée au perfectionnement des machines industrielles ou agricoles. Il faut en chercher la principale cause dans l'organisation des **concours régionaux** et des diverses **expositions,** qui permettent aux producteurs de voir, d'étudier, de comparer leurs travaux respectifs, et de rapporter de ces grandes fêtes du travail le souvenir des bons modèles et le louable désir d'égaler ou de surpasser leurs rivaux.

ENTRETIENS

1. L'agriculture a-t-elle un outillage? — Pourquoi? — **2.** Que font les machines et instruments? — **3.** Dites quelle a été la cause de l'impulsion donnée au perfectionnement des machines industrielles et agricoles.

II. CHARRUE. DIVERSES PIÈCES DE LA CHARRUE

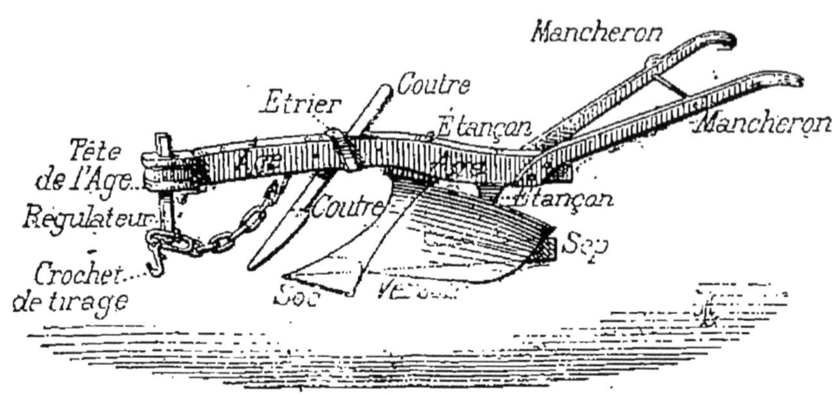

Fig. 17. — CHARRUE DÉCOMPOSÉE (Araire en bois).

La traction de la **charrue** se fait à la tête de l'*âge* par le *crochet de tirage;* le *régulateur* placé au même endroit sert à déterminer la largeur et la profondeur du labour. L'*âge* est une flèche de bois à laquelle se trouvent fixées toutes les pièces de l'appareil et que terminent les *mancherons* que tient le laboureur pour diriger la marche de l'instrument. Le *coutre* a la forme d'un couteau et sert à couper la bande de terre verticalement; le *soc* la coupe horizontalement, le *versoir* la soulève, la retourne et l'incline. Le *sep*, sur lequel appuie la charrue, glisse au fond de la raie. Le coutre est fixé à l'âge par l'*étrier*, le soc, le versoir et le sep par les *étançons*.

1. La **charrue** est le principal instrument dont on se sert pour la culture du sol.

2. Elle se compose des parties suivantes : l'*âge*, longue flèche de bois qui porte en arrière les autres pièces, et qui reçoit en avant, l'impulsion donnée par les animaux; le *sep*, qui peut être en bois dur, en fer, en fonte, qui supporte le soc et glisse au fond du sillon; le *coutre*, placé devant le soc, et qui ouvre la terre verticalement; le *soc*, qui la coupe en dessous et la soulève; le *versoir*, qui la renverse par côté.

3. Il y a en outre, les *étançons*, qui relient le sep à l'âge, et les *mancherons*, qui servent à diriger et à maintenir la charrue.

4. Toutes ces pièces doivent être adaptées les unes aux autres très solidement.

5. Le bois destiné à la confection des charrues doit être sec, dur, et autant que possible léger.

ENTRETIENS

1. Qu'est-ce que la charrue? — **2.** Citez les pièces qui la composent. — Qu'est-ce que l'âge? — Le sep? — En quoi sont-ils? — Que fait le coutre? — Le soc? — Le versoir? — **3.** A quoi servent les étançons? — Les mancherons? — **4.** Comment ces pièces doivent-elles être adaptées les unes aux autres? — **5.** Dites les qualités que doit avoir le bois employé à la construction des charrues.

III. DIVERSES ESPÈCES DE CHARRUES

Fig. 18. — ARAIRE EN FER.

L'**araire** se manœuvre plus difficilement que les charrues et exige des laboureurs adroits et attentifs à leur ouvrage, mais sa traction exige une moins grande force.

1. Il existe plusieurs genres de charrues : la **charrue primitive** ou **araire,** qui est sans *avant-train* et sans roues, et dont on se sert avec profit sur les terrains de moyenne consistance.

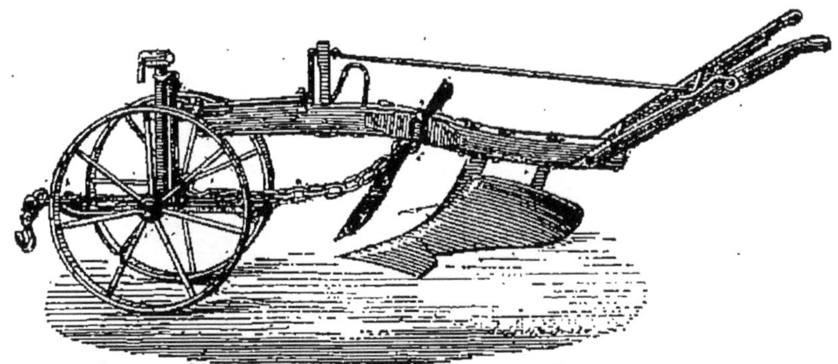

Fig. 19. — CHARRUE A AVANT-TRAIN.

La **charrue à avant-train,** très employée dans le nord de la France, coûte plus cher que l'*araire* tout en étant moins parfaite; elle nécessite plus de tirage à cause de sa construction et de son poids.

2. La **charrue à avant-train,** qui porte des roues

et que l'on emploie avantageusement sur les sols rocailleux ou qui ont peu de profondeur.

3. La charrue à **sous-sol,** qui manque de versoir, et qui fouille dans le sous-sol sans le ramener à la surface.

4. Certaines charrues sont entièrement en fer.

5. Dans quelques grands domaines, on commence à faire usage de charrues énormes, qui sont tirées par 8, 10, 12, paires de bœufs. C'est un progrès, et le progrès ne s'arrête pas dans sa marche.

6. Quelques grandes exploitations agricoles appliquent déjà la vapeur au labourage. Nos petites bourses ne nous permettront pas d'en venir là, à moins de recourir aux associations.

ENTRETIENS

1. Y a-t-il plusieurs sortes de charrues? — Dites ce qu'est la charrue araire et à quels terrains elle convient. — **2.** Décrivez la charrue à avant-train. — A quels sols convient-elle? — **3.** Qu'est-ce que la charrue à sous-sol? — **4.** En quoi sont construites certaines charrues? — **5.** Quelles charrues emploie-t-on dans les grands domaines? — **6.** Comment laboure-t-on dans certaines grandes exploitations agricoles?

V. HERSES, ROULEAUX

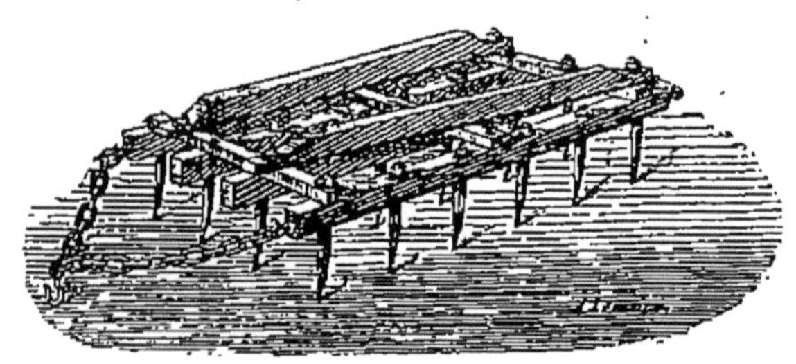

Fig. 20. — HERSE EN BOIS DITE DE VALCOURT.

Cette herse se compose d'un bâti en bois dans lequel des dents en fer sont fixées. (On construit aussi ce modèle tout en fer.) Pour transporter la herse on la retourne et on la fait glisser sur les deux pièces de bois nommées *traineaux* qui sont fixées sur le côté opposé aux dents.

1. La **herse** est un instrument de culture très important, composé d'un châssis en bois ou en fer armé en dessous de pointes de fer, et qui a pour objet, après labour, de briser et d'émietter les mottes de terre, de

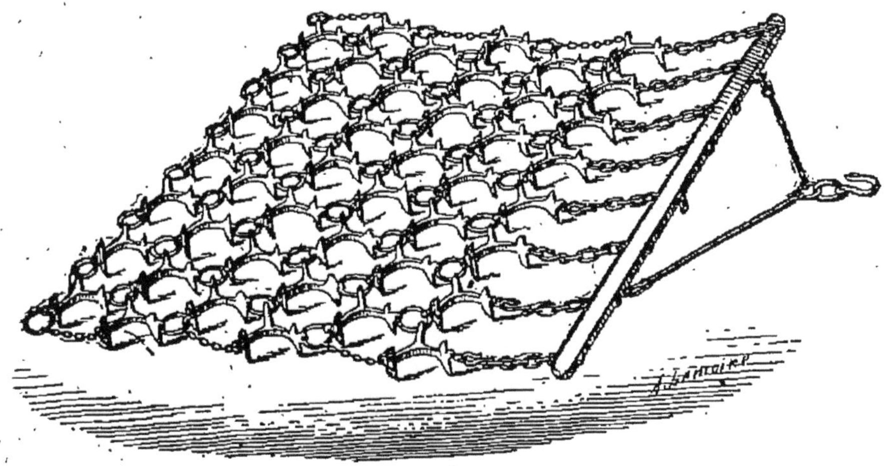

Fig. 21. — HERSE A CHAINONS.

Cet instrument convient pour les travaux légers, on l'emploie de préférence à la *herse de Valcourt* pour recouvrir les semences ou pour enlever la mousse des prairies.

favoriser le mélange des amendements et des engrais, d'enterrer la semence et de rendre la surface du sol plus unie.

2. Pour les hersages légers on emploie avantageusement la *herse à chaînons.*

3. Il faut herser tandis que la terre n'est ni trop sèche, ni trop humide.

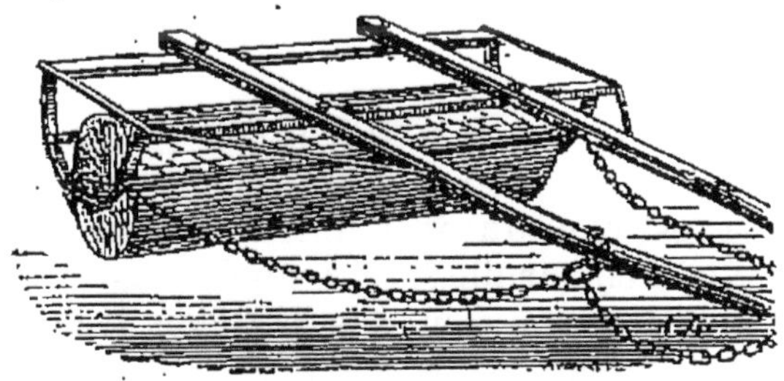

Fig. 22. — ROULEAU EN BOIS.

Le **rouleau** est passé sur les terres pour briser les mottes, les émietter et égaliser le sol en vue de la fauchaison. On pratique le *roulage* après l'ensemencement pour raffermir la couche végétale, lui conserver son humidité et favoriser la germination. Dans les *terres légères* il est utile de passer le rouleau après chaque labour.

On construit des rouleaux tout en fer, il en existe de nombreux systèmes.

4. Sur les terrains légers, siliceux ou calcaires, ensemencés de blé, d'avoine ou d'autres graines fines, on rend le sol plus uni, en vue surtout de la fauchaison, en

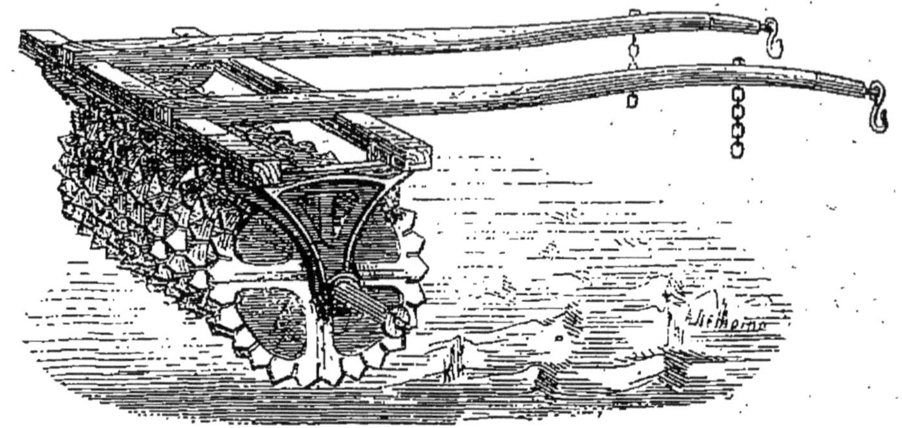

Fig. 23. — ROULEAU CROSKILL.

Ce **rouleau**, comme le montre la figure, se compose de *disques* dont le pourtour est garni de dents. On l'emploie pour briser les mottes et les émietter, surtout dans les *terres fortes*.

passant, après les semailles, un cylindre de bois ou de fer, très lourd, qui porte le nom de **rouleau**.

5. Selon la nature du sol et des cultures on emploie différentes sortes de rouleaux : *rouleau en bois*, *rouleau en fer*, *rouleau croskill*.

6. La herse et le rouleau sont traînés par des bêtes d'attelage.

ENTRETIENS

1. La herse est-elle un instrument d'une grande utilité? — Comment est-elle construite? — A quel usage sert-elle? — **2.** De quelle herse se sert-on pour les hersages légers? — **3.** A quel moment faut-il herser? — **4.** Qu'est-ce que le rouleau? — En quelles matières le fabrique-t-on? — Sur quels terrains convient-il de le passer? — Dans quel but le passe-t-on sur les terres ensemencées de blé, d'avoine ou d'autres graines fines ? — **5.** Dites les noms des différentes sortes de rouleaux. — **6.** Par qui sont traînés la herse et le rouleau ?

V. EXTIRPATEUR, HOUE A CHEVAL, BUTTOIR

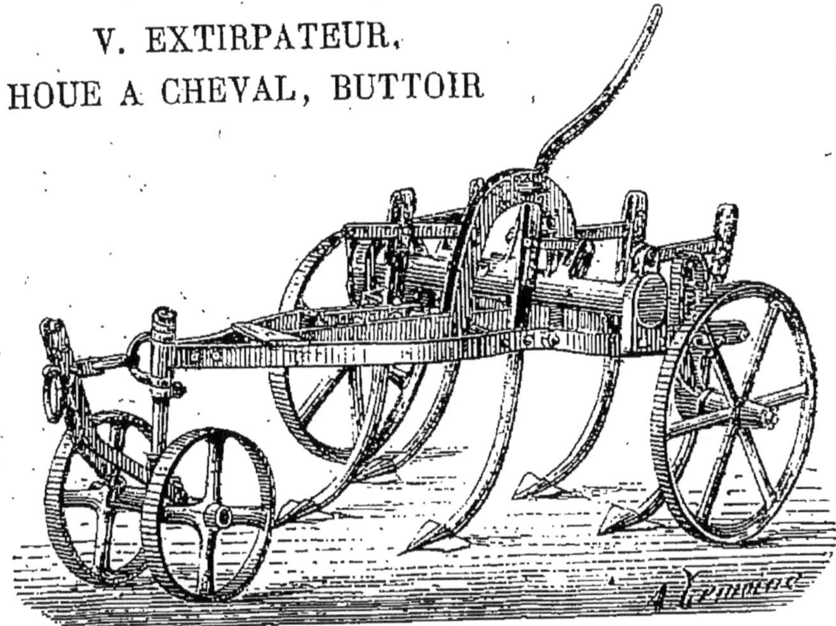

Fig. 24. — EXTIRPATEUR.

L'**extirpateur** complète le travail de la charrue, il sert à couper les racines, à détruire les mauvaises herbes, à enfouir les graines des plantes nuisibles; il fouille la terre, remue, la divise, mais ne laboure pas.

1. L'**extirpateur** est un instrument composé de plusieurs socs destinés à diviser et à soulever la terre, sans la retourner; il n'a pas de versoirs, et est employé soit pour *défricher*, soit pour détruire les *herbes nuisibles* dans les jachères.

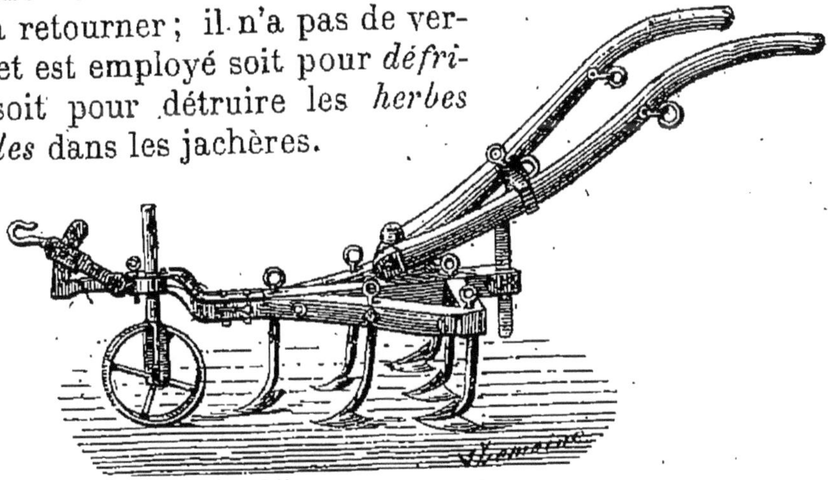

Fig. 25. — HOUE A CHEVAL.

La **houe à cheval** permet de *biner* les plantes semées en lignes d'une façon beaucoup plus expéditive qu'à la main.

On fait des houes à cheval à un ou plusieurs rangs.

2. La **houe à cheval,** construite comme la charrue, porte aussi plusieurs socs et sert à ameublir le sol, à arracher les mauvaises herbes et, en particulier, à *biner* les plantes semées en lignes. Avec cet instrument que conduit un cheval, on va vite en besogne, et il reste ensuite peu de travail à faire à la main.

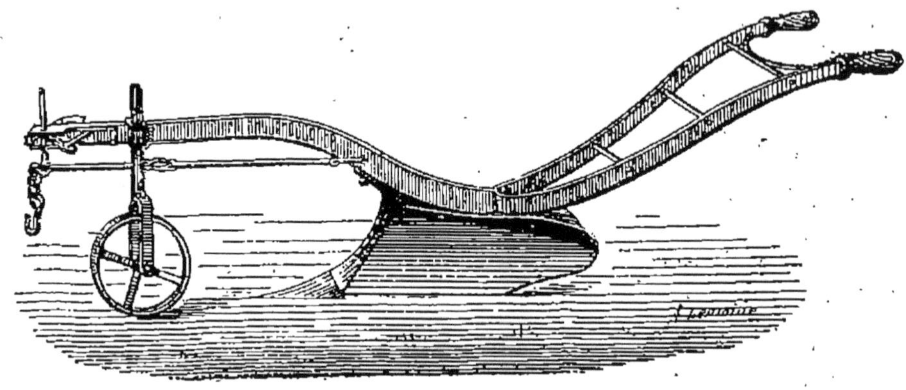

Fig. 26. — BUTTOIR.

Le **buttoir** s'emploie dans les cultures en lignes pour opérer le *buttage* qui consiste à accumuler la terre au pied de certaines plantes : pommes de terre, maïs, etc. Le buttoir se compose de deux *versoirs* opposés qui rejettent la terre également à droite et à gauche.

3. Le **buttoir** n'est autre chose qu'une charrue à deux versoirs opposés et mobiles, dont on se sert pour rehausser la terre au pied de certaines plantes, c'est-à-dire pour les *butter*. Le *maïs* et la *pomme de terre* exigent cette opération.

ENTRETIENS

1. De quoi est composé l'extirpateur? — A quoi sert-il? — **2.** Quel instrument emploie-t-on pour biner les plantes semées en lignes?— Comment est construite la houe à cheval?— **3.** Qu'est-ce que butter une plante? — Quelles plantes demandent à être buttées? — Quel instrument emploie-t-on pour cela? — Dites comment est fait le buttoir.

VI. SEMOIR

Fig. 27. — SEMOIR A GRAINES.

L'industrie fabrique un grand nombre de **semoirs** : *semoirs à grains*, *semoirs à engrais*, qui distribuent ces matières à la surface du sol (semoirs à la volée) ou à l'intérieur de la couche arable (semoirs en lignes). Les systèmes connus sont trop nombreux pour pouvoir être décrits ici.

1. Le **semoir** est un instrument qui appartient à l'agriculture perfectionnée. Il rend les plus grands services partout où il peut être employé.

2. Quand on sème à la main, si habile que l'on soit, la graine n'est pas répandue également sur tous les points de la surface cultivée, et n'est pas ensuite enterrée à d'égales profondeurs; avec le *semoir*, ces inconvénients sont évités ; on sème en lignes, la semence pénètre à une profondeur déterminée et est recouverte aussitôt.

3. Les grains se trouvant espacés également, on n'emploie que la quantité indispensable.

4. L'usage de cet instrument fait économiser du temps et de la semence, sans compter que la germination et la culture pourront se faire dans les meilleures conditions.

5. Le semoir contient la graine dans une grande caisse, et la laisse tomber par des disques armés de cuillers, dans des conduits aboutissant aux sillons.

ENTRETIENS

1. Le semoir est-il un instrument utile? — **2.** Dites s'il y a des inconvénients à semer à la volée. — Le semoir les évite-t-il? — Comment sème-t-on? — **3.** Y a-t-il économie sur la quantité de semence? — **4.** N'y a-t-il pas aussi économie de temps? — **5.** Décrivez le mécanisme du semoir.

VII. MOISSONNEUSE, FAUCHEUSE, BATTEUSE

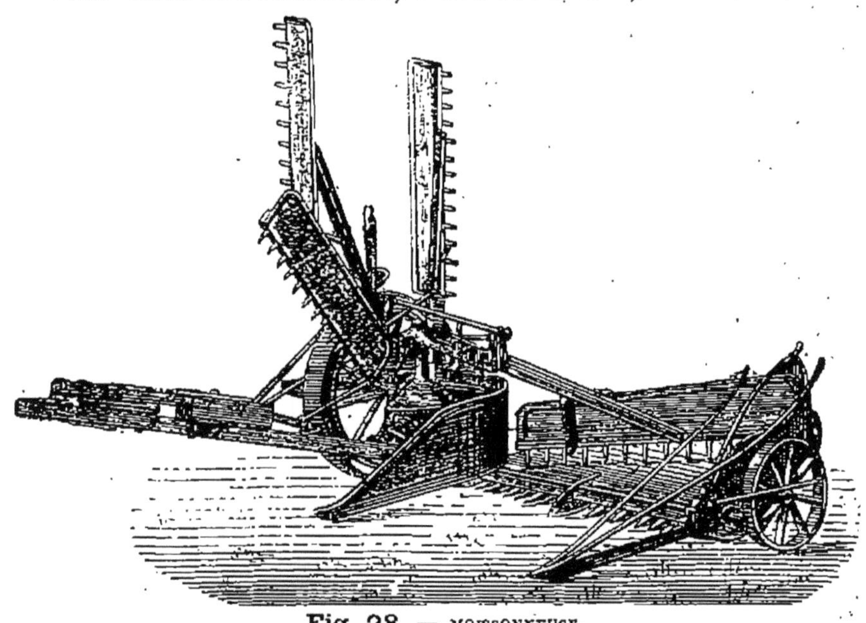

Fig. 28. — MOISSONNEUSE.

La **moissonneuse** permet de moissonner en dix heures de trois à sept hectares, selon qu'on emploie une machine à un ou à deux chevaux. Les systèmes employés sont nombreux : *moissonneuses à râteau à main, moissonneuses à râteaux automatiques* ou *à grand travail, moissonneuses combinées* ou *mixtes* de fabrication française, anglaise, américaine, etc.

1. La moisson se fait généralement avec la *faux*, la *sape* ou la *faucille*. Mais on n'a pas toujours, au moment propice, le nombre d'ouvriers nécessaire à cet important travail. On a donc inventé, pour le substituer à la main de l'homme, un engin mécanique qui porte le nom de **moissonneuse**.

2. Cette machine a pour organe principal une *scie*, exécutant, à chaque tour de roue, un mouvement de va-et-vient très rapide, au moyen duquel les tiges sont baissées, pressées, sciées, écartées et déposées en javelles.

Fig. 29. — FAUCHEUSE.

Les systèmes de **faucheuses** sont au moins aussi nombreux que ceux de moissonneuses. Avec ces appareils on peut faire la récolte dans un temps très court et au moment propice ; une faucheuse à deux chevaux abat de trois à cinq hectares de foin par jour.

3. La **faucheuse,** dont on se sert pour faucher les foins, est construite sur un système analogue à celui de la moissonneuse.

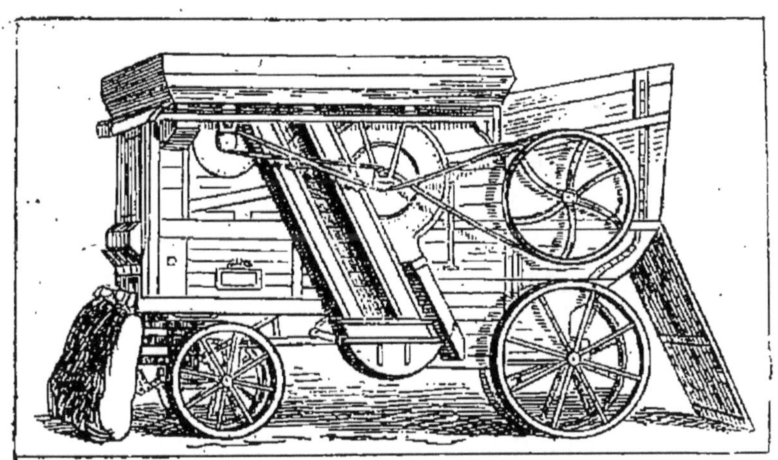

Fig. 30. — BATTEUSE MÉCANIQUE.

L'usage de la **batteuse mécanique** se généralise de plus en plus et rend les plus grands services aux cultivateurs. Dans les grandes fermes on fait mouvoir ces machines au moyen de *locomobiles à vapeur* ; mais dans les petites exploitations on remplace le moteur par un *manège* actionné par un cheval ou même par un âne. Les batteuses les plus perfectionnées battent le grain, le criblent, le nettoyent ; il ne reste plus qu'à le porter au marché ou au grenier et à lier les bottes de paille pour en former des meules.

4. On emploie fréquemment la **batteuse,** qui fait en

un jour le travail de deux cents ouvriers, et qui épargne à l'homme un des exercices les plus pénibles, les plus insalubres, auxquels il puisse être assujetti : le battage au fléau.

5. Le travail aussi se fait mieux et à un prix plus modéré.

ENTRETIENS

1. Comment moissonne-t-on généralement? — Les ouvriers sont-ils toujours assez nombreux? — Au moyen de quelle machine y remédie-t-on? — **2.** Décrivez la moissonneuse. — Expliquez-en le fonctionnement. — **3.** Qu'est-ce que la faucheuse? — A quoi sert-elle? — **4.** Qu'est-ce qu'une batteuse? — Combien d'ouvriers remplace-t-elle par jour? — Le battage au fléau est-il malsain? — **5.** Avec la batteuse mécanique le travail est-il mieux fait? — Revient-il à meilleur marché?

VIII. INSTRUMENTS DE PETITE CULTURE; INSTRUMENTS DE TRANSPORT

1. La **bêche** est l'outil principal du petit cultivateur. Avec elle, un bon ouvrier remue largement la terre, la retourne, arrache les mauvaises herbes, enlève les pierres et donne au sol la façon la plus complète qu'il puisse recevoir.

2. La **houe,** la **pioche,** le **pic,** la **binette** sont des instruments de même ordre, et d'un emploi journalier dans la petite culture.

3. Chacun sait à quels usages sont destinés le **râteau** et la **ratissoire.**

4. La **serpette** et le **sécateur** servent à la taille de la vigne et des arbres fruitiers.

5. Les instruments de transport les plus importants sont la **guimbarde,** chariot recouvert, à quatre roues; le **tombereau,** qui sert à porter le sable, les pierres, le fumier; enfin la **brouette,** dont l'emploi est fréquent et commode, surtout pour les travaux de jardinage.

ENTRETIENS

1. Que fait-on avec la bêche? — **2.** Quel est l'usage de la houe? — de la pioche? — du pic? — de la binette? — **3.** A quoi servent le râteau? — la ratissoire? — **4.** Avec quels instruments taille-t-on la vigne et les arbres? — **5.** Dites ce que c'est qu'une guimbarde. — un tombereau. — une brouette.

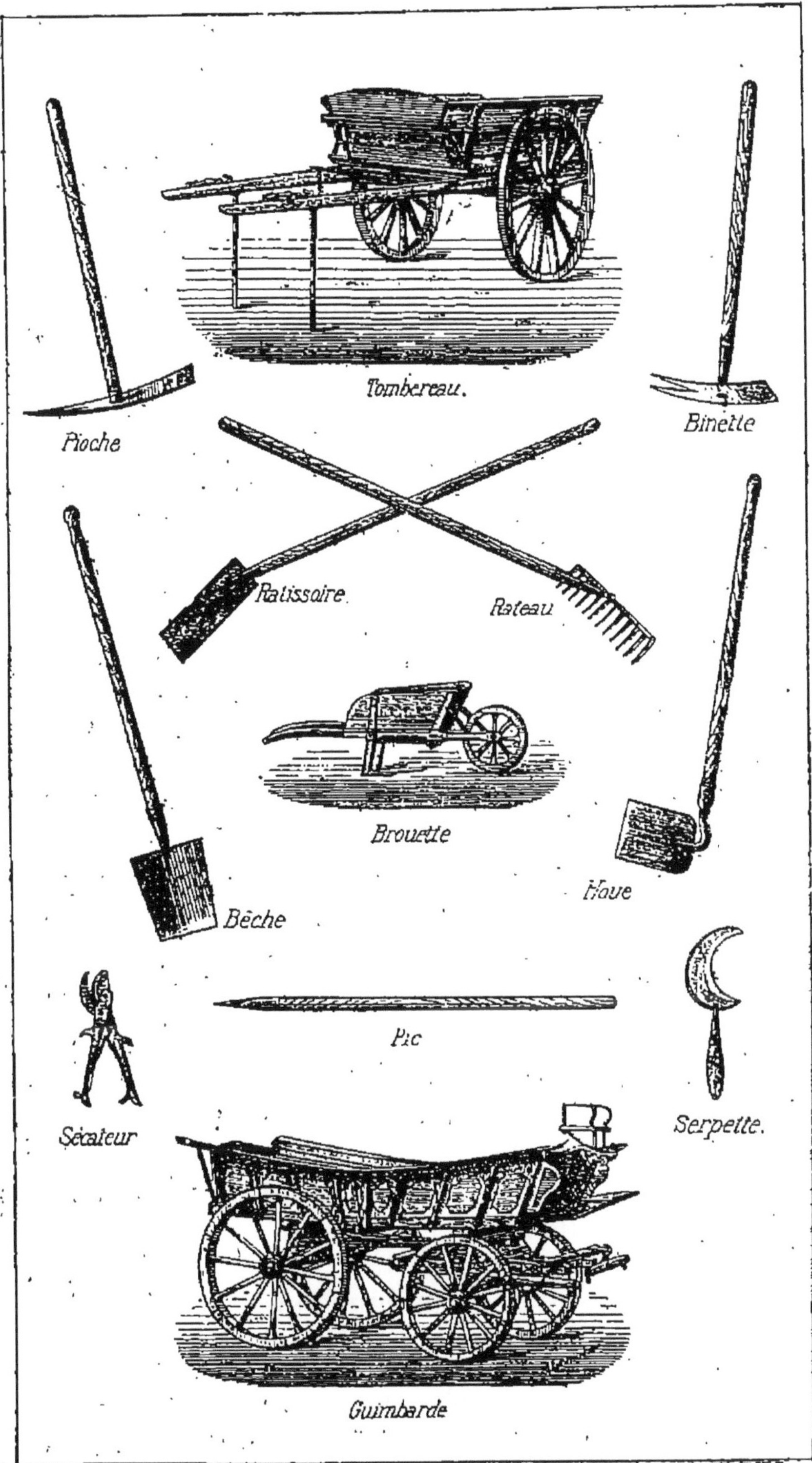

Fig. 31. — INSTRUMENTS DE PETITE CULTURE ET DE TRANSPORT.

CHAPITRE VI

Céréales.

Sommaire. — I. Céréales. — II. Le blé. — III. Choix de la semence. — IV. Semailles, culture et moisson. — V. Craintes et joies du cultivateur. — VI. Le seigle. — VII. Le méteil. — VIII. L'orge. — IX. L'avoine. — X. Le maïs. — XI. Millet et sorgho. — XII. Le sarrasin.

I. CÉRÉALES

1. Le plus pressant devoir de l'homme a été de pourvoir à sa nourriture ; aussi la culture des plantes alimentaires occupe-t-elle le premier rang parmi les végétaux cultivés.

2. Les **céréales** sont, sans contredit, les plus importantes et tirent leur nom de la déesse *Cérès* que les anciens honoraient comme présidant aux moissons.

3. Elles appartiennent toutes, à l'exception du sarrasin, à la famille des *graminées*, plantes annuelles dont la tige, creuse avec des nœuds de distance en distance, est un *chaume* et porte, lorsqu'elle est désséchée, le nom de *paille*. La graine et la farine des graminées sont la base de la nourriture pour l'homme et un grand nombre d'animaux.

ENTRETIENS

1. Quel est le plus pressant besoin de l'homme? — Quel rang occupe la culture des plantes alimentaires parmi les végétaux cultivés ? — **2.** Qu'entend-on par céréales ? — **3.** Décrivez les graminées.

II. LE BLÉ

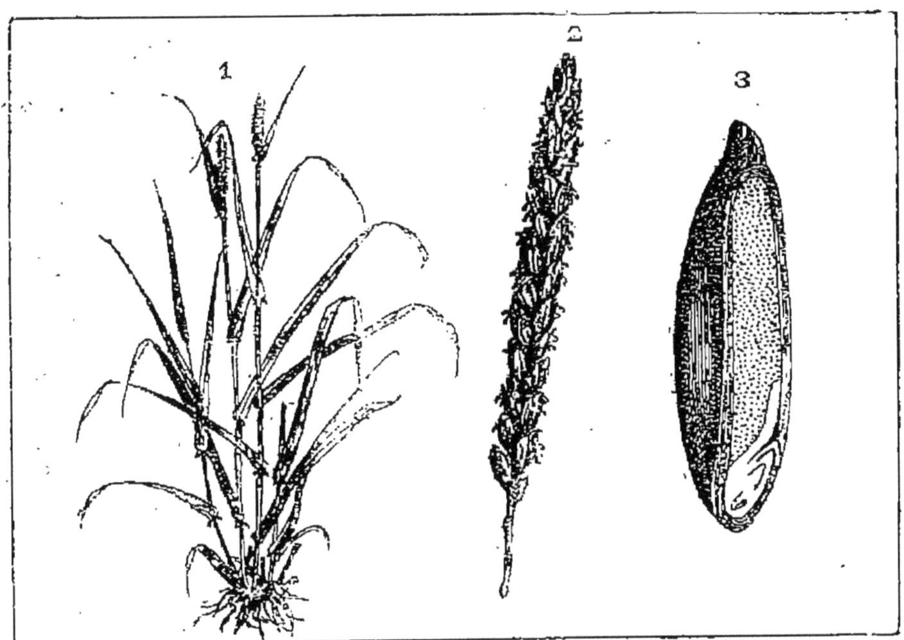

Fig. 32. — LE BLÉ OU FROMENT COMMUN.

1. Touffe de blé. — **2.** Épi. — **3.** Grain de blé coupé dans le sens de la longueur pour montrer l'*amidon* ou *albumen* dont il est rempli et en bas l'*embryon*, germe de la plante future.

Il existe un grand nombre de variétés de **blés** : Blé dur, blé tendre, blé dont l'épi est barbu, blé dont l'épi est dépourvu de barbe. Certaines variétés se sèment au printemps, d'autres à l'automne.

On sème le **blé d'automne** du 1er octobre au 15 novembre. Au *semoir* il faut 80 à 120 kilos par hectare, *à la volée* 160 à 240 kilos. Le *rendement en grains* est de 8 à 40 hectolitres par hectare suivant la nature des terres, le choix de la semence et le degré de fumure. Le *rendement en paille* varie suivant les années; il est en moyenne de 195 à 200 kilos par hectolitre de grain.

L'hectolitre de blé pèse, suivant qualité, de 75 à 80 kilos.

1. Le **blé** ou *froment* est la plus importante des céréales. L'homme, par des soins assidus, a fait subir à cette herbe, d'abord stérile, des transformations successives qui en font aujourd'hui la plante par excellence; c'est là une espèce de création nouvelle, comme dit BUFFON, et qui prouve bien la puissance du travail et notre souveraineté sur les choses de la nature.

2. Le blé est une des plantes connues des anciens; sa culture était en honneur chez les Chinois avant nos temps historiques. Aux premières époques bibliques, l'Égypte en fournissait abondamment; on voit aussi les Romains, pendant les temps calamiteux, aller se pourvoir de blé en Sicile et en Afrique.

3. De notre temps, c'est la principale culture de tous les pays civilisés; la Russie, l'Autriche, l'Italie, les États-Unis en produisent beaucoup; la France a ensemencé en froment, en 1881, une superficie de 7 054 036 hectares, qui ont rapporté 95 637 510 hectolitres de blé.

ENTRETIENS

1. Quelle est la plus importante des céréales? — Le blé a-t-il toujours été tel que nous le connaissons? — **2.** Les anciens connaissaient-ils le blé? — Depuis quand les Chinois le cultivent-ils? — L'Égypte n'en produisait-elle pas? — Où les Romains se pourvoyaient-ils de blé? — **3.** Quelle est la principale culture des pays civilisés? — Citez les pays qui produisent beaucoup de blé. — Quelle superficie la France a-t-elle ensemencée en blé en 1881? — Quelle a été la récolte?

III. CHOIX DE LA SEMENCE

1. Le **blé de semence**, à quelque qualité qu'il appartienne, doit être soigneusement choisi parmi les plus beaux produits de la *récolte précédente*.

2. Il ne faut jamais prendre, pour ensemencer, les grains venant du même champ ou d'un sol plus *fertile* que celui que l'on cultive: ce changement de milieu deviendrait nuisible à une bonne venue des récoltes.

3. Le blé de semence doit être battu au *vaisseau*, c'est-à-dire en le frappant dans des futailles vides pour n'avoir que les grains les plus mûrs et les plus beaux. Il doit être *vanné* avec soin pour le séparer des graines étrangères ou défectueuses.

4. Quand le triage est fait, on doit *chauler* la semence, afin d'écarter les germes malfaisants, qui donnent plus tard aux plantes la *carie* et le *charbon*.

5. Pour cette opération, on fait dissoudre dans un hectolitre d'eau 5 kilog. de *sulfate de soude* brut. On mouille le grain jusqu'à refus d'absorber. On le laisse en tas pendant une heure, puis on y ajoute 2 kilog. de *chaux éteinte* par hectolitre et l'on mêle avec soin. Dans quelques pays on chaule au *sulfate de cuivre* ou au *sulfate mixte de fer et de cuivre.*

ENTRETIENS

1. Faut-il bien choisir le blé destiné à la semence ? — De quelle récolte doit être la graine ? — **2.** Qu'arriverait-il si la graine venait d'une récolte faite sur le même champ, ou d'un sol plus fertile ? — **3.** Comment doit-être battu le grain des semailles ? — **4.** Que doit-on faire après le triage? — Pourquoi chaule-t-on ? — **5.** Comment opère-t-on ? — Quelle quantité de chaux faut-il pour un hectolitre de blé ?

IV. SEMAILLES, CULTURE ET MOISSON

1. La terre ensemencée en blé doit être préparée par deux labours successifs avec hersage; le dernier un mois environ avant de semer.

2. Les **semailles** se font ensuite d'octobre en novembre, le plus tôt que l'on peut, soit *à la volée,* soit en faisant usage du *semoir*. La graine est généralement enterrée à une profondeur de 6 à 8 centimètres.

Fig. 33. — LE SEMAGE A LA VOLÉE.
Le **semage à la volée** est encore le plus usité dans la petite culture ; le **semoir mécanique** doit lui être préféré quand cela est possible, d'abord parce que la semence est répandue plus également, ensuite à cause de l'économie réalisée : où le semoir emploie de 100 à 150 kilos de semence, le semage à la volée en demande de 160 à 200 kilos. (Voir *Semoir*, page 53).

3. Si les rigueurs de l'hiver ont fait souffrir la plante, il est utile, au printemps, de répandre sur les blés un supplément de fumure qui ranime la végétation.

4. Plus tard, on *sarcle* avec soin. Toutes les herbes nuisibles : *ivraie, chardons, pavots, hièbles, nielles,* doivent être arrachées avant que leurs graines ne viennent à maturité.

5. Quand le blé est mûr, on **moissonne** à la faucille,

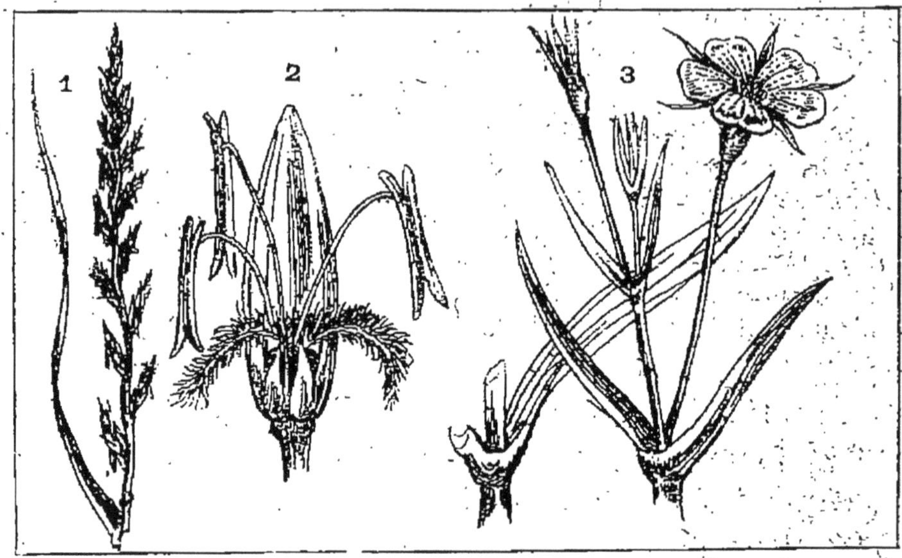

Fig. 34. — HERBES NUISIBLES AU BLÉ.

1. Épi d'ivraie. — **2.** Épillet d'ivraie. — **3.** Nielle, feuilles et fleurs. Toutes ces plantes doivent être soigneusement détruites.

à la sape, à la faux ou à la moissonneuse mécanique; on met en gerbes, on dépique au fléau ou à la bat-

Fig. 35. — MOISSONNEUSE MÉCANIQUE.

Cette **moissonneuse** est une *moissonneuse à râteaux automatiques* ou *à grand travail;* les râteaux couchent les tiges sur le *tablier* et les rejettent en *javelles* en dehors du chemin parcouru par la scie et rendent la place libre pour le passage suivant.

teuse, et, après avoir nettoyé la récolte, on la rentre dans des greniers bien assainis.

ENTRETIENS

1. Comment prépare-t-on la terre à ensemencer en blé? — 2. A quelle époque fait-on les semailles ? — A combien de centimètres la graine est-elle enterrée ? — 3. Que fait-on si la plante a souffert des rigueurs de l'hiver ? — 4. Quand sarcle-t-on ? — Dites les noms des plantes nuisibles qu'il faut arracher. — A quelle époque faut-il le faire ? — 5. Que fait-on quand le blé est mûr ? — Que fait-on de la récolte après l'avoir battue et nettoyée ?

V. CRAINTES ET JOIES DU CULTIVATEUR

1. L'existence du cultivateur est semée de joies pures ; mais, comme pour tous les hommes, elles sont entremêlées de *tristesses*, de *craintes*, de *dangers*.

2. Les intempéries de l'atmosphère : pluies trop abondantes, gelées, brouillard, sécheresse, grêle, détruisent souvent en peu d'instants les plus belles espérances ; les animaux et les plantes nuisibles s'ajoutent parfois à la maladie pour détériorer ses récoltes et pour rendre illusoires les plus douces promesses.

3. Que de sueurs, de fatigues et de travaux en pure perte !... Mais vienne une bonne récolte, la *joie* pénètre dans tous les cœurs. La riche moisson promet les jours d'abondance, chasse les noirs soucis, ravive cette gaieté villageoise qui se répand bruyamment de toutes parts et ranime le courage du travailleur.

ENTRETIENS

1. L'existence du cultivateur n'a-t-elle pas ses joies et ses peines ? — 2. Citez les intempéries qui viennent détruire ses espérances. — Les animaux et les plantes nuisibles, les maladies, ne détériorent-ils pas aussi les récoltes ? — 3. Une bonne récolte n'amène-t-elle pas la joie à la suite ?

VI. LE SEIGLE

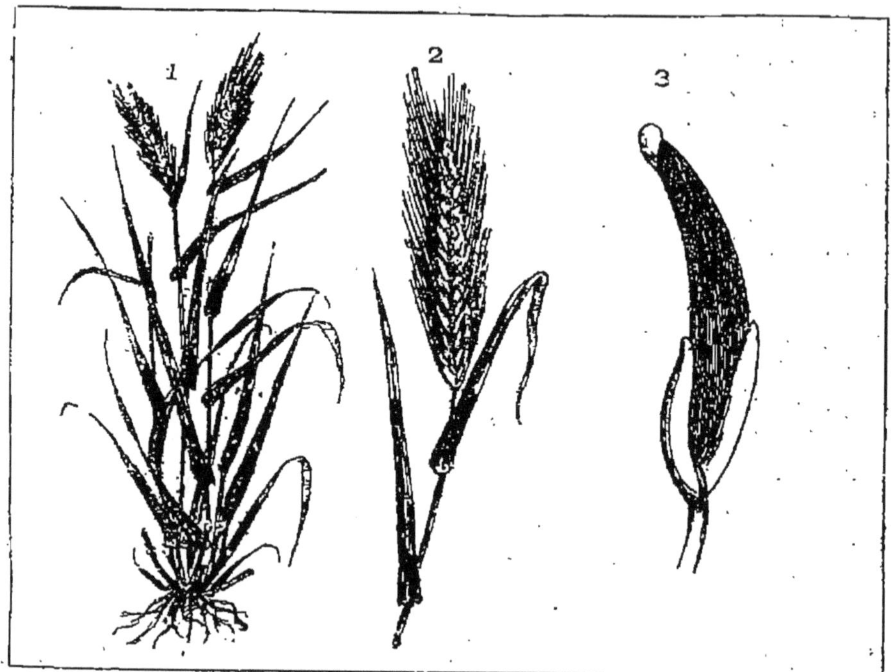

Fig. 36. — LE SEIGLE.

1. Touffe de seigle. — **2.** Épi. — **3.** Grain de seigle ergoté.

On *sème* le **seigle** en septembre ou en octobre, à raison de 200 à 250 litres par hectare. Le *rendement en grains* varie de 10 à 35 hectolitres par hectare suivant la nature des terres, et le *rendement en paille* de 170 à 200 kilos par hectolitre de grain. L'hectolitre de seigle pèse, suivant qualité, de 70 à 75 kilos.

L'*ergot* de seigle est un champignon, le **claviceps pourpré**, qui pénètre dans le tissu du grain et le transforme en une masse tendre et molle, d'une odeur fétide. C'est un poison violent. On l'emploie quelquefois en médecine.

1. Le **seigle** réussit sur les terrains *meubles, sablonneux*, fussent-ils pauvres ou froids et peut, au besoin, se passer de fumure. Il nécessite les mêmes soins de culture que le blé.

2. On le sème de bonne heure, en septembre, s'il est possible.

3. Les seigles d'hiver rendent plus que ceux de printemps.

4. L'épi du seigle est attaqué par un champignon, l'*ergot*, qui communique aux grains des principes malfaisants ; le **seigle ergoté** doit être soigneusement banni de l'alimentation.

5. L'ensemencement se fait à raison de 2 hectolitres

par hectare et la plante donne, en général, un rendement de 10 à 35 hectolitres, avec un poids moyen de 70 à 75 kilogrammes l'un.

6. On fait avec la farine de seigle un pain rafraîchissant et d'un goût agréable, mais qui est plus lourd et moins nourrissant que le pain de froment.

7. Le seigle donne plus de paille qu'aucune autre céréale.

ENTRETIENS

1. Dites les terrains qui conviennent à la culture du seigle. — La fumure est-elle nécessaire ? — Quels soins doit-on donner au seigle ? — **2.** A quelle époque le sème-t-on ? — **3.** Quel est le seigle qui donne le meilleur rendement ? — **4.** Par quel champignon est-il attaqué ? — Le seigle ergoté peut-il être mangé ? — **5.** Quelle quantité de seigle faut-il pour ensemencer un hectare ? — De combien est le rendement ? — Que pèse un hectolitre ? — **6.** Le pain de seigle est-il bon ? — **7.** La paille de seigle est-elle abondante ?

VII. LE MÉTEIL

1. Dans quelques pays, on ensemence, en septembre ou en octobre, sur les *terrains de moyenne fertilité*, un mélange de *blé* et de *seigle* qu'on appelle **méteil** (200 à 250 litres par hectare). Mais les grains de seigle mûrissent avant les grains de blé, et la moisson se fait conséquemment trop tard pour les uns ou trop tôt pour les autres, ce qui est un inconvénient grave au point de vue de la quantité et même de la qualité de la récolte.

2. Il serait facile d'y remédier en cultivant les deux plantes séparément ; en faisant les deux moissons distinctement, chacune à son temps ; en conservant séparés les grains et même la farine ; en faisant à part les travaux de panification, et en ne mêlant les deux pâtes qu'au moment de mettre au four pour la cuisson.

3. Le pain de méteil est sain, nutritif et d'un goût agréable.

4. La France a produit, en 1881, 6 327 148 hectolitres de méteil, dont chacun pèse, en moyenne, 73 kilog..

ENTRETIENS

1. Quel nom donne-t-on au blé et au seigle semés ensemble ? — Le seigle et le blé mûrissent-ils en même temps ? — Y a-t-il un inconvénient pour la récolte ? — **2.** Comment pourrait-on y remédier ? — **3.** Quelles sont les qualités du pain de méteil ? — **4.** Dites combien la France a produit d'hectolitres de méteil en 1881. — Quel est le poids de l'hectolitre ?

VIII. L'ORGE

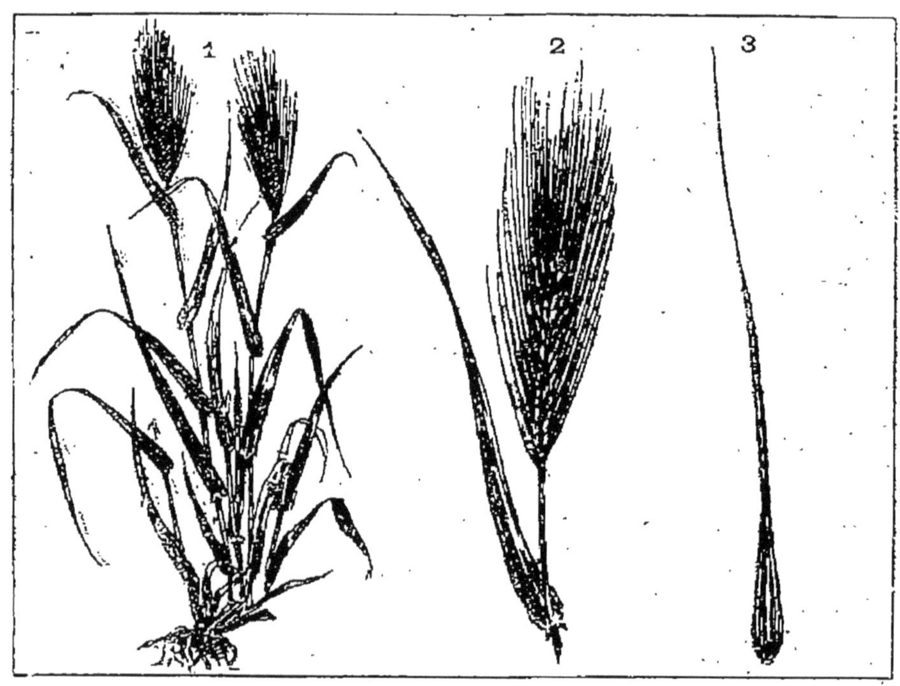

Fig. 37. — L'ORGE.
1. Touffe d'orge. — 2. Épi. — 3. Barbe.

On sème l'**orge d'hiver** en septembre et l'**orge de printemps** en mars à raison de 200 à 250 litres par hectare. Le *rendement en grains* est, pour les orges d'hiver, de 40 à 60 hectolitres et, pour les orges de printemps, de 20 à 30 hectolitres par hectare, suivant l'espèce et la qualité des terres.

L'hectolitre d'orge pèse de 55 à 65 kilos.

1. L'**orge** est encore une céréale qui vient sur *tous les terrains*, de préférence sur ceux où domine le *calcaire* et qui sont secs et chauds plutôt qu'humides.

2. L'ensemencement et la culture se font comme pour les blés de printemps, dès la fin mars ; la plante arrive à maturité en deux ou trois mois.

3. Dans les départements du Nord, et en général dans

les pays qui n'ont point la vigne, on cultive l'orge en vue de la fabrication de la bière; dans le Midi, on donne ses graines aux bestiaux; les chevaux arabes n'ont pas d'autre nourriture.

4. Dans certaines provinces, l'Alsace, le Berry, la farine d'orge sert à faire du pain; on la rend panifiable en y ajoutant environ moitié de farine de froment.

ENTRETIENS

1. Qu'est-ce que l'orge? — Dans quels terrains se convient-elle? — **2.** Comment la cultive-t-on? — **3.** Dans quel but les départements du Nord cultivent-ils l'orge? — Comment l'emploie-t-on dans le Midi? — De quoi sont nourris les chevaux arabes? — **4.** Peut-on faire du pain avec la farine d'orge?

IX. L'AVOINE

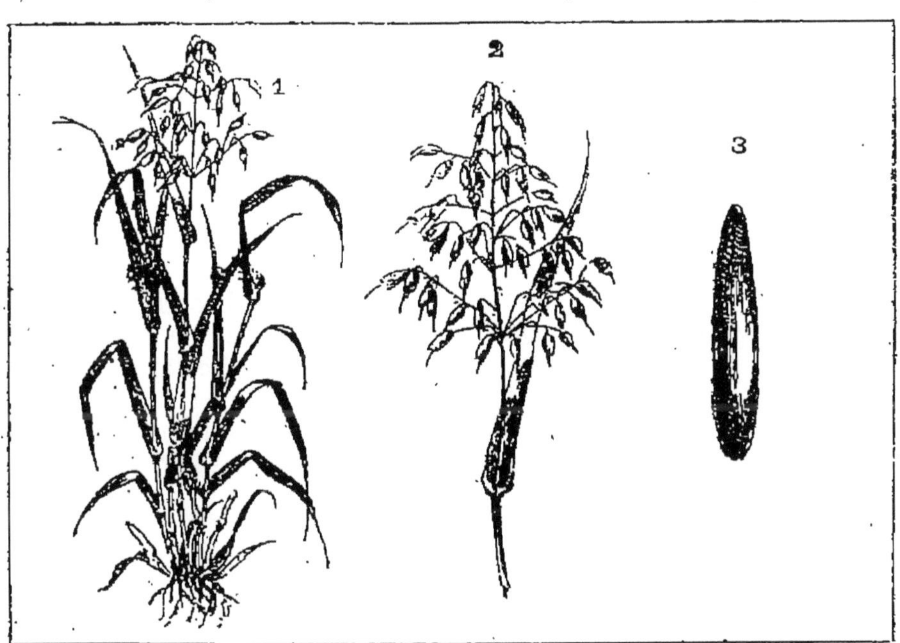

Fig. 38. — L'AVOINE.

1. Touffe d'avoine. — **2.** Panicule. — **3.** Grain d'avoine.

On sème l'**avoine d'hiver** en septembre et l'**avoine de printemps** de février à mars à raison de 250 à 350 litres par hectare. Le *rendement en grains* varie de 25 à 40 hectolitres par hectare. Le poids de l'hectolitre est en moyenne de 42 à 50 kilos.

1. L'avoine est une plante robuste, qui se plaît sur les *terrains légers* et *fertiles*, surtout s'ils sont humides.

2. On la sème en février, mars ou avril, le plus tôt possible, et de préférence après les pluies, à raison de 250 à 350 litres par hectare.

3. Après hersage, il est bon de passer le rouleau pour unir le sol.

4. L'avoine donne un rendement moyen de 30 à 40 hectolitres par hectare, avec un poids de 45 kilogrammes.

5. Elle sert en particulier à la nourriture des chevaux; on la donne aussi utilement aux brebis mères pour favoriser la production du lait, et aux volailles pour augmenter la ponte des œufs.

6. Dans les pays froids et montagneux, l'Écosse, l'Irlande, où les autres céréales sont rares, l'avoine sert à la nourriture de l'homme. Le pain d'avoine est grossier et d'une saveur amère. Aussi emploie-t-on de préférence la farine d'avoine sous forme de bouillies.

7. La paille d'avoine est un excellent fourrage; la balle d'avoine sert à confectionner des paillasses de lits qui remplacent les sommiers élastiques.

ENTRETIENS

1. Dites les terrains qui conviennent le mieux à l'avoine. — **2.** A quelle époque la sème-t-on ? — Combien d'hectolitres en faut-il par hectare ? — **3.** Que faut-il faire après le hersage ? — **4.** Quel est le rendement en hectolitres d'un hectare d'avoine ? — Dites le poids de l'hectolitre. — **5.** A quoi l'avoine est-elle employée ? — **6.** Sert-elle à la nourriture de l'homme ? — Ce pain est-il bon ? — **7.** A quoi sert la paille ? — La balle ?

X. LE MAIS

1. Le **maïs** est une plante originaire de l'Amérique du Sud, qui se plaît sur les *terrains frais ou humides*.

2. On le sème en avril, après deux labours d'automne et un de printemps, *à la volée*, si on doit l'employer comme fourrage, *en lignes*, quand on le cultive pour le grain.

3. Le maïs doit être biné, sarclé et butté.

4. Le maïs est une plante précieuse qui devrait avoir

une large place dans notre agriculture. Il n'épuise pas le sol, alterne très bien avec le froment et donne un grain très riche en azote et 4 fois plus riche en matière grasse que les autres céréales.

5. Le rendement est de 60 à 80 fois la semence.

6. Le maïs sert à la nourriture de l'homme, à l'engraissement des bestiaux, à la fabrication de l'alcool et même à la fabrication de la bière. Ses tiges et ses feuilles, servies en sec ou en vert, sont un excellent fourrage.

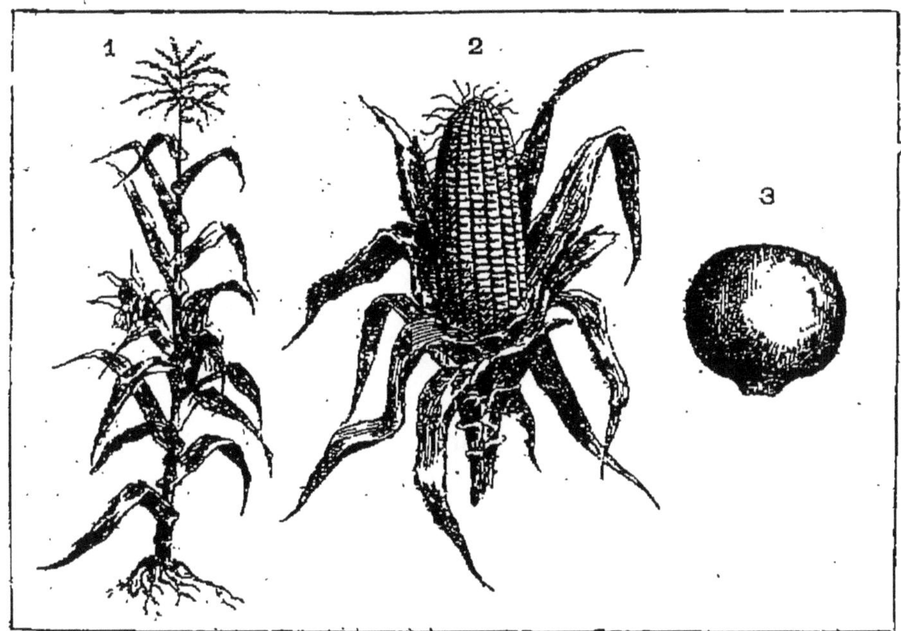

Fig. 39. — LE MAÏS.

1. Pied de maïs. — **2.** Épi femelle mûr. — **3.** Grain de maïs.

On sème le **maïs** du 15 avril au 15 mai. Il faut par hectare : pour *grains en lignes* 14 ou 20 kilos; *à la volée* 50 à 70 kilos; pour *fourrage en lignes* 70 à 100 kilos; *à la volée* 120 à 200 kilos. Le *rendement en grains* est par hectare de 20 à 40 hectolitres et le *rendement en fourrage vert* de 20 à 25 000 kilos. L'hectolitre de maïs pèse en moyenne 75 kilos.

ENTRETIENS

1. De quel pays le maïs est-il originaire ? — Quels sont les terrains qui lui plaisent le mieux ? — **2.** A quelle époque sème-t-on le maïs ? — Combien faut-il de labours ? — Comment le sème-t-on pour le récolter en vert ? — Pour le grain ? — **3.** Quels soins donne-t-on au maïs ? — **4.** Le maïs doit-il attirer l'attention du cultivateur? — **5.** Quel est le rendement ? — **6.** Faites connaître les usages du maïs.

XI. MILLET ET SORGHO

Fig. 40. — LE SORGHO.

1. Pied de sorgho. — 2. Panicule.

Le **sorgho** se sème au printemps. Il faut par hectare, lorsqu'on sème *en lignes*, 10 kilos de semence et, lorsqu'on sème *à la volée*, de 35 à 40 kilos.

1. Le **millet** est surtout cultivé dans le Midi de la France, en lignes, et avec les mêmes façons que l'on donne au maïs, sans buttage.

2. La graine de cette plante est destinée aux oiseaux de volière ou de basse-cour; les tiges, coupées en vert, donnent un bon fourrage.

3. Le **sorgho**, originaire de la Chine, est une plante très voisine du millet, cultivée aussi dans le Midi, après les gelées du printemps, sur les *terrains profonds*, et qui demande à être binée et buttée. Son grain, qui sert, en Asie et en Afrique, à la nourriture de l'homme, n'est destiné chez nous qu'à l'entretien des volailles.

4. La tige du sorgho est très sucrée et donne un alcool très abondant. C'est une plante plutôt industrielle qu'alimentaire; l'une de ses variétés sert à confectionner les balais.

ENTRETIENS

1. Dans quelle contrée cultive-t-on le millet ? — De quelle façon ? — **2.** Quel usage fait-on de la graine ? — Des tiges en vert ? — **3.** D'où le sorgho est-il originaire ? — Où et comment le cultive-t-on ? — A quoi sert son grain en Asie et en Afrique ? — En Europe ? — **4.** Dites ce que contient la tige de sorgho. — Que fait-on avec une de ses variétés ?

XII. LE SARRASIN

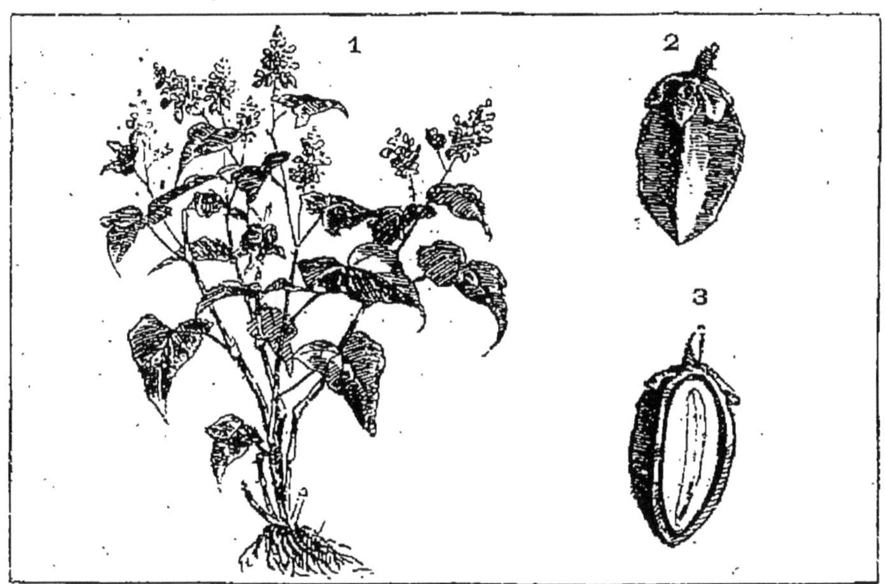

Fig. 41. — LE SARRASIN.
1. Pied de sarrasin. — **2.** Graine. — **3.** Coupe de la graine.

On sème le **sarrasin** du 15 mai à fin juin, à raison de 50 à 80 litres par hectare pour *grain* et de 100 litres pour *fourrage*. Le *rendement en grains* par hectare varie de 8 à 35 hectolitres et le *rendement en paille* est de 1200 kilos environ. L'hectolitre de sarrasin pèse, suivant qualité, de 50 à 70 kilos.

1. Le **sarrasin** ou *blé noir* se convient sur tous les *terrains secs*, même les plus pauvres, qui ne pourraient porter d'autres céréales et peut se passer de fumure.

2. On le sème vers la fin juin, quelquefois sur une récolte manquée, à raison de 50 à 100 litres par hectare.

3. Il est mûr en automne, dès les premiers froids,

auxquels il est très sensible ; son rendement moyen est de 8 à 35 hectolitres par hectare.

4. Cette plante venant vite à maturité, sans autres travaux que ceux qui précèdent l'ensemencement, est, pour les pays pauvres, une précieuse ressource. Les Polonais et les Tartares en font du pain ; chez nous, le sarrasin n'entre dans l'alimentation que pour confectionner des bouillies ou des galettes.

5. Son grain sert à l'engraissement des volailles. La tige est un bon fourrage pour les bêtes à cornes, quand elle est coupée en vert au moment de la floraison. Il ne faut point, dans tous les cas, la donner aux moutons. Le sarrasin est un végétal énergique qui étouffe les plantes parasites et rend des services comme engrais vert.

ENTRETIENS

1. Quels sont les terrains qui conviennent le mieux au sarrasin ? — Se passe-t-il de fumure ? — 2. A quelle époque se font les semailles ? — Combien de semence faut-il par hectare ? — 3. Quand le sarrasin est-il mûr ? — Dites s'il est sensible au froid. — De combien est son rendement par hectare ? — 4. Cette plante demande-t-elle de grands soins ? — Qu'en font les pauvres ? — Les Polonais ? — Les Tartares ? — Qu'en fait-on chez nous ? — 5. Donne-t-on le sarrasin aux volailles ? — Le sarrasin n'étouffe-t-il pas les plantes nuisibles ?

CHAPITRE VII

Légumineuses.

SOMMAIRE. — I. Légumineuses. — II. Haricots. — III. Fèves. — IV. Pois. — V. Lentilles.

I. LÉGUMINEUSES

1. Les **légumineuses** ont pour caractère distinctif d'avoir leurs graines renfermées dans une enveloppe

appelée *gousse* ou *cosse*. A cet ordre appartiennent quelques plantes alimentaires très importantes : *haricots*, *fèves*, *pois*, *lentilles*, de facile culture, dont les produits abondants possèdent de grandes propriétés nutritives, ont la faculté remarquable de pouvoir se conserver longtemps et sont, pour les approvisionnements maritimes, une ressource justement appréciée.

2. Outre ces plantes, la famille des légumineuses en comprend d'autres : *luzerne*, *sainfoin*, *trèfle*, *lupin*, *vesce*, constituant d'excellents fourrages que nous étudierons plus tard.

3. On y rattache même quelques arbres, l'*indigotier*, par exemple, qui fournit pour l'industrie un bleu superbe, et le *robinier faux acacia*, si commun dans nos contrées, qui donne un bois fort estimé.

ENTRETIENS

1. Quel est le caractère distinctif des légumineuses ? — Dites le nom des légumineuses alimentaires. — Possèdent-elles des qualités nutritives ? — Se conservent-elles longtemps ? — **2.** Citez le nom des légumineuses employées comme fourrages. — **3.** N'y a-t-il pas deux arbres qui appartiennent à cette famille ? — Qu'est-ce que l'indigo ? — Le bois de l'acacia est-il estimé ?

II. HARICOTS

1. Les deux principales espèces de **haricots** sont les *haricots à rames*, qui sont grimpants et veulent être soutenus pendant leur végétation, et les *haricots nains*, qui n'ont besoin d'aucun appui.

2. Cette plante vient bien sur *tous les terrains*, mais de préférence sur ceux qui ont une consistance moyenne, qui sont frais plutôt qu'humides, et qui ont reçu de bons engrais.

3. Elle est très sensible au froid et ne doit être semée qu'après les fortes gelées du printemps.

4. On prépare le sol par un ameublissement soigné, puis on sème en lignes, en mettant dans chaque trou

5, 6 ou 7 grains légèrement espacés les uns des autres.

5. Pendant la végétation, on doit opérer plusieurs binages successifs.

6. La récolte ne doit être cueillie que lorsqu'elle

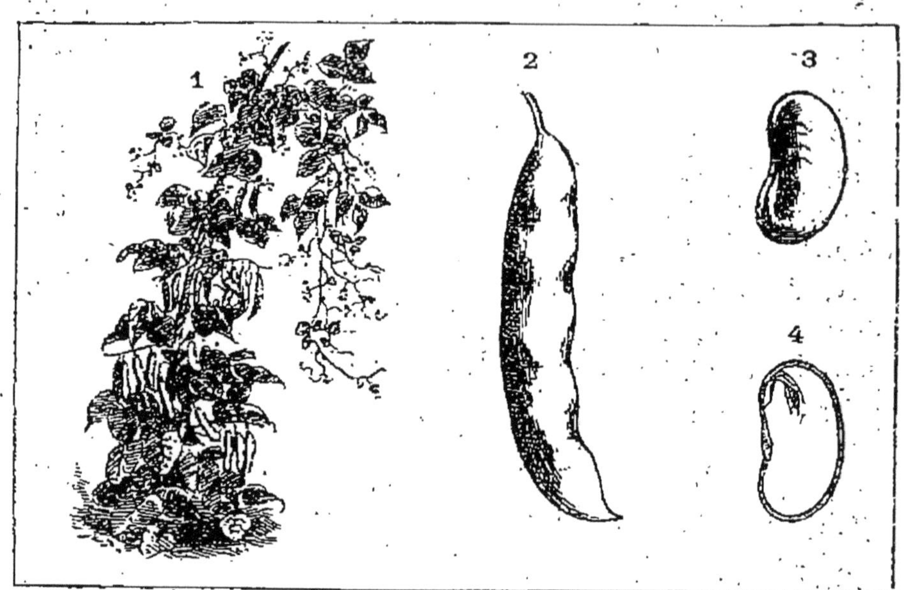

Fig. 42. — LE HARICOT.

1. Pied de haricot ramé. — **2.** Gousse. — **3.** Haricot. — **4.** Coupe du grain montrant le germe.

On sème les **haricots** d'avril à mai à raison de 100 à 150 litres par hectare. Le *rendement en grains* varie de 18 à 35 hectolitres par hectare. Les fanes sèches pèsent de 1800 à 2400 kilos.

Le poids de l'hectolitre de haricots est de 75 à 77 kilos.

arrive à parfaite maturité. On doit veiller à ne pas perdre du grain sur place; celui-ci se conserve très bien dans sa cosse pourvu qu'il soit placé dans un local sec et bien aéré.

7. Le *haricot blanc* de Soissons est le plus estimé.

ENTRETIENS

1. Dites le nom des principales espèces de haricots. — **2.** Quels sont les terrains qui leur conviennent le mieux ? — **3.** Le haricot est-il sensible au froid ? — Quand le sème-t-on ? — **4.** Comment s'y prend-on ? — **5.** Que doit-on faire pendant la végétation ? — **6.** Quand la récolte est-elle cueillie ? — Dans quelles conditions le haricot se conserve-t-il bien ? — **7.** Quel est le plus estimé ?

III. FÈVES

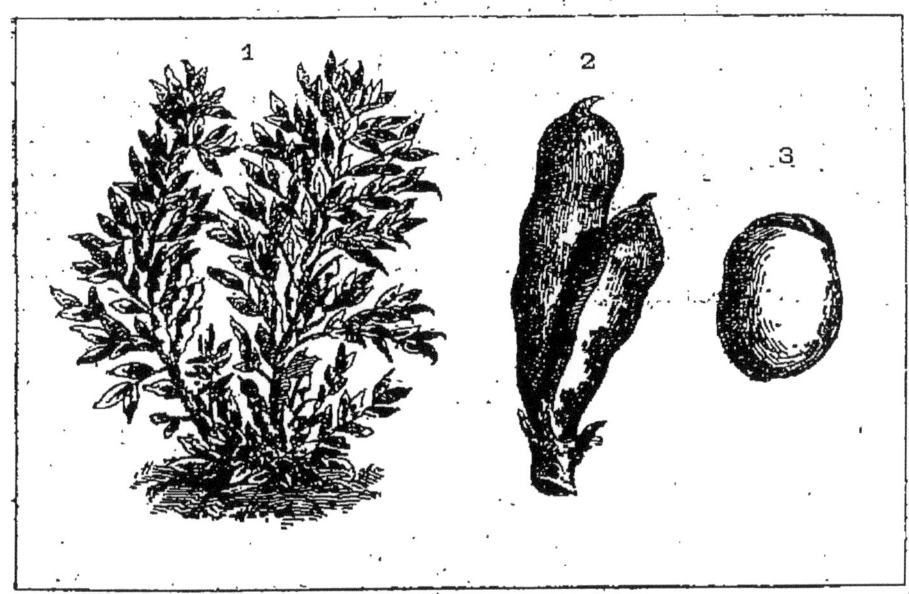

Fig. 43. — LA FÈVE.

1. Pied de fève. — 2. Gousses. — 3. Fève.

On sème les **fèves** à l'automne ou de fin février à fin mars, à raison de 100 litres par hectare quand on sème en lignes et de 250 à 300 litres quand on sème à la volée. Le *rendement* varie de 15 à 24 hectolitres avec 1800 à 2500 kilos de *fanes*.

Le poids d'un hectolitre de fèves est de 76 à 78 kilos.

1. Les **fèves** demandent les mêmes soins que les haricots. C'est une des cultures les plus profitables pour les *terrains consistants et argileux.*

2. La variété propre à la grande culture est la *fève-rolle*. La *fève des marais* est une culture maraîchère.

3. On ensemence de février en mai, en lignes, sur un sol parfaitement ameubli, en mettant dans chaque trou 3 ou 4 fèves légèrement séparées les unes des autres.

4. Dès que les tiges ont atteint 4 ou 5 centimètres, on bine et, plus tard, on butte. Cette plante est souvent envahie à son sommet par le *puceron noir*, insecte dont les attaques peuvent compromettre la récolte. On l'expulse en retranchant, après floraison, l'extrémité atteinte, opération qui présente, en outre, l'avantage de grossir le fruit par une abondante concentration de sève, et de le faire venir plus tôt à maturité. Les fèves donnent un rendement de 15 à 24 hectolitres par hectare ; leurs tiges battues sont un bon fourrage.

ENTRETIENS

1. Comment se cultivent les fèves ? — Quel est le sol qui leur convient le mieux ? — **2.** Dites le nom de la variété la plus commune. — **3.** Quand et comment ensemence-t-on les fèves ? — **4.** Que fait-on quand les tiges sont hautes de 4 ou 5 centimètres ? — Comment détruit-on le puceron noir ? — Quel est l'avantage de cette opération ? — Quel rendement donnent les fèves ? — A quoi servent les tiges ?

IV. POIS

Fig. 44. — LE POIS.

1. Pied de pois. — **2.** Gousse ouverte montrant les pois. — **3.** Pois. — **4.** Coupe.

On sème les **pois** à l'automne ou de fin février à fin mars, à raison de 80 à 100 litres par hectare. Le *rendement en grains* varie de 15 à 20 hectolitres à l'hectare.

Le poids de l'hectolitre de pois est de 78 à 80 kilos.

1. Il faut aux **pois** une *terre franche*, fertile, bien ameublie et bien fumée.

2. L'ensemencement se fait, comme pour les haricots et les fèves, *en lignes*, par 5 ou 6 grains mis dans chaque trou.

3. Après la levée, on bine et on fait plus tard un demi-buttage. Dès que la plante est suffisamment développée, on pince l'extrémité des tiges pour refouler la sève vers le fruit.

4. Le pois a un ennemi dangereux, la *bruche*, dont l'œuf, déposé dans la cosse, donne naissance à un petit ver qui ronge le grain et le perce quelquefois de part en part.

5. La marine fait des approvisionnements considérables de pois pour les voyages au long cours; on fait, avec ces grains secs, des purées savoureuses. Les tiges sont utilisées comme fourrage.

ENTRETIENS

1. Quelle terre convient bien aux pois? — **2.** Comment se fait l'ensemencement? — **3.** Que fait-on après la levée? — Pourquoi pince-t-on l'extrémité des tiges? — **4.** Parlez de l'ennemi du pois. — Que fait-on avec les graines? — A quoi utilise-t-on les tiges?

V. LENTILLES

Fig. 45. — LA LENTILLE.

1. Tige de lentille. — **2.** Gousse. — **3.** Gousse ouverte. — **4.** Lentille.

On sème la **lentille** en automne ou en mars à raison de 100 litres par hectare. Le *rendement en graines* est de 8 à 15 hectolitres par hectare et le poids de l'hectolitre de 78 à 79 kilos.

1. Les **lentilles** sont semées en mars et avril, en lignes, à légère profondeur, sur *sol léger, sablonneux* ou *calcaire,* ayant exposition au midi ou au sud-est, et qui est pourvu de vieille fumure.

2. On façonne ordinairement par un ou deux binages.

3. Le rendement est peu abondant; il ne donne pas au delà de 8 à 15 hectolitres par hectare.

4. La graine perd facilement ses propriétés germinatives ou nutritives.

5. On reconnaît les bons grains en faisant un lavage: les grains les plus denses, qui ont seuls une valeur, *descendent* au fond du vase; ceux qui *flottent* doivent être rejetés.

6. Il importe donc, soit pour les semailles, soit pour l'alimentation, de faire son choix dans la récolte précédente.

7. Les purées de lentilles sont très nourrissantes, mais un peu lourdes; les tiges abondantes forment un fourrage de choix, qu'on sert aux bestiaux avec de la paille hachée.

ENTRETIENS

1. Pendant quels mois sème-t-on les lentilles? — Comment les sème-t-on? — Dites quel terrain et quelle exposition leur conviennent le mieux. — **2.** Combien faut-il biner de fois? — **3.** Quel est le rendement par hectare? — **4.** La graine conserve-t-elle longtemps ses propriétés nutritives et germinatives? — **5.** Comment distingue-t-on les bons grains des mauvais? — **6.** Comment doit-on choisir la semence? — **7.** Les purées de lentilles sont-elles nourrissantes? — Que fait-on des tiges?

CHAPITRE VIII

Plantes sarclées.

SOMMAIRE. — I. La pomme de terre. — II. Un bienfaiteur de l'humanité : Parmentier. — III. Maladie de la pomme de terre. — IV. Le topinambour. — V. La betterave. — VI. Culture de la betterave. — VII. Le navet. — VII. La carotte. — IX. Sucre et alcool. —

I. LA POMME DE TERRE

1. La **pomme de terre** est originaire de l'Amérique du Sud. Dans le Pérou, le Brésil, la Bolivie, on l'obtient sans culture. Ce sont les Espagnols qui l'ont importée en Europe vers le XVIe siècle.

2. La pomme de terre vient à peu près partout, mais les *terrains légers, calcaires, fertiles,* qui ne sont ni pierreux ni humides, lui conviennent de préférence.

3. On sème en février ou mars, après labour, sur bonne fumure, en espaçant les pieds de 40 à 50 centimètres. On ne doit employer, à cet effet, que des tubercules bien conformés, sains, que l'on fractionne, s'ils sont trop gros, en leur laissant au moins deux yeux, et qu'on place en lignes, à raison de 1000 à 1400 kilos par hectare.

4. Dès que la tige se développe, on bine, on sarcle, plus tard on butte.

5. Le rendement donne 180 à 280 hectolitres par hectare.

6. En hiver, on place la récolte dans des fosses nommées silos pour l'abriter contre les rigueurs de l'atmosphère.

7. Outre les mets savoureux qu'elle fournit, la pomme

Fig. 46. — LA POMME DE TERRE.

1. Pied de pomme de terre montrant les tubercules en terre au pied de la plante. — **2.** Fleurs.

La **pomme de terre** se plante en février ou mars, à raison de 1000 à 1400 kilos de tubercules par hectare. Le *rendement* varie suivant les cultures et les années de 180 à 280 hectolitres.

Le poids de l'hectolitre est de 72 à 80 kilos.

de terre peut être distillée pour faire de l'*eau-de-vie* ou convertie en *fécule*.

ENTRETIENS

1. D'où la pomme de terre est-elle originaire ? — Dites les noms des pays où elle pousse sans culture. — En quelle année les Espagnols l'ont-ils importée en Europe ? — **2.** Quels sont les terrains qui lui conviennent le mieux ? — **3.** Dans quels mois sème-t-on les pommes de terre ? — Comment les sème-t-on ? — Combien faut-il de semence par hectare ? — Que fait-on quand la tige se développe ? — **5.** Quel est le rendement par hectare ? — **6.** Où place-t-on les pommes de terre en hiver ? — **7.** Dites pour quels usages elle peut être convertie.

II. UN BIENFAITEUR DE L'HUMANITÉ : PARMENTIER

1. Rendons un hommage de reconnaissance à l'un des bienfaiteurs de l'humanité. **Parmentier** naquit à Montdidier en 1737. Il était fort jeune quand il perdit son père et se trouva exposé aux vicissitudes de la vie et aux prises avec la misère ; il n'en devint que plus courageux, plus actif, plus constant dans ses entreprises.

2. En 1769, tandis que la disette était générale, il publia un mémoire touchant les plantes qui pourraient, au besoin, remplacer les céréales le plus avantageusement possible et indiqua la *pomme de terre* comme réunissant toutes les conditions désirables au point de vue de la nutrition et de la salubrité.

3. Mais la pomme de terre avait alors mauvaise réputation ; on l'accusait d'engendrer les fièvres, de donner le goitre, la lèpre; Parmentier détruisit ces préjugés déplorables par une suite d'expériences concluantes. Son nom fut bientôt acclamé par des bénédictions universelles; il venait de doter l'humanité d'une précieuse ressource alimentaire, qui met les peuples à l'abri des poignantes angoisses de la faim.

ENTRETIENS

1. Où naquit Parmentier ? — En quelle année ? — Quand perdit-il son père ? — **2.** Que fit-il en 1769 ? — Pourquoi indiqua-t-il la pomme de terre ? — **3.** De quoi accusait-on la pomme de terre à cette époque ? — Parmentier ne détruisit-il pas les préjugés du temps ? — Son nom doit-il être acclamé par l'humanité ?

III. MALADIE DE LA POMME DE TERRE

1. La pomme de terre est sujette à une *maladie* qui a sévi plusieurs fois, mais qui, fort heureusement, tend aujourd'hui à disparaître. L'invasion du mal arrive subitement ; la feuille jaunit aussitôt et se couvre de taches brunes; la tige et les tubercules ne tardent pas à être atteints. La véritable cause du mal est un petit champignon nommé *Peronospora infestans*, qu'on n'a encore pas trouvé le moyen de détruire.

2. Parmi les moyens préventifs, on recommande les suivants : 1° changer souvent de semence; 2° ne faire venir la pomme de terre sur un même champ que tous les trois ou quatre ans; 3° ne pas faire emploi, pour

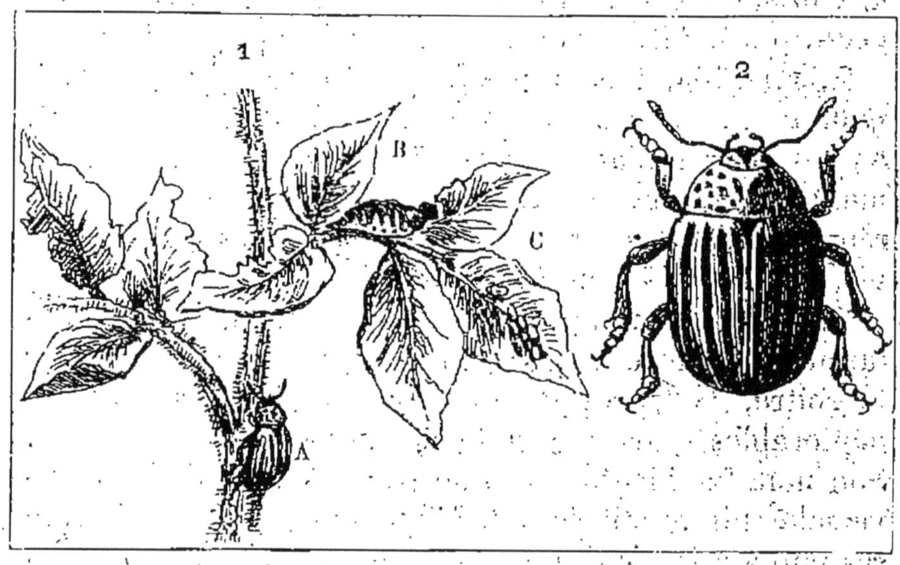

Fig. 47. — LE DORYPHORA.

1. Tige de pomme de terre sur laquelle se trouvent un doryphora (A), une larve de doryphora (B) et des œufs (C). — 2. Doryphora très grossi.

cette culture, des engrais de basse-cour; 4° laisser dessécher, jaunir et durcir à l'air les tubercules destinés à la semence; 5° entourer les tiges de cendres ou de chaux pulvérisée. Lorsque le mal se déclare, il faut se hâter d'arracher les touffes attaquées. Si la culture est déjà envahie, on coupe les tiges au ras du sol et on passe le rouleau sur le champ.

3. Un insecte le *Doryphora*, très répandu en Amérique, commet les plus grands dégâts dans les plantations de pommes de terre. Il est heureusement presque inconnu en Europe.

ENTRETIENS

1. La maladie de la pomme de terre tend-elle à disparaître ? — Comment sont les plantes attaquées par la maladie ? — Quelle en est la cause ? — **2.** Quels sont les moyens préventifs ? — Que fait-on quand le mal est déclaré ? — **3.** Qu'est-ce que le doryphora ?

IV. LE TOPINAMBOUR

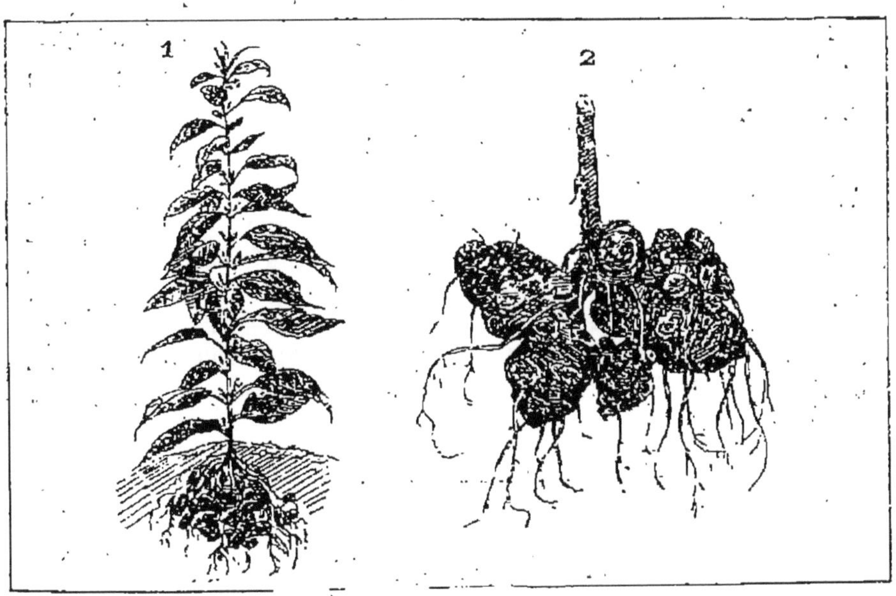

Fig. 48. — LE TOPINAMBOUR.

1. Pied de topinambour montrant les tubercules en terre, au pied de la plante. — **2.** Tubercules.

On plante le **topinambour** de février à avril à raison de 1400 à 2000 kilos par hectare. Le *rendement en tubercules* est environ de 80000 kilos par hectare. Le poids de l'hectolitre est de 75 kilos.

1. Le **topinambour** est une plante qui nous vient du Chili et qui n'a été acclimatée en Europe que depuis deux ou trois siècles.

2. Ses tubercules ressemblent à des pommes de terre allongées; la peau est brune, la chair blanche; le goût rappelle celui de l'artichaut. On peut les manger assaisonnés de diverses manières; mais ils servent surtout à l'alimentation des brebis, des vaches laitières, des porcs, qui en sont très avides.

3. Ils renferment, en outre, un principe sucré qui peut être converti en alcool.

4. Les tiges sèches ou vertes forment un bon fourrage.

5. On plante les tubercules de topinambour au printemps; quand la tige est développée, on fait un ou deux binages pour détruire les mauvaises herbes.

6. L'ensemencement peut s'évaluer à 1400 ou 2000 kil. par hectare; le rendement, pour la même superficie, s'élève jusqu'à 80000 kilogrammes de racines.

7. Cette plante qui se plaît sur *tous les terrains*, sauf sur l'argile pure, est une des plus productives que l'on connaisse.

ENTRETIENS

1. De quel pays le topinambour est-il originaire? — Depuis combien de temps est-il acclimaté en Europe? — **2.** Dites comment sont ses tubercules. — Quel goût ont-ils? — Ne les emploie-t-on que pour la nourriture des hommes? — **3.** Que renferment les tubercules? — **4.** Que fait-on des tiges? — **5.** A quelle époque plante-t-on les topinambours? — **6.** Quelle est la quantité de semence par hectare? — Quel est le rendement? — Sur quels terrains se plaît cette plante?

V. LA BETTERAVE

1. Après la pomme de terre, la **betterave** est la plus importante des plantes sarclées; sa racine pivotante et charnue atteint un volume considérable et présente des couleurs variées, entre le blanc rosé et le rouge cramoisi.

2. La blanche dite *Betterave à sucre* est la plus riche en principes nutritifs; les bestiaux en sont avides; on la leur sert crue, mais divisée en morceaux.

3. Néanmoins, cette culture, depuis 80 ans, se fait surtout en vue de la production du sucre.

4. Pendant les guerres du premier empire, la France ne pouvant se procurer facilement le *sucre de canne*, dont les navires anglais faisaient à peu près seuls le transit, on songea à fabriquer chez nous du sucre avec les ressources que présentent nos plantes indigènes.

5. Après plusieurs expériences, les savants trouvèrent dans la betterave un principe sucré des plus abondants; en l'utilisant, ils dotèrent notre pays d'une industrie nouvelle.

ENTRETIENS

1. Quelle est la plus importante des plantes sarclées, après la pomme de terre? — Que savez-vous de la racine de la betterave? — **2.** Que fait-on de la betterave? — **3.** Pourquoi cultive-t-on surtout la betterave? — **4.** A partir de quelle époque a-t-on cherché à remplacer le sucre de canne? — **5.** Que firent les savants?

VI. CULTURE DE LA BETTERAVE

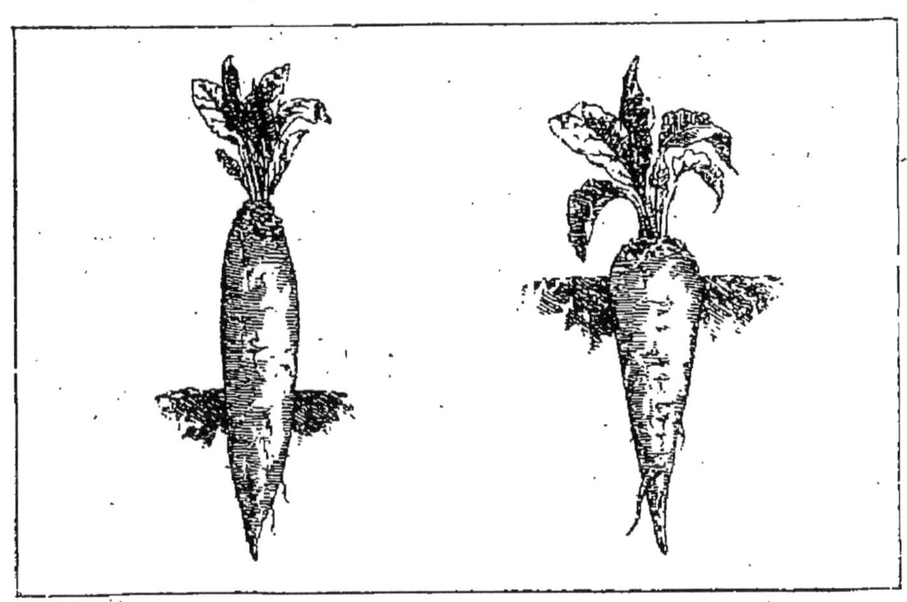

Fig. 49 — LA BETTERAVE.
Betterave fourragère. Betterave à sucre.

On sème la **betterave** en mars et avril, à raison de 5 à 6 kilos de graines par hectare. Le *rendement des betteraves fourragères* est de 50 à 80000 kilos par hectare et le *rendement des betteraves à sucre* de 20 à 50000 kilogrammes.

1. La **betterave** désire un *sol de moyenne consistance*, profond, légèrement humide, et possédant une bonne fumure d'étable enfouie dans le labour qui précède les semailles.

2. Le développement que prend cette racine fait comprendre la nécessité qu'il y a de bien ameublir le terrain ; aussi façonne-t-on la terre par deux labours d'automne et un de printemps.

3. Le semis se fait en mars ou en avril. Si l'on sème sur place, l'opération se fait au cordeau, en déposant dans chaque trou, à des distances de 40 à 50 centimètres, deux ou trois grains que l'on recouvre légèrement de terreau.

4. Si l'on a d'abord semé en pépinière, il faut procéder au repiquage et agir avec précaution.

5. On bine et on sarcle à plusieurs reprises pour extirper toutes les mauvaises herbes. On ne doit pas effeuiller, sous peine de faire souffrir la racine.

6. La récolte se fait, vers la fin d'octobre, en arrachant à la main ou à la bêche. Le rendement peut être de 20000 à 80000 kilogrammes de racines par hectare.

ENTRETIENS

1. Quel sol convient le mieux à la betterave ? — **2.** Pourquoi doit-on bien ameublir le terrain ? — **3.** A quelle époque et comment se fait le semis ? — **4.** Quand faut-il procéder au repiquage ? — **5.** Que fait-on pour extirper les mauvaises herbes ? — Doit-on effeuiller ? — **6.** Quand se fait la récolte ? — Comment ? — Quel est le rendement ?

VII. LE NAVET

1. Le **navet** est une racine qui sert à l'alimentation de l'homme et à celle des animaux.

2. Les *terrains secs, sablonneux*, bien ameublis, sont les plus propices à la culture du navet.

3. On fait généralement un labour d'automne, et on sème en lignes, sur bonne fumure, après un nouveau labour de printemps, à raison de 2 kilogrammes de graine par hectare.

4. Dès que le semis est levé, on éclaircit pour permettre aux racines de se développer sur un espace libre.

de 30 centimètres environ ; tout semis dru donne de maigres résultats et favorise seulement l'accroissement des feuilles.

5. On récolte en automne, avant les premières gelées qui détruisent la partie supérieure de la racine et la rendent impropre à la consommation.

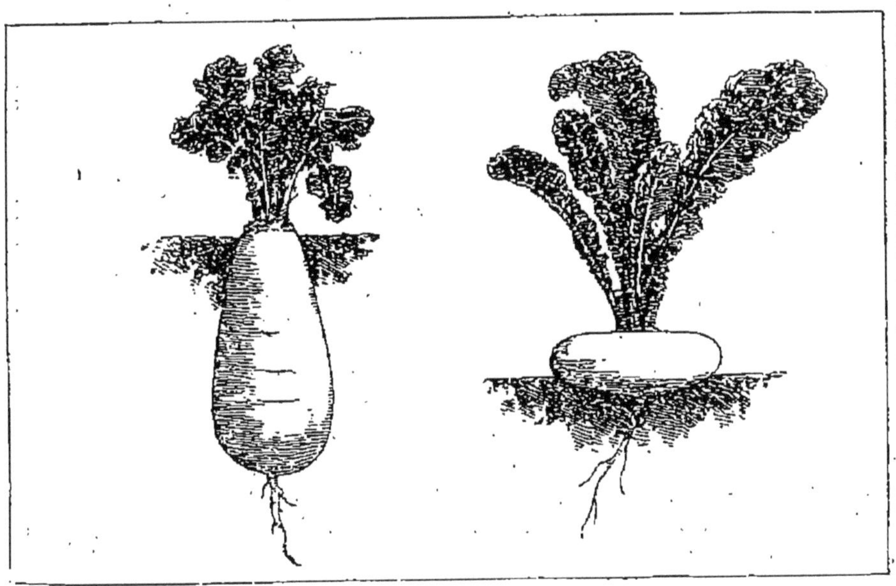

Fig. 50. — LE NAVET.

Navet long. Rave aplatie.

On sème les **navets** et les **raves** en juin et juillet à raison de 2 kilos de graines par hectare. Le *rendement* est de 30 à 35000 kilos de racines.

6. Pendant la première période de végétation, cette plante est souvent attaquée par un insecte nuisible, *l'altise*, qui ronge les jeunes navets pendant qu'ils sont très tendres ; on l'éloigne en semant les navets après une céréale abondamment fumée.

ENTRETIENS

1. A quoi sert le navet ? — **2.** Quels sont les terrains qu'il préfère ? — **3.** Quelle préparation fait-on subir au sol ? — Comment sème-t-on ? — **4.** Pourquoi éclaircit-on ? — **5.** A quelle époque se fait la récolte ? — **6.** Par quel insecte cette plante est-elle souvent attaquée ? — Comment éloigne-t-on l'altise ?

VIII. LA CAROTTE

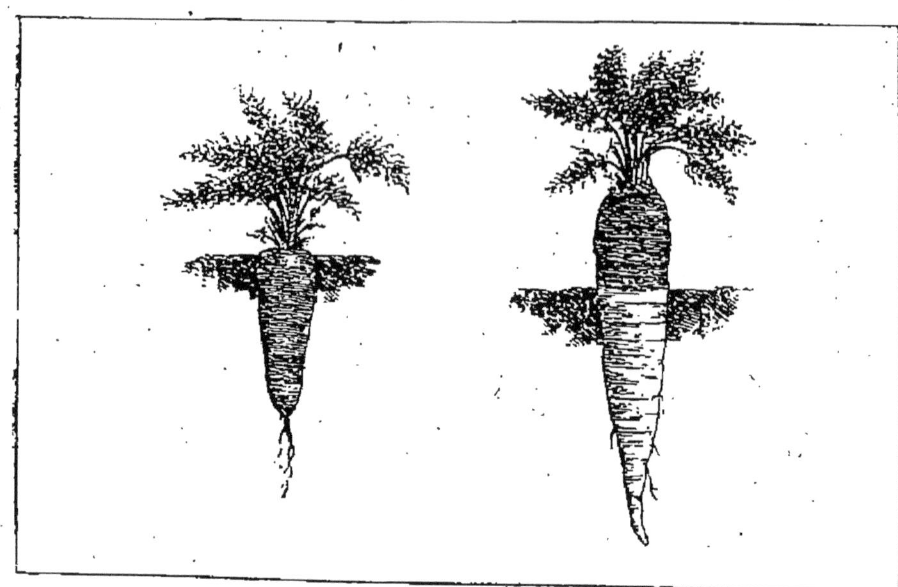

Fig. 51. — LA CAROTTE.
Carotte des Vosges. Carotte à collet vert.

On sème la **carotte** en mars ou avril, à raison de 3 à 4 kilogrammes de graines par hectare. Le *rendement* est de 20 à 30000 kilogrammes de racines par hectare.

1. En dehors des usages culinaires, la **carotte** est encore employée comme racine fourragère et convient à la nourriture des animaux herbivores, du cheval en particulier ; c'est donc une plante de grande culture.

2. Elle se plaît sur les *terrains fertiles, profonds, légers*, où le *sable* domine et qui possèdent une vieille fumure : les engrais trop récents font fourcher la racine et compromettent l'avenir de la récolte.

3. On sème en avril, en *lignes* plutôt qu'à la volée, en plaçant à la main dans des raies peu profondes la graine mêlée à deux fois son poids de terre sèche. On enterre superficiellement avec le râteau.

4. La semence levée, on éclaircit, on sarcle avec soin et on bine légèrement.

5. La récolte se fait aux approches du froid ; le rendement peut s'élever à 20 000 ou 30 000 kilogrammes par hectare.

6. Les feuilles ou *fanes*, enfouies en vert, constituent un excellent engrais végétal.

ENTRETIENS

1. Quels sont les usages de la carotte ? — **2**. Où se plaît-elle ? — Quels inconvénients présentent les engrais trop récents? — **3**. Comment se fait le semis ? — Enterre-t-on profondément? — **4**. Quels soins de culture donne-t-on à la plante? — **5**. Quand se fait la récolte? — Quel est le rendement? — **6**. Dites ce qu'on fait des fanes.

IX. SUCRE ET ALCOOL

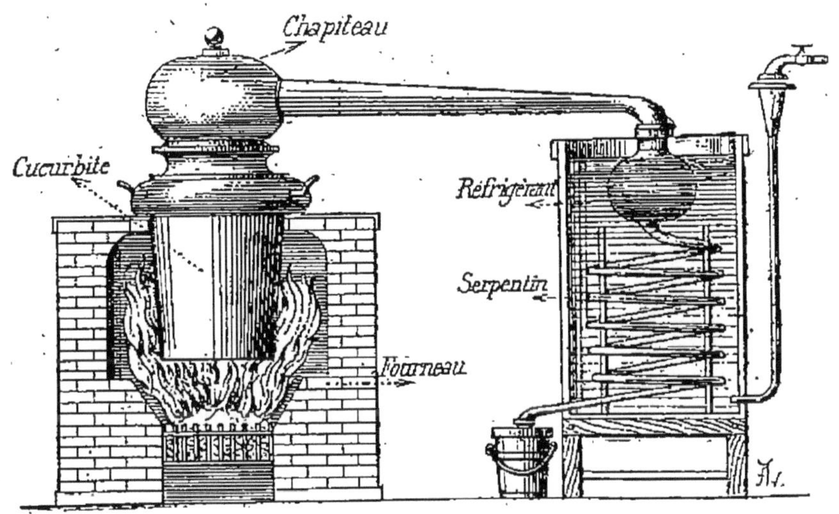

Fig. 52. — ALAMBIC A DISTILLER L'EAU-DE-VIE.

Le liquide à **distiller** est placé dans la *cucurbite;* sous l'action de la chaleur du *fourneau*, les vapeurs alcooliques se dégagent, montent dans le *chapiteau* et par le tuyau horizontal pénètrent dans le *serpentin;* la fraîcheur de l'eau qui se renouvelle constamment, dans le *refrigérant* au moyen d'un robinet, condense ces vapeurs, qui se liquéfient et s'écoulent dans un récipient placé à l'extrémité du serpentin, pour les recueillir.

1. Le **sucre** est une matière qui existe abondamment dans les fleurs, les tiges ou les racines de certaines plantes : les tiges de la *canne à sucre* et du *sorgho* en sont imprégnées ; il se trouve en dissolution dans la sève des *bouleaux* et des *érables*; la *betterave*, la *carotte*, le *navet*, le *melon*, les *citrouilles*, les *figues*, et presque tous les fruits en contiennent également.

2. Le sucre que nous consommons vient de la canne ou de la betterave.

3. C'est un produit important, qui exerce dans notre organisme une influence bienfaisante, s'il est pris avec modération, mais qui devient échauffant quand on en fait abus.

4. L'**alcool** est fourni par la distillation des liquides fermentés, surtout par celle du vin. On peut l'extraire encore du *cidre*, du *poiré*, de la *betterave*, des *mélasses*, de la *pomme de terre*, du *bois*, des *grains* germés et soumis à la fermentation.

5. Une première distillation produit l'*eau-de-vie*, boisson spiritueuse qui, prise à dose modérée, stimule légèrement la muqueuse de l'estomac et facilite la digestion, fait renaître l'appétit, active la circulation et donne au système nerveux une nouvelle vigueur ; mais, prise avec abus, l'eau-de-vie et les autres boissons alcooliques causent des ravages épouvantables connus sous le nom d'*alcoolisme*, qui mènent fatalement à la folie et à la mort, et quelquefois au crime.

L'alcool est très employé en médecine.

ENTRETIENS

1. Qu'est-ce que le sucre ? — Dites le nom des plantes qui en contiennent. — **2.** D'où vient celui que nous consommons ? — **3.** Quel effet produit-il sur notre organisme ? — **4.** D'où tire-t-on l'alcool ? — **5.** Qu'est-ce que l'eau-de-vie ? — Quels effets produit-elle ? — Dites ce que vous savez de l'abus des boissons alcooliques. — L'alcool est-il employé en médecine ?

CHAPITRE IX

Plantes oléagineuses.

Sommaire. — I. Le colza. — II. Culture du colza. — III. Navette, pavot, cameline.

I. LE COLZA

1. Les **plantes oléagineuses** sont celles dont on extrait ou dont on peut extraire de l'*huile*.

2. Au premier rang des plantes oléagineuses, il faut placer le **colza,** espèce de chou vert ou rougeâtre, à fleurs jaunes, qui ne pomme pas, devient très branchu et fournit une grande quantité de graines.

3. L'huile qu'on en retire est surtout destinée à l'éclairage.

4. Le *marc* ou *tourteau* est donné en nourriture au bétail et quelquefois enfoui comme engrais.

5. On cultive encore le colza comme plante fourragère ; c'est un aliment très sain, dont les animaux sont avides, et qu'on réserve ordinairement pour les vaches laitières ou pour les brebis qui allaitent.

6. C'est dans le département du Nord que cette culture est le mieux entendue.

ENTRETIENS

1. Qu'appelle-t-on plantes oléagineuses? — **2**. Quelle est la première des plantes oléagineuses? — **3**. A quoi sert l'huile de colza ? — **4**. Que fait-on du marc ? — **5**. Le colza n'est-il pas aussi cultivé pour être consommé en vert ? — A quelles bêtes le réserve-t-on ? — **6**. Où cultive-t-on le mieux le colza?

II. CULTURE DU COLZA

1. Le **colza** vient sur *tout terrain bien fumé*, de préférence sur celui qui produit le froment et qui ne contient pas d'humidité.

2. On en distingue deux espèces au point de vue de la culture.

3. Le *colza d'hiver* est semé fin juillet, par lignes espacées de 30 à 35 centimètres, après labour bien soigné et bonne fumure.

4. Quand on le sème en pépinière, il faut repiquer en septembre. On éclaircit, s'il y a lieu.

Fig. 53. — LE COLZA.

On sème le **colza** fin juillet, à raison de 1 kilogramme par hectare en pépinière et de 2 à 3 kilos en place et en lignes. Le *rendement* est de 20 à 40 hectolitres de graines par hectare.

5. La plante passe l'hiver en terre, fleurit aux premiers jours de mai, et doit alors être *étêtée* au sommet de la tige centrale, qui est stérile, pour que la sève reflue vers les pousses latérales et leur donne une nouvelle vigueur.

6. Le *colza de printemps* n'est pas transplanté. On le sème à la volée vers la fin mai. Il passe l'été en terre; on récolte en automne.

7. Le rendement du colza d'hiver est de 20 à 40 hectolitres par hectare, tandis que le colza de printemps n'en produit guère que 15 hectolitres.

ENTRETIENS

1. Quel terrain convient au colza? — **2.** En distingue-t-on plusieurs espèces? — **3.** Comment se sème le colza d'hiver? — **4.** Si on l'a semé en pépinière, que doit-on faire ensuite? — **5.** A quelle époque et pour quel motif la tige doit-elle être étêtée? — **6.** Quand sème-t-on le colza de printemps? — Le récolte-t-on la même année? — **7.** Le rendement est-il le même pour les deux espèces?

III. NAVETTE, PAVOT, CAMELINE

1. La **navette** ne fournit pas des produits aussi abondants que le colza; mais elle n'exige ni un sol fertile, ni des soins compliqués. Toutefois il faut avoir soin d'éclaircir.

2. La *navette d'hiver* est ensemencée fin septembre, à la volée, et celle de *printemps* vers la fin mai. Le rendement est de 10 à 15 hectolitres par hectare.

Fig. 54. — LA CAMELINE, LE PAVOT.

1. Pied de cameline. — **2.** Capsule contenant la graine. — **3.** Pied de pavot. — **4.** Capsule contenant la graine.

On sème la **cameline** en mars ou avril, à raison de 5 kilogrammes par hectare. Le *rendement* est de 18 à 25 hectolitres.

Le **pavot** se sème au printemps à raison de 2 à 3 kilogrammes par hectare. Le *rendement* est de 18 à 25 hectolitres.

3. L'huile de navette est comestible et sert également pour l'éclairage ou pour la préparation des laines.

4. Le **pavot** donne cette huile blanche connue sous le nom d'*huile d'œillette*, qui est employée comme comestible et remplace l'huile d'olive.

5. On cultive cette belle plante dans les départements du nord de la France. Il lui faut une terre fertile et bonne fumure. On récolte en août; son rendement est de 18 à 25 hectolitres par hectare.

6. On extrait de la graine de **cameline** une huile siccative très bonne pour la peinture; ses tiges servent à confectionner des balais durables. Cette plante demande très peu de soin et ne redoute que la sécheresse.

ENTRETIENS

1. La navette produit-elle autant que le colza? — Demande-t-elle beaucoup de soins? — **2.** Comment fait-on les deux cultures de navette? — Quelle est la production par hectare? — **3.** A quoi sert l'huile de navette? — **4.** D'où tire-t-on l'huile d'œillette? — A quoi l'emploie-t-on? — **5.** Dans quels départements cultive-t-on le pavot? — Que lui faut-il pour qu'il prospère? — **6.** Que fournit la graine de cameline? — Et les tiges? — Cette plante exige-t-elle beaucoup de soins?

CHAPITRE X

Plantes textiles.

SOMMAIRE — I. Le chanvre. — II. Le lin. — III. Rosage, rouissage.

I. LE CHANVRE

1. Les **plantes textiles** sont celles dont la tige fournit des filaments, nommés *filasse*, qui peuvent être transformés en *fil* et définitivement en *tissu*.

2. Le **chanvre** est une plante textile à longue tige, cultivée pour sa filasse, dont on fait des toiles et des cordages; sa graine, nommée *chènevis*, sert de nourriture aux oiseaux domestiques et fournit une huile excellente pour l'éclairage, mais qui n'est pas employée comme comestible. Les marcs ou tourteaux sont employés à l'engraissement des bestiaux et comme engrais.

3. Il faut à cette plante un *sol profond et frais*, parfaitement ameubli et bien fumé.

4. On sème en avril ou mai, à raison de 6 à 8 hectolitres par hectare, et l'on recouvre légèrement avec la herse ou le râteau.

5. Avant que le grain ait germé, les oiseaux, qui en sont friands, lui font une guerre acharnée; aussi faut-il avoir soin de les éloigner en couvrant le champ, autant qu'on le peut, de paille ou de fougère.

6. On récolte d'abord les tiges *mâles*, qui sont plus courtes et n'ont point de graine, et l'on continue l'opération par les tiges *femelles*, qui sont plus hautes, pourvues de chènevis et qui arrivent plus tard à maturité.

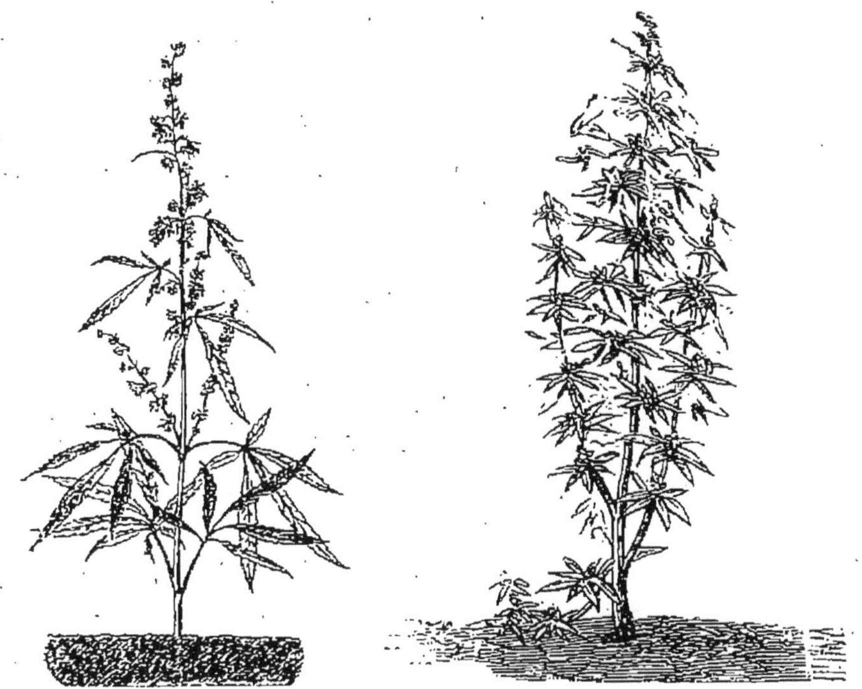

Fig. 55. — LE CHANVRE.

Chanvre femelle. Chanvre mâle.

On sème le **chanvre** en avril, à raison de 150 à 200 kilos par hectare quand on le cultive pour la graine et de 225 à 300 kilos quand on le cultive pour la filasse.

Le *rendement en graines* est de 6 à 10 hectolitres par hectare et le poids de l'hectolitre de 45 à 50 kilos.

Le *rendement en filasse* est de 500 à 1000 kilos.

7. Avec le chanvre, les Orientaux composent le haschisch, qui les plonge dans l'ivresse, et dont ils font grand abus.

ENTRETIENS

1. Qu'appelle-t-on plantes textiles? — **2.** Pour quels usages cultive-t-on le chanvre? — A quoi sert le chènevis? — **3.** Quel sol convient à cette plante? — **4.** Comment se font les semailles? — **5.** N'y a-t-il pas à protéger la semence contre les oiseaux? — **6.** Qu'appelle-t-on tiges mâles? — Tiges femelles? — **7.** Quelle préparation les Orientaux composent-ils avec le chanvre?

II. LE LIN

1. Le **lin** est une plante délicate, à belles fleurs bleues, qui demande un *sol fertile*, bien ameubli par plusieurs labours et ayant reçu une riche fumure.

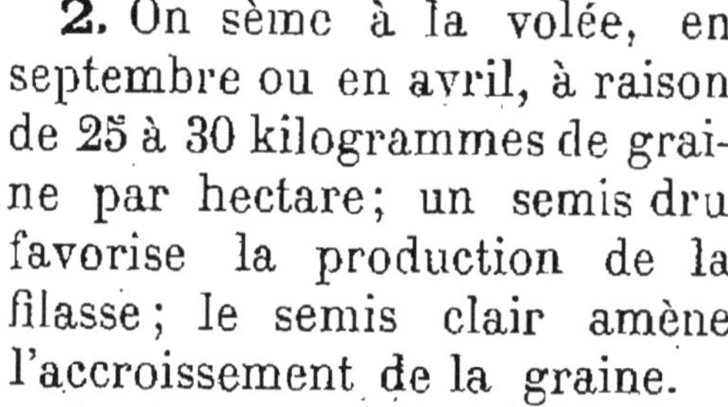

Fig. 56. — LE LIN.

On sème le **lin** en septembre ou en avril, à raison de 25 à 30 kilos par hectare pour *grain* et de 120 à 125 kilos pour *filasse*.

Le *rendement en graines* est en moyenne de 300 kilos par hectare et le *rendement en filasse* de 300 à 600 kilogrammes.

2. On sème à la volée, en septembre ou en avril, à raison de 25 à 30 kilogrammes de graine par hectare; un semis dru favorise la production de la filasse; le semis clair amène l'accroissement de la graine.

3. Comme pour le chanvre, on recouvre à la herse ou au râteau, et on sarcle toutes les fois qu'il est nécessaire.

4. Cette culture s'accommode très bien d'un large traitement à l'engrais liquide dans lequel on mêle un extrait de vidanges et le tourteau du colza.

5. La récolte se fait ordinairement de juin en août quand les tiges et les feuilles commencent à jaunir; on arrache avec précaution et on lie en bottes.

6. La filasse du lin sert à faire les toiles fines, le linge damassé, les batistes, les dentelles, etc., sa graine, employée en médecine, fournit également une huile très recherchée pour la peinture.

ENTRETIENS

1. Sur quel sol fait-on venir le lin? — **2.** Dans quelles conditions se font les semailles? — **3.** Quels sont les soins de culture à donner? — **4.** N'y a-t-il pas lieu d'employer des engrais liquides? — **5.** Comment procède-t-on à la récolte? — A quoi sert la filasse? — Et la graine?

III. ROSAGE, ROUISSAGE, TEILLAGE

Fig. 57. — LE ROUISSAGE.

Les tiges de **chanvre** ou de **lin**, réunies en bottes, sont placées dans l'eau d'un étang ou d'une rivière et maintenues immergées au moyen de pierres. Au bout de huit à dix jours, on les lave pour les débarrasser du limon qui les recouvre et on les fait sécher au soleil.

1. La tige du *lin* et du *chanvre* se compose de longs filaments réunis par une espèce de gomme; on emploie pour séparer ces fils ou *filasse* un traitement connu sous le nom de **rosage**.

2. Pour cela, on étend les tiges en couches minces sur un pré, pendant cinq ou six semaines, et on a soin de les retourner souvent.

3. La rosée a pour effet de ramollir les tiges en dissolvant la gomme qui lie les fibres entre elles.

4. Ce résultat est encore plus complet par le **rouissage.** On dépose les bottes de lin ou de chanvre, pendant huit ou dix jours, dans des fossés remplis d'eau, où s'opère le même travail de décomposition.

Les mares où s'opère le rouissage doivent être placées aussi loin que possible des habitations.

Fig. 58. — LE TEILLAGE.

Lorsque les tiges de *chanvre* ou de *lin* sont sèches, on les écrase avec un maillet ou avec un instrument appelé *broye* ou mieux encore avec la machine représentée ci-dessus. C'est le **teillage.** Cette opération a pour but de séparer la *filasse* de la partie ligneuse des tiges.

5. On fait ensuite sécher les tiges, soit en les exposant au soleil durant plusieurs jours, soit dans des fours, puis on *teille* avec une petite machine nommée *macque*, c'est-à-dire que l'on broie l'écorce pour la séparer des filaments déliés.

6. On complète le travail par un *peignage* soigné de la filasse.

ENTRETIENS

1. A quoi sert l'opération du rosage? — **2.** Comment se fait-elle? — **3.** Quel est l'effet de la rosée? — **4.** Le même résultat n'est-il pas obtenu plus rapidement par le rouissage? —

5. Que fait-on des tiges en les sortant de l'eau? — Expliquez l'opération du teillage. — 6. Comment complète-t-on le travail?

CHAPITRE XI

Plantes tinctoriales.

Sommaire. — I. La garance. — II. Le pastel. — III. La gaude, le safran. — IV. Tournesol, carthame, renouée.

I. LA GARANCE

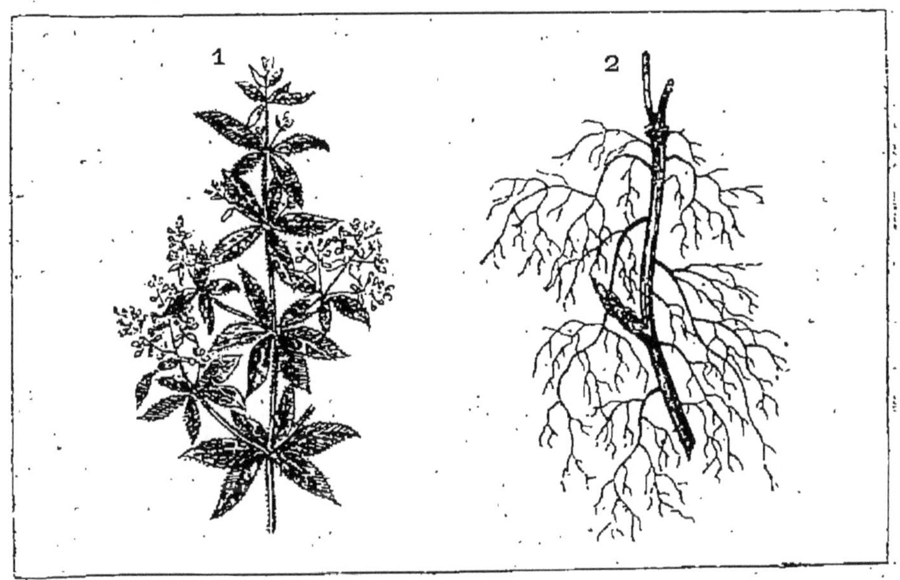

Fig. 59. — LA GARANCE.

1. Feuilles et fleurs; (les tiges ne sont employées que comme fourrage). — 2. Racines, (le principe colorant rouge ou *alizarine* se trouve dans cette partie de la plante).

On sème la **garance** à l'automne, à raison de 150 à 180 kilogrammes de graine par hectare.

1. On appelle **plantes tinctoriales** celles dont on extrait les couleurs.

2. De ce nombre est la **garance,** dont le beau rouge sert à teindre les pantalons de l'armée française, et qui est également employé par les teinturiers.

3. On la cultive avec succès dans les départements de

Vaucluse, de l'Ardèche, du Gard. Elle ne prospère que sur les *terrains profonds, fertiles, fortement calcaires et abondamment fumés.*

4. Les travaux qu'elle occasionne sont longs, pénibles et coûteux. On défonce en automne, à la bêche, sur une profondeur de 50 à 60 centimètres,et on pratique au printemps suivant un second défoncement pour enterrer la fumure; puis on herse, on sème en lignes, à raison de 150 à 180 kilogrammes de graines par hectare.

5. On doit sarcler et butter soigneusement tous les ans.

6. L'arrachage des racines (qui contiennent la couleur) ne se fait qu'au bout de la troisième année. On les nettoie le mieux possible et on les fait bien sécher avant de les livrer au commerce.

7. Les parties vertes sont un excellent fourrage.

8. La culture de la garance a considérablement diminué depuis que l'on retire de *l'alizarine artificielle* du goudron provenant de la fabrication du gaz d'éclairage.

ENTRETIENS

1. Qu'appelle-t-on plantes tinctoriales? — **2.** Qu'est-ce que la garance? — **3.** Dans quels départements est-elle cultivée? — Quels terrains lui conviennent le mieux? — **4.** Décrivez la culture de la garance. — Combien faut-il de kilogrammes de graines par hectare? — **5.** Quand doit-on sarcler et butter? — **6.** Dans quelle partie de la plante se trouve la couleur? — Au bout de combien de temps l'arrachage se fait-il? — Que fait-on des racines? — **7.** A quel usage les parties vertes sont-elles employées? — **8.** La culture de la garance n'a-t-elle pas diminué? Pourquoi?

II. LE PASTEL

1. Le **pastel** est une plante à haute tige, à fleurs jaunes, qui fournit un bleu très estimé, mais dont l'usage, en teinture, tend à disparaître depuis que l'*indigo* est importé en Europe et livré à des conditions de bon marché qui défient toute concurrence.

2. Ce sont les *feuilles* du pastel qui contiennent la matière colorante.

3. On les recueille successivement dès qu'elles s'affaissent et bleuissent; on les dépose dans un local très sain pour les laisser fermenter, puis on réduit la matière en pâte et on en forme des boules d'un demi-kilogramme qu'on fait dessécher à l'ombre, dans les greniers, avant de les livrer au commerce.

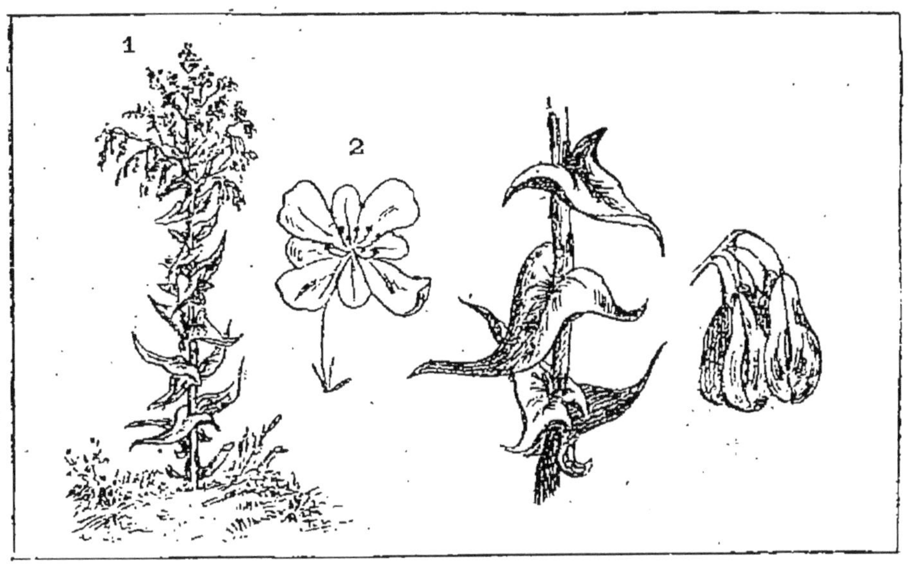

Fig. 60. — LE PASTEL.

1. Pied de pastel. — **2.** Fleur. — **3.** Feuilles. — **4.** Silicules ou graines.

On sème le **pastel** à l'automne, à raison de 10 à 12 kilos par hectare *en lignes* et de 15 à 20 kilos *à la volée*.

Le *rendement en feuilles fraîches* est, par hectare, de 20 000 kilos qui se réduisent à 5 000 kilos environ après dessication. On en retire de 27 à 30 kilos d'*indigo*.

4. La tige forme un bon fourrage qu'on offre aux bêtes à laine.

5. Le pastel exige un *sol riche* et parfaitement ameubli.

6. La valeur des récoltes ne compense pas le plus souvent les frais de sa culture, qui tombe en défaveur, sauf dans trois ou quatre départements et près des centres manufacturiers.

6.

ENTRETIENS

1. Qu'est-ce que le pastel? — Quel est le produit tinctorial qui lui fait une grande concurrence? — **2**. Dans quelle partie de la plante se trouve la matière colorante? — **3**. Comment les feuilles sont-elles traitées? — **4**. Que fait-on de la tige? — **5**. Quel sol convient au pastel? — **6**. Le pastel offre-t-il une culture avantageuse? — Est-il cultivé dans beaucoup de départements?

III. LA GAUDE, LE SAFRAN

1. La gaude et le safran donnent une couleur jaune.

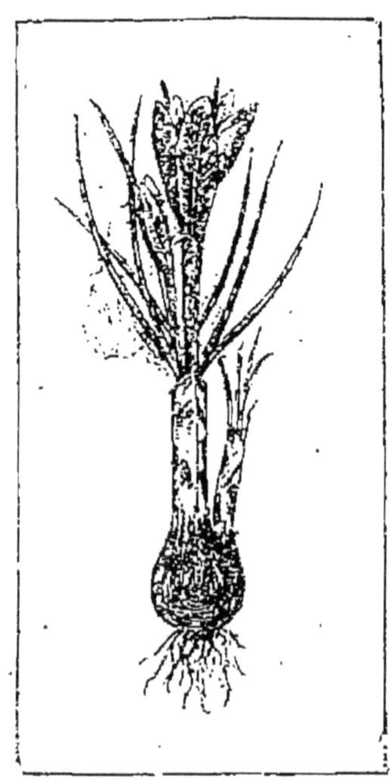

Fig. 61. — LE SAFRAN.

Le **safran** ne se sème pas; on plante les bulbes à l'automne à raison de 600 000 par hectare.

Le *rendement en fleurs* est environ de 12 kilos la première année et de 25 à 30 kilos la deuxième année.

C'est le stigmate de la fleur qui fournit le principe colorant jaune.

2. La **gaude** présente une belle tige droite d'un mètre de hauteur, dont les fleurs sont disposées en épi sur le sommet. On sème à la volée à raison de 6 à 8 kilogrammes par hectare; au printemps pour récolter en septembre, et au mois d'août, pour la récolte venant l'année d'après.

3. Cette plante se contente d'un *sol sablonneux*, même médiocre; mais elle veut être sarclée et éclaircie.

4. La matière colorante réside autant dans la tige que dans les racines : on arrache donc le tout ensemble, on l'étend en javelles sur le sol pour faire sécher, puis on lie en bottes de 5 à 6 kilogrammes pour livrer au commerce.

5. Les teinturiers fixent cette couleur au moyen de l'alun.

6. Le **safran**, comme du reste la gaude, est peu cultivé. Il donne une belle couleur jaune qui n'a pas autant de fixité que la précédente, et sert, en cuisine, pour la coloration et les assaisonnements. Le safran est encore employé en pharmacie.

ENTRETIENS

1. Quelle couleur retire-t-on de la gaude et du safran? — **2.** Donnez la description de la gaude. — Comment la sème-t-on? — **3.** Quel sol convient à cette plante? — **4.** Dans quelle partie se trouve la matière colorante? — Comment la récolte-t-on? — **5.** Comment les teinturiers fixent-ils sa couleur? — **6.** Le safran est-il beaucoup cultivé? — Quelle couleur fournit-il? — Est-elle fixe? — Quels sont les autres usages du safran?

IV. TOURNESOL, CARTHAME, RENOUÉE

1. Le **tournesol** est ainsi nommé parce que sa

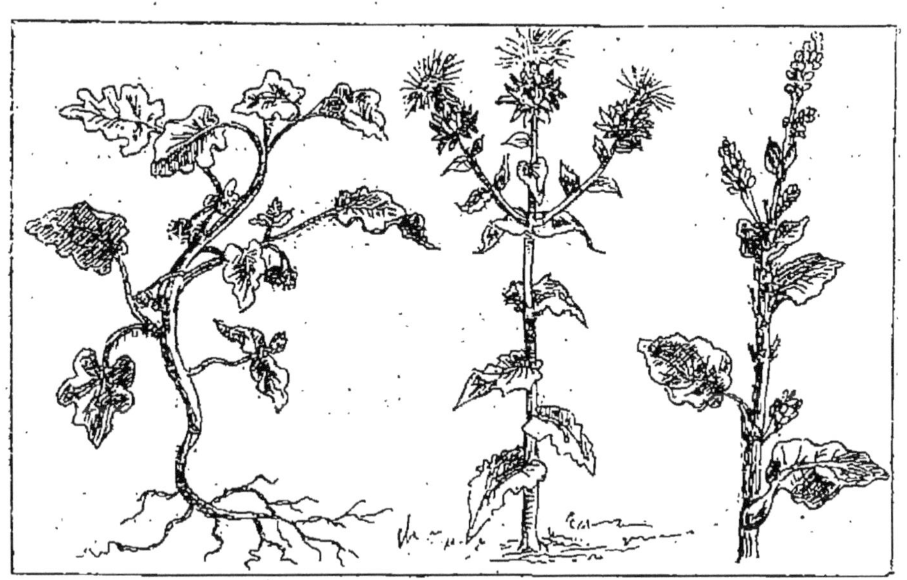

Fig. 62. — LE TOURNESOL, LE CARTHAME, LA RENOUÉE.

Le tournesol. Le carthame. La renouée.

Le **carthame** se sème à raison de 10 kilos de graines par hectare. Ses feuilles donnent un fourrage recherché des bestiaux. Ses fleurs contiennent deux matières colorantes, une jaune et une rouge. Les graines sont purgatives et très aimées des oiseaux.

La **renouée** se sème à raison de 6 kilos de graines par hectare *en place* et de 1 kilo en *pépinière*.

fleur paraît obéir aux influences du soleil. Il donne une belle couleur bleue dont on se sert pour tracer des dessins de broderie, pour colorer les bonbons et le papier.

2. Cette plante n'est guère cultivée que dans le département de Vaucluse.

3. Le **carthame** est aussi peu cultivé, sauf dans les environs de Lyon. On retire de ses fleurs une couleur rose très brillante, qui sert à teindre les rubans, les soieries, etc., mais qui est sans fixité et ne peut résister à l'action des rayons solaires.

4. Citons enfin, pour mémoire, la **renouée des teinturiers**, dont la culture est délaissée, et qui fournit une couleur bleue ressemblant à l'indigo.

5. Ces divers produits donnent de faibles avantages pécuniaires.

ENTRETIENS

1. Qu'est-ce que le tournesol et pourquoi porte-t-il ce nom? — Quelle couleur donne-t-il? — A quoi l'emploie-t-on? — **2.** Dans quel département est-il cultivé? — **3.** Qu'est-ce que le carthame et à quoi sert-il? — **4**. Qu'est-ce que la renouée? — **5.** Ces plantes sont-elles d'un bon rapport?

CHAPITRE XII

Plantes industrielles

Sommaire. — I. Le houblon. — II. Culture du tabac. — III. Effets du tabac.

I. LE HOUBLON

1. Il est quelques plantes industrielles qui ne peuvent être passées sous silence ; nous allons nous occuper du *houblon* et du *tabac*.

2. Le **houblon** a la tige herbacée et grimpante, et produit une fleur en forme de cône que l'on emploie pour la fabrication de la *bière*.

3. On le cultive particulièrement en Angleterre, en

Alsace, en Allemagne, en Belgique, dans le Nord et dans l'Est de la France.

4. Il faut à cette plante un *sol profond, riche en terreau,* plutôt calcaire qu'argileux, et qui soit abrité le plus possible contre la violence des vents.

5. Les pieds sont mis en terre au printemps, par *bou-*

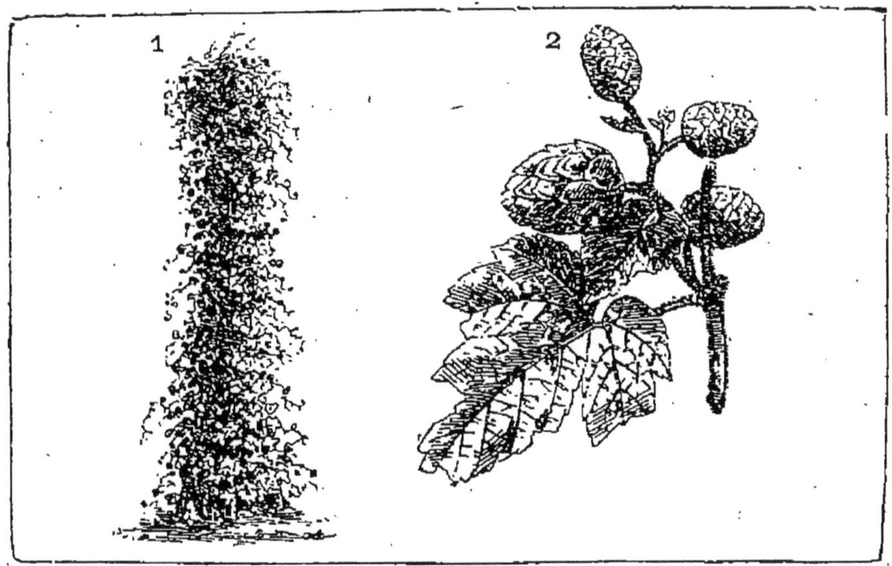

Fig. 63. — LE HOUBLON.

1. Pied de houblon enroulé après une perche. — **2.** Cônes ou fleurs femelles de houblon que l'on emploie dans la fabrication de la bière.

On plante le **houblon** en automne ou au printemps, à raison de 7 500 à 8 000 boutures par hectare.
Le *rendement en cônes* (fleurs) est de 1 000 à 2 000 kilogrammes par hectare.
Les feuilles sont employées comme fourrage et les tiges comme litière.

tures, et munis de perches qui serviront de support à la plante dès qu'elle grimpera.

6. Le houblon n'atteint sa pleine vigueur que vers la troisième année, mais la plantation dure jusqu'à 12 ans et peut rapporter 1 000 à 2 000 kilog. de fleurs par hectare. (Prix 1 f. 50 à 3 francs le kilo.)

ENTRETIENS

1. Nommer les plantes industrielles les plus importantes. — **2.** Qu'est-ce que le houblon? — A quoi emploie-t-on sa fleur? — **3.** Où cultive-t-on le houblon? — **4.** Quel sol convient à cette plante? — **5.** Comment se fait la plantation? — **6.** Quelle est la production d'une houblonnière?

II. CULTURE DU TABAC

1. La plante qui fournit le **tabac** et qui porte le même nom, est originaire d'Amérique.

Fig. 64. — LE TABAC.

On sème le **tabac** sur couche, à raison de 30 centimètres cubes environ de graines pour un hectare. On repique vers la fin de mai, quand les pieds ont atteint 8 à 10 centimètres de hauteur.

Le *rendement en feuilles* est en moyenne de 1 200 kilos par hectare.

La régie n'autorise la culture du tabac que dans les départements suivants : Alpes-Maritimes, Bouches-du-Rhône, Dordogne, Gironde, Ille-et-Vilaine, Landes, Lot, Lot-et-Garonne, Meurthe-et-Moselle, Nord, Pas-de-Calais, Hautes-Pyrénées, Haute-Saône, Savoie Haute-Savoie et Var.

2. Les Espagnols, après la conquête du Nouveau Monde, l'importèrent en Europe et Jean Nicot, notre ambassadeur en Portugal, l'introduisit en France vers 1560. L'usage du tabac ne devint à la mode que longtemps après.

3. Il faut à cette plante un *terrain profond, fertile* et des engrais abondants ; le fumier de mouton et les produits des vidanges sont les meilleurs.

4. On sème au printemps, en pépinières, puis on repique, on sarcle, on butte, et avant que les feuilles ne soient fanées, on les cueille pour les livrer aux agents de la régie, qui sont chargés d'en surveiller la manipulation au nom de l'État.

5. La culture du tabac n'est autorisée en France que dans seize départements. Les manufactures françaises travaillent en outre, des tabacs de provenance étrangère.

ENTRETIENS

1. D'où vient le tabac? — **2.** Quand fut-il importé en Europe? — Par qui fut-il introduit en France? — **3.** Cette plante ne demande-t-elle pas un terrain spécial? — Quelles sont les meilleurs engrais? — **4.** Quelles sont les opérations principales de la culture de cette plante?

— L'État n'intervient-il pas dans la fabrication du tabac? — 5. La culture du tabac est-elle libre? — A qui appartient le monopole de la fabrication?

III. EFFETS DU TABAC

1. Le tabac contient une substance vénéneuse, la *nicotine*. Sous quelque forme qu'on le prenne, il agit sur le cerveau.

2. Jusqu'au moment où l'homme est adulte, l'usage du tabac présente de graves dangers pour la santé et pour l'intelligence.

3. L'abus du tabac peut causer à la longue une maladie terrible et mortelle caractérisée par la paralysie générale et l'aliénation.

ENTRETIENS

1. Comment se nomme la substance active du tabac? — 2. L'usage du tabac est-il dangereux pour les enfants? — 3. Quels peuvent être les effets de l'abus du tabac?

CHAPITRE XIII

Considérations générales.

SOMMAIRE. — I. Accidents et maladies des plantes. — II. Progrès agricole. — III. Du progrès agricole. — IV. Morcellement de la propriété, capital d'exploitation. —

I. ACCIDENTS ET MALADIES DES PLANTES

1. Les plantes, comme les hommes et les animaux, sont exposées à des **accidents** et à des **maladies**; les gelées, la grêle, les orages, les inondations agissent comme agents dévastateurs; les grands froids, les chaleurs trop fortes ruinent aussi les récoltes; les animaux nuisibles leur font une guerre continuelle et acharnée; les plantes parasites ralentissent ou empêchent leur développement.

2. Pour lutter contre les forces destructives qui l'entourent et les obstacles qui se multiplient sous ses pas, l'homme a reçu une force supérieure et toute-puissante, l'*intelligence*, qui le fait roi de la création.

3. Le champ de labour, comme le champ de bataille, est un lieu de combat; mais la victoire est assurée à l'homme, s'il est suffisamment intelligent, persévérant, patient et laborieux.

ENTRETIENS

1. Les plantes ne sont-elles pas, comme nous, exposées à des accidents, à des maladies? — **2.** Le cultivateur doit-il lutter vaillamment contre tant d'ennemis qui l'environnent? — **3.** Quelles sont les principales qualités du cultivateur?

II. PROGRÈS AGRICOLE

1. A mesure que l'instruction développe l'intelligence de l'homme et que la science lui révèle les secrets de la nature, l'agriculture marche vers le progrès.

2. Les terrains, analysés avec soin, amendés, engraissés avec discernement, deviennent plus productifs; les méthodes perfectionnées, succédant aux procédés de la routine, simplifient le travail et augmentent les produits.

3. Les études d'agriculture, en s'introduisant dans les écoles, ouvriront aux progrès une large voie. Les enfants habitués de bonne heure à observer et à se rendre compte des phénomènes qui se passent sous leurs yeux, deviendront capables de faire par eux-mêmes des études plus complètes; le cultivateur se doublera d'un agronome, et le sol de la France, ce sol si fertile, fécondé par un travail de plus en plus intelligent, rendra au centuple et doublera notre richesse nationale.

ENTRETIENS

1. Qu'arrive-t-il à mesure que l'instruction développe l'intelligence? — 2. Quel est le fruit de l'étude des terrains et de l'emploi des méthodes perfectionnées? — 3. Quels bienfaits peut-on attendre des études agricoles?

III. DU PROGRÈS AGRICOLE

1. Le **progrès agricole** comporte, de la part du cultivateur, des connaissances particulières et une grande somme de jugement.

2. Il faudrait qu'il étudiât d'abord la composition chimique du sol et qu'il connût aussi les éléments qui entrent dans la constitution végétale de chaque plante.

3. Alors il serait apte à rendre à chaque nature de terrain les matériaux qui lui ont été soustraits par les récoltes, il ferait, selon le sol cultivé, selon les produits qu'il a fournis et ceux qu'il doit donner encore, un choix judicieux dans l'administration des engrais; il comprendrait la nécessité de faire succéder aux récoltes profondes et épuisantes, les récoltes superficielles et améliorantes, qui tirent leur nourriture de l'air plutôt que de la terre, et qui recomposent l'*humus* par l'abandon des feuilles et d'autres détritus; l'obligation d'entreprendre et de bien conduire les travaux nécessaires, ne laissant « nulle place où la main ne passe et repasse ».

ENTRETIENS

1. Que doit-on entendre par le progrès agricole? — 2. Que devrait étudier le cultivateur? — 3 Quels avantages retirerait-il de ces études?

IV. MORCELLEMENT DE LA PROPRIÉTÉ, CAPITAL D'EXPLOITATION

1. Avec le morcellement de la propriété, tel qu'il existe en France, la culture du sol se trouve surtout répartie entre les petits propriétaires.

2. Il ne faut pas s'en plaindre; car la terre est mieux gardée et mieux entretenue, chacun ayant un intérêt absolu à tous les profits que procure le travail.

3. Le cultivateur français est laborieux et tempérant, ce qui lui permet, à la longue, de réaliser quelques économies bien méritées.

4. Doit-il les employer uniquement, comme son penchant l'y porte d'ordinaire, à arrondir sa propriété? Il ferait mieux, le plus souvent, d'employer son épargne à améliorer l'exploitation, à se pourvoir d'un bon outillage, à augmenter ses engrais, à se procurer de bonnes semences, à perfectionner les cultures, à élever des animaux de race, etc.. En fin de compte, ses profits en seraient plus nets.

ENTRETIENS

1. Qui s'occupe, surtout en France, de la culture du sol? — **2.** Quels sont les avantages du morcellement de la propriété? — **3.** Que doit faire tout travailleur pour épargner? — **4.** Le cultivateur fait-il bien de céder au penchant qui le porte à arrondir son bien? — Où trouvera-t-il le plus de véritables profits?

V. RÉCOLTES DÉROBÉES

1. Un moyen d'augmenter la production, et, par conséquent, les profits du cultivateur, c'est de pratiquer, quand on le peut, le système des **récoltes dérobées**, ainsi nommées parce qu'on fait suivre, la même année, une récolte d'une récolte nouvelle, souvent importante qui occasionne peu de travaux complémentaires, et partant peu de frais.

2. Les navets, le sarrasin, le trèfle peuvent venir de cette façon, immédiatement après un seigle ou un froment.

3. C'est un avantage considérable et qui compense largement le surcroît de travail et les légères dépenses qu'on a pu s'imposer.

4. Il faut toutefois rendre au sol, par de nouveaux engrais, les éléments chimiques qu'il a perdus.

5. Quelquefois la récolte dérobée est enfouie en vert ; d'autres fois elle est destinée au bétail, qui donne la fumure et qui, quand il a été bien entretenu, fournit de beaux profits, au moment de la vente.

ENTRETIENS.

1. Connaissez-vous un moyen d'augmenter les profits du cultivateur? — Qu'appelle-t-on récoltes dérobées? — **2.** Quelles plantes peut-on semer après un seigle ou un froment? — **3.** Ce système est-il avantageux? — **4.** Le sol n'a-t-il pas besoin de nouveaux engrais? — **5.** Que fait-on des récoltes dérobées? — Quand le bétail a été entretenu donne-t-il des bénéfices?

CHAPITRE XIV

Prairies naturelles.

Sommaire. — I. Prairies naturelles, prairies artificielles. — II. Soins à donner aux prairies. — III. Fenaison. — IV. Fenaison (Suite).

I. PRAIRIES NATURELLES ET ARTIFICIELLES

1. Les **prairies** sont indispensables pour l'alimentation des bestiaux.

2. On nomme *pacages* ou *pâturages* les terrains dont les fourrages sont consommés sur place par les animaux.

3. Les prairies proprement dites sont toujours fauchées ; elles fournissent le *foin* et le *regain*, que l'on fait dessécher avant de le mettre en grange, et dont on nourrit le bétail.

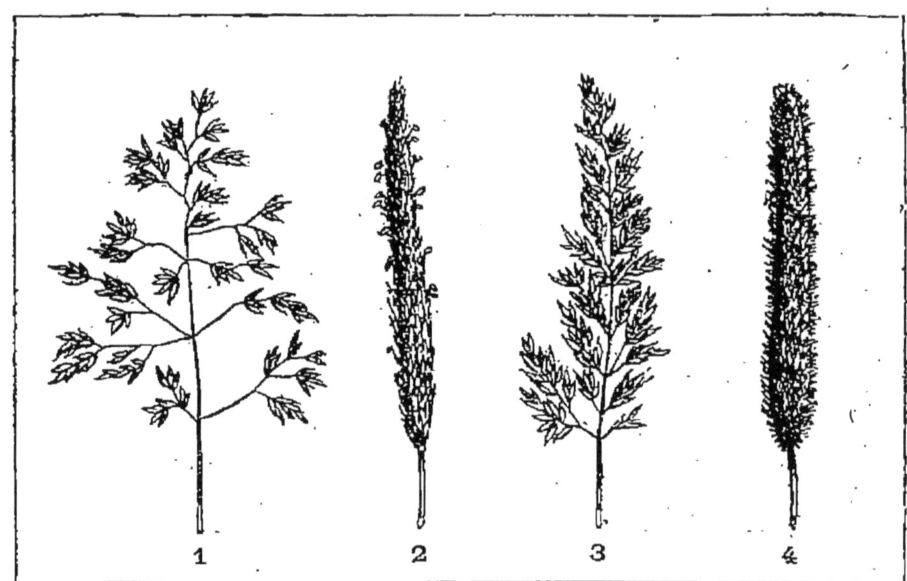

Fig. 65. — GRAMINÉES DES PRAIRIES NATURELLES.
1. Flouve odorante. — **2.** Brize moyenne. — **3.** Agrostis jouet du vent. — Canche gazonnante.

4. Les prairies sont appelées **prairies naturelles,**

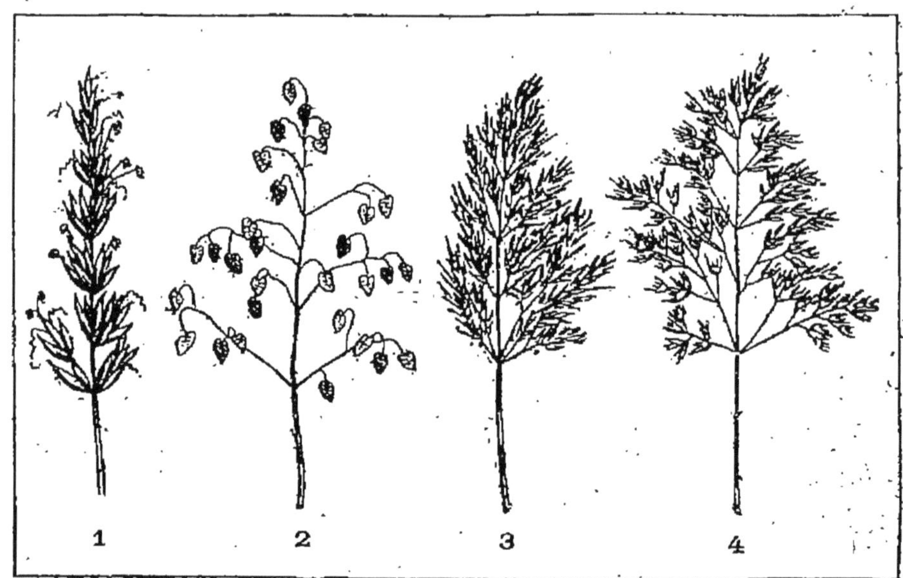

Fig. 66. — GRAMINÉES DES PRAIRIES NATURELLES.
1. Pâturin élevé. — **2.** Vulpin des champs. — **3.** Houlque laineux. — **4.** Fléole des prés.

quand elles produisent les plantes fourragères sans qu'il

y ait eu ensemencement ni soins de culture ; on les appelle **prairies artificielles** quand les plantes y ont été semées avec intention, d'une manière temporaire, et ont nécessité des travaux préparatoires.

5. Les prairies naturelles ou permanentes sont formées par les graminées : *pâturin*, *vulpin*, *houlque*, *fléole*, *flouve*, *fétuque*, *brize*, etc. ; les prairies artificielles sont occupées par les légumineuses : *trèfle*, *luzerne*, *sainfoin*, *lupuline*, *vesce*, *féverole*, etc...

ENTRETIENS

1. Est-il utile d'avoir des prairies? — **2.** Qu'appelez-vous pacages ou pâturages? — **3.** A quoi reconnait-on les véritables prairies et que fournissent-elles? — **4.** Dites ce que vous entendez par prairies naturelles, par prairies artificielles. — **5.** Quelles sont les principales plantes qu'on trouve dans les prairies naturelles? — dans les prairies artificielles?

II. SOINS A DONNER AUX PRAIRIES

1. Les pays où l'on soigne le mieux les prairies sont la Suisse et la Hollande ; là on les sarcle absolument comme on sarcle en France les céréales. Avant la formation des graines, les mauvaises herbes : *centaurée*, *berce*, *patience*, *grande marguerite*, *crête-de-coq*, etc., sont extirpées ; le fourrage y gagne plus tard en qualité et même en quantité.

2. On doit fumer les prés aussi abondamment que les ressources dont on dispose le permettent : le fumier de cheval et celui des bêtes à laine leur conviennent en particulier.

3. On y répand, aussi souvent qu'on le peut, un mélange de purin et d'eau.

4. Mais l'élément principal de la réussite d'une prairie naturelle, c'est l'eau. Il faut donc pratiquer des *rigoles* dans les prairies, de telle sorte qu'on puisse au besoin les arroser abondamment à l'aide d'un ruisseau voisin.

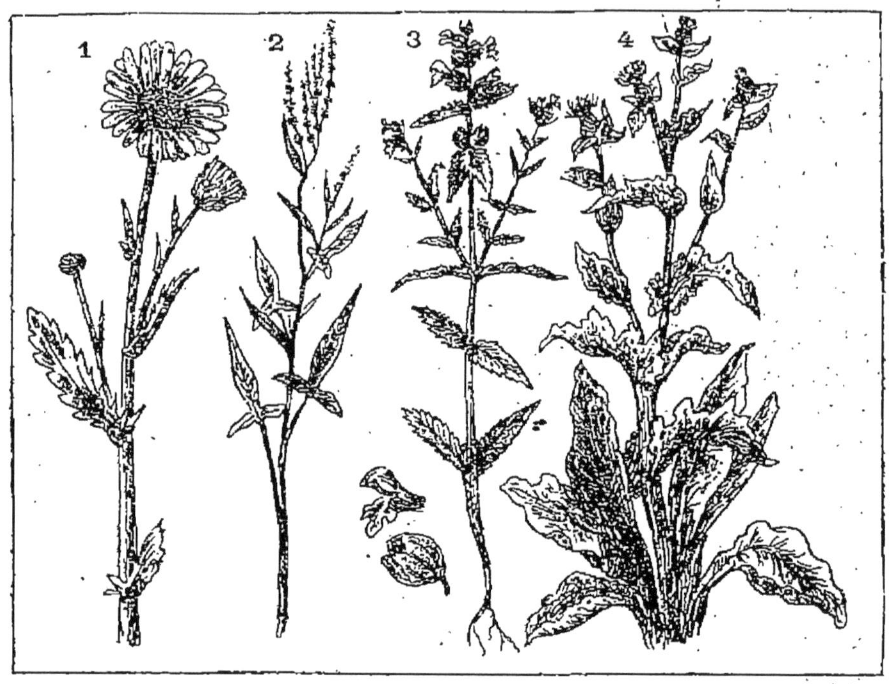

Fig. 67. — PLANTES NUISIBLES AUX PRAIRIES NATURELLES.

1. Chrysanthème ou grande marguerite des prés. — **2.** Patience. — **3.** Crête-de-coq. — **4.** Grande centaurée.

5. Il faut aussi détruire les *taupinières*, qui gênent au moment de la fauchaison, et enlever jusqu'aux plus petits cailloux qui s'y pourraient rencontrer.

ENTRETIENS

1. Dans quels pays soigne-t-on le mieux les prairies? — Quel avantage trouve-t-on à les sarcler? — Quelles sont les mauvaises herbes qu'on extirpe? — **2.** Est-il nécessaire de fumer les prés? — Quels sont les fumiers qui leur conviennent le mieux? — **3.** Que fait-on avec le purin? — **4.** Comment peut-on arroser naturellement les prairies? — **5.** A quelles précautions a-t-on recours pour faciliter la fauchaison?

III. FENAISON

1. Pour la récolte du foin, on se livre à un ensemble de travaux qui prend le nom de **fenaison**: on fauche, on fane, on dresse les meules, on façonne et lie les bottes et on met en grange.

2. On doit faucher les prairies au moment où les plantes fourragères sont en pleine fleur, mais avant la maturité des graines.

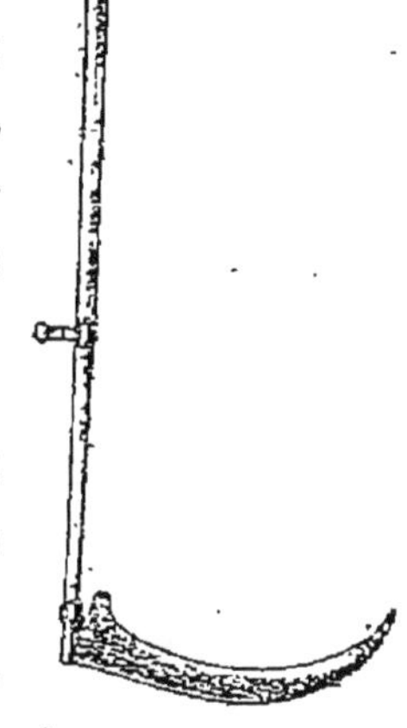

Fig. 68.
FAUX.

3. Si on fauchait trop tôt, on perdrait sur la quantité du fourrage ; en fauchant trop tard, un certain nombre de tiges seraient desséchées et ressembleraient à de la paille plutôt qu'à du foin.

4. Dans les petites et moyennes fermes, on coupe à la faux l'herbe des prés. Cet instrument est excellent quand il se trouve entre des mains habiles.

5. L'opération doit être faite par une belle journée, et le travail commencé de bon matin, pendant que les herbes sont encore humectées par la rosée.

6. Dans les grandes exploitations on se sert de faucheuses (Voir p. 55) et de faneuses mécaniques.

ENTRETIENS

1. Qu'est-ce que la fenaison ? — En quoi consistent les diverses opérations de la fenaison ? — **2.** A quel moment doit-on faucher les prairies ? — **3.** Qu'arrive-t-il lorsqu'on fauche trop tôt ? — Trop tard ? — **4.** De quel instrument se sert-on pour faucher les prés ? — **5.** Quel temps faut-il choisir pour l'opération ? — **6.** De quelles machines les grandes exploitations font-elles usage ?

IV. FENAISON (Suite.)

1. Dès que l'herbe des prés est fauchée, on doit la **faner.** A cet effet, il faut la tourner et la retourner au soleil jusqu'à complète dessiccation ; si elle n'est pas suffisamment sèche à la fin du premier jour, on forme des tas pour la préserver de la rosée de la nuit ; on recommence l'opération le lendemain et, s'il le faut, le surlendemain, quand le temps se maintient au beau.

2. Quelquefois la pluie vient interrompre ces travaux, et, par son action prolongée, elle altère la valeur du fourrage.

3. Le foin séché se met en meules ou est rentré dans les granges.

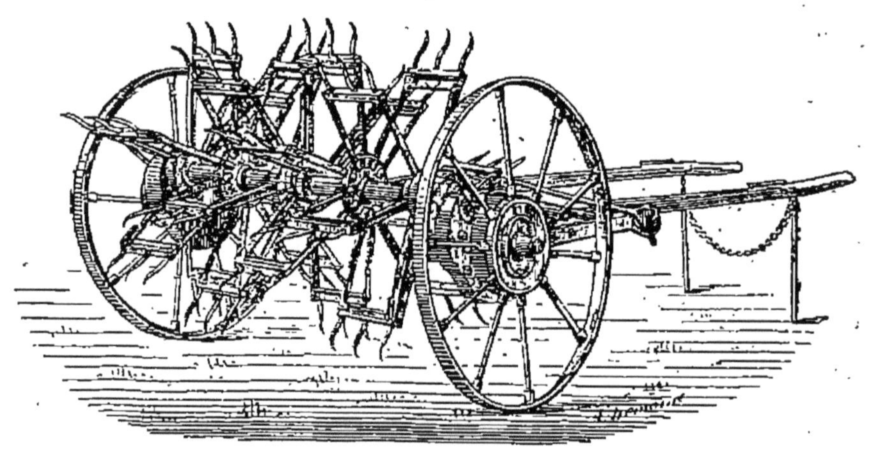

Fig. 69. — FANEUSE MÉCANIQUE.

Lorsque le foin a été coupé, il est nécessaire de le *faner*, c'est-à-dire de le remuer et de le retourner au moyen de fourches pour en activer la dessiccation.

On emploie avec avantage, pour cette opération, les **faneuses mécaniques** qui font le travail avec une grande promptitude, remédient à l'absence de bras et permettent de mettre promptement les récoltes à l'abri des mauvais temps.

4. S'il ne contient plus d'humidité, il échappe à la fermentation et conserve toutes ses propriétés nutritives. C'est pourquoi il est toujours prudent de pratiquer des ouvertures dans les greniers afin que les fourrages continuent d'être assainis par une aération permanente.

ENTRETIENS

1. Qu'est-ce que faner? — Si l'herbe n'est pas sèche le même jour que fait-on? — **2.** La pluie n'est-elle pas nuisible? — **3.** Que devient le foin lorsqu'il est bien desséché? — **4.** Comment préserve-t-on le foin de la fermentation?

CHAPITRE XV

Prairies artificielles.

SOMMAIRE. — I. Utilité des prairies artificielles. — II. La luzerne. — III. Le trèfle. Météorisation. — IV. Sainfoin. — V. Autres plantes fourragères : vesces, féverole, etc. — VI. Utilité et valeur nutritive des plantes fourragères.

I. UTILITÉ DES PRAIRIES ARTIFICIELLES

1. Les **prairies artificielles** sont des terrains consacrés temporairement à la culture des plantes fourragères.

2. Ces dernières : *trèfle*, *luzerne*, *sainfoin*, *lupuline*, etc., appartiennent à la famille des légumineuses et empruntent la plus grande partie de leur nourriture, non aux principes chimiques contenus dans le sol, mais aux éléments que renferme l'atmosphère.

3. Il en résulte que la terre où elles viennent, loin d'être appauvrie par leur développement, se trouve plutôt fertilisée ; car le fond des tiges et les racines forment une sorte d'engrais végétal qui n'est pas sans valeur.

4. Les cultures qui viennent à la suite, céréales ou racines alimentaires, profitent de cet accroissement de matières fertilisantes et le cultivateur y trouve ainsi double profit.

ENTRETIENS

1. Qu'appelez-vous prairies artificielles ? — **2**. Quelles sont les principales plantes fourragères ? — A quelle famille appartiennent-elles ? — Où trouvent-elles la plus grande partie de leur nourriture ? — **3**. Épuisent-elles la terre où elles viennent ? — Comment les plantes fourragères améliorent-elles le sol ? — **4**. A qui profite cet accroissement de matières fertilisantes ?

II. LA LUZERNE

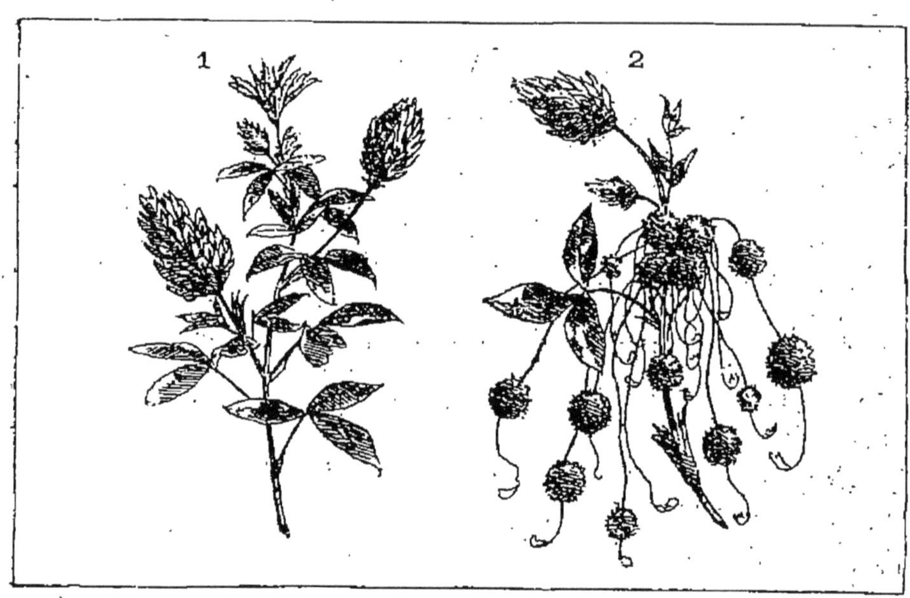

Fig. 70. — LA LUZERNE.

1. Pied de luzerne. — 2. Pied de luzerne envahi par la cuscute.

On sème la **luzerne** à l'automne ou au printemps, à raison de 20 à 25 kilogrammes par hectare.

Le *rendement en fourrage vert* est par hectare de 25 à 40 000 kilogrammes, le *rendement en fourrage sec* de 6 à 10 000 kilogrammes et le *rendement en graines* de 4 à 500 kilogrammes.

On combat la **cuscute** en arrosant les parties attaquées avec une dissolution de 10 à 12 kilos de sulfate de fer dans un hectolitre d'eau ou par l'emploi du marc de raisin.

Nous ne saurions trop recommander aux agriculteurs de ne s'adresser, pour l'achat de leur graine, qu'à des maisons de confiance.

1. La **luzerne** est une plante vivace, qui repousse promptement et qui résiste aux sécheresses les plus prolongées ; cette dernière qualité est due à la profondeur de ses racines.

2. Il lui faut un *sol bien ameubli*, profond, bien propre, ayant de l'humus, et qui ne soit pas humide.

3. On façonne avec la charrue à sous-sol et on fume abondamment.

4. L'ensemencement se fait à l'automne et au printemps, à raison de 20 à 25 kilogrammes par hectare.

5. Quand la luzerne est bien établie, elle peut donner trois ou quatre coupes par année et durer de 10 à 15 ans.

6. Elle tire sa force végétative du sous-sol et de l'air ; le sol est amendé.

7. Cette plante gagne à être abritée et surtout à être débarrassée de la **cuscute**, plante parasite qui vit à ses dépens et l'étouffe.

Dès qu'on s'aperçoit de la présence de la cuscute, on recouvre la place qu'elle occupe avec de la paille qu'on tasse et on y met le feu.

La luzerne repousse au printemps suivant.

ENTRETIENS

1. Dites ce que vous savez de la luzerne. — **2.** Quel terrain lui convient? — **3.** Comment façonne-t-on le sol? — **4.** Comment se fait l'ensemencement? — **5.** Combien la luzerne donne-t-elle de coupes annuelles? — Quelle est sa durée? — **6.** D'où tire-t-elle sa force végétative? — **7.** N'a-t-elle pas une plante ennemie? — Comment détruit-on la cuscute?

III. LE TRÈFLE. MÉTÉORISATION

1. Le **trèfle** réussit sur la plupart des terrains, surtout sur ceux qui sont formés d'*argile* et de *calcaire*, et qui sont frais et même humides.

2. Il redoute la sécheresse de l'été.

3. Pour le semer, on répand la graine sur un seigle

ou sur un froment d'hiver, à raison de 15 à 20 kilogrammes par hectare. Quand on moissonne le seigle ou le blé, le trèfle est à peine visible; mais il grandit bientôt.

Fig. 71. — LE TRÈFLE.

Le **trèfle violet** ou **commun** se sème au printemps, à raison de 15 à 20 kilos à l'hectare. Son *rendement en fourrage vert* est de 20 à 25 000 kilos et son *rendement en fourrage sec* de 4 à 5000 kilos.

Le **trèfle incarnat** ou **farouch** se sème en septembre, à raison de 18 à 25 kilogrammes à l'hectare. Son *rendement en fourrage vert* et *en fourrage sec* est le même que celui du trèfle violet.

4. On le fait pâturer sur place; mais ce n'est pas sans danger pour les animaux ruminants, qui sont atteints souvent de **météorisation.** Le météorisme est une enflure provoquée par la présence d'un gaz dans la panse de l'animal et qui peut déterminer la mort.

5. On combat le météorisme par l'ammoniaque, l'éther, ou en pratiquant la ponction; mieux encore, on le prévient en mêlant au trèfle de la paille sèche.

6. Le trèfle améliore le sol.

ENTRETIENS

1. Le trèfle réussit-il sur tous les terrains? — **2.** Que redoute-t-il? — **3.** Comment sème-t-on le trèfle? — **4.** Comment sert-il à la nourriture des bestiaux? — Qu'appelle-t-on météorisation? — **5.** Comment combat-on le mal? — Peut-on éviter cet accident? — **6.** Cette plante épuise-t-elle le sol?

IV. SAINFOIN

1. Le **sainfoin** est une plante fourragère des plus précieuses.

2. Il vient très bien sur les *terrains légers, secs*, où domine le calcaire, et qui ont reçu des défoncements profonds, avec fumure abondante. Il donne même des récoltes sur les terrains les plus maigres où le trèfle et la luzerne ne pourraient vivre.

3. On le sème au printemps, à raison de 120 à 180 kilogrammes par hectare.

4. Cette plante dure de 5 à 7 ans et donne généralement deux coupes par année, qui sont réservées d'ordinaire pour l'alimentation des moutons.

5. Par sa racine pivotante, elle tire du sous-sol, comme la luzerne, une partie des éléments nécessaires à sa constitution et, loin d'appauvrir le sol, elle l'amende à ce point que, lorsqu'on retourne la prairie, par suite d'épuisement, toute terre à sainfoin devient propre à produire du blé.

Fig. 72. — LE SAINFOIN.

Le **sainfoin** se sème au printemps à raison de 120 à 180 kilos par hectare. Son *rendement en fourrage vert* est de 16 à 30 000 kilogrammes et son *rendement en fourrage sec* de 4 à 7000 kilogrammes.

6. La végétation du sainfoin est stimulée par l'emploi du *plâtre*.

ENTRETIENS

1. Qu'est-ce que le sainfoin? — **2.** Où vient-il le mieux? — Quelle préparation exige le sol? — **3.** Quand et comment le sème-t-on? — **4.** Le sainfoin dure-t-il longtemps? — A qui le réserve-t-on? — **5.** Où les racines puisent-elles leur nourriture? — Peut-on faire suivre la culture du sainfoin de celle du blé? — **6.** Le plâtre n'est-il pas utile au sainfoin?

V. AUTRES PLANTES FOURRAGÈRES : VESCES, FÉVEROLE, ETC.

1. Il est encore d'autres plantes fourragères, moins importantes que les précédentes, mais qui sont estimées du cultivateur, à cause des profits qu'elles donnent et de leurs qualités nutritives, telles sont :

2. Les **vesces**, qui se sèment au printemps ou à l'hiver à raison de 180 à 225 kilogrammes à l'hectare et donnent une abondante et très nourrissante récolte ;

3. La **féverole**, cultivée dans le Nord de la France, et qu'on donne aux chevaux ;

4. Le **pois-fourrage**, qui se sème au printemps à raison de 160 à 200 kilogrammes par hectare et fournit rapidement une précieuse ressource ;

5. La **gesse**, qui se sème au printemps ou à l'hiver à raison de 100 à 200 kilogrammes par hectare et dont le fourrage hâtif est avidement recherché par les bestiaux ;

6. La **serradelle**, qui se sème à raison de 30 kilogrammes par hectare et se distingue par l'abondance de sa récolte et par les principes nourrissants qu'elle contient ;

7. La **lupuline**, qui se sème au printemps à raison de 15 à 20 kilogrammes par hectare et ressemble à la luzerne et qu'on fait venir sur les terrains les plus pauvres ;

8. Enfin la **spergule**, (20 à 30 kilogrammes de graine par hectare) la **pimprenelle**, (30 kilogrammes de graine par hectare) et autres plantes ; il y en a pour toutes les régions et pour les sols de toute nature, ce qui permet de ne laisser aucun espace inoccupé et d'augmenter, du même coup, la variété déjà fort étendue des ressources fourragères.

ENTRETIENS

1. N'y a-t-il pas d'autres plantes fourragères moins importantes que les précédentes? — Citez-en quelques-unes. — **2.** Que savez-vous des vesces? — **3.** de la féverole? — **4.** du pois-fourrage? — **5.** de la gesse? — **6.** de la serradelle? — **7.** de la lupuline?

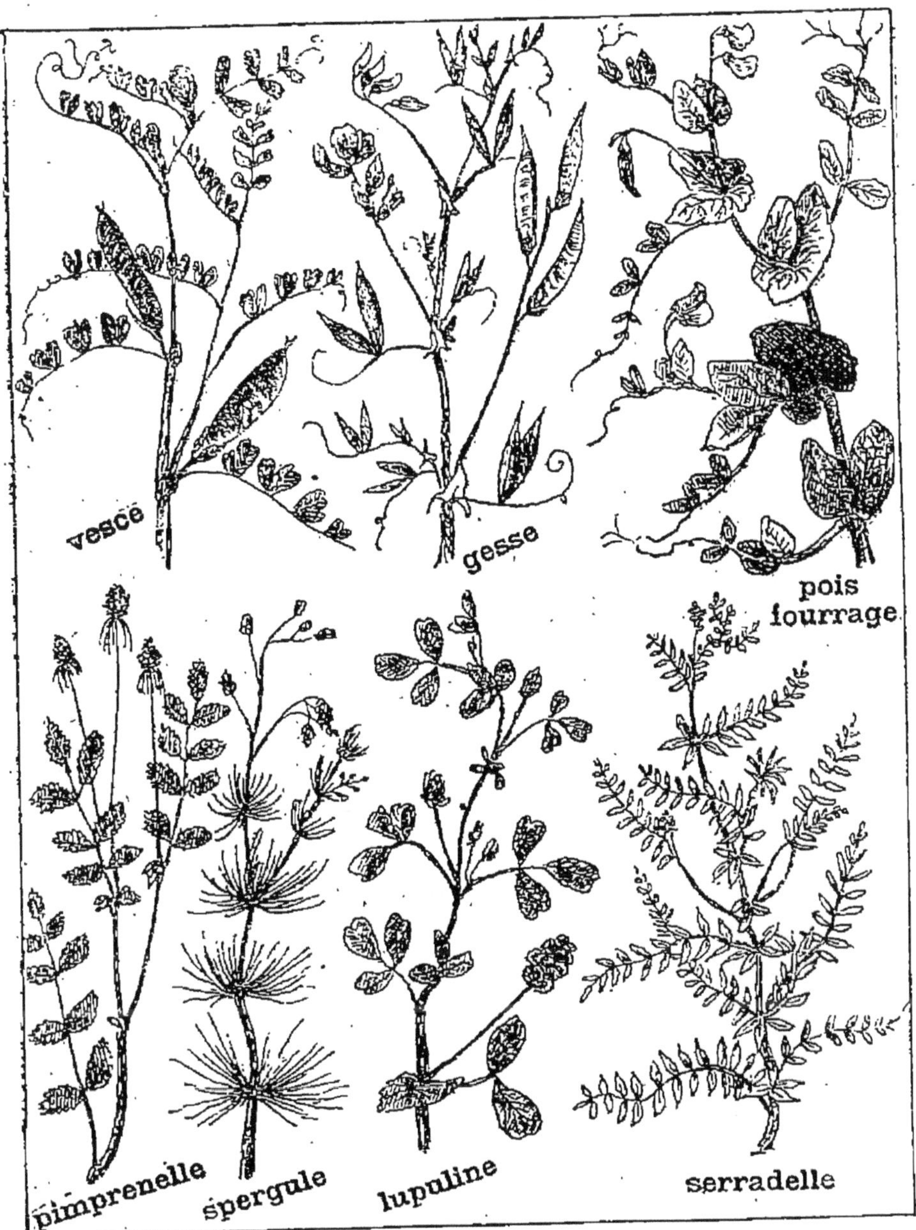

Fig. 73. — PLANTES FOURRAGÈRES.

La **vesce** se sème au printemps ou à l'hiver, à raison de 180 à 225 kilogrammes par hectare. Son *rendement* est de 15 à 25 000 kilogrammes de *fourrage vert* et de 3 à 5000 kilogrammes de *fourrage sec.* — La **gesse** se sème comme la vesce, à raison de 100 à 200 kilogrammes par hectare. Son *rendement en fourrage sec* est de 6000 kilogrammes. — Le **pois-fourrage** se sème au printemps, à raison de 160 à 200 kilogrammes par hectare. — La **pimprenelle**, à raison de 30 kilogrammes. — La **spergule** de 20 à 30 kilogrammes. — La **lupuline** se sème au printemps à raison de 15 à 20 kilogrammes par hectare. Son *rendement en fourrage vert* est de 8 à 12 000 kilogrammes. — La **serradelle** demande 30 kilogrammes de graines par hectare.

VI. UTILITÉ ET VALEUR NUTRITIVE DES PLANTES FOURRAGÈRES

1. Les **plantes fourragères** rendent à l'agriculture les plus grands services.

2. Les cultures fourragères permettent de nourrir un grand nombre de bestiaux, qui fournissent des engrais en quantité considérable. Ces engrais, employés par l'agriculteur, donnent à ses terres une plus grande fertilité.

3. Voici la quantité de matière azotée qui constitue, au point de vue de l'alimentation, la valeur nutritive de chaque plante, sur 1000 parties de matière sèche : *luzerne* 27 à 30; *trèfle* 21; *sainfoin* 18 à 22; *foin* des prairies naturelles 12 à 20; *paille de froment* 4 à 6; *paille de seigle* 3 à 5; *paille de sarrasin* 6 à 8.

4. Cette courte nomenclature justifie la préférence que marquent les bestiaux pour telle ou telle plante, et rappelle soudainement cette pensée de Molière : « Les bêtes ne sont pas si bêtes que l'on pense. »

ENTRETIENS

1. Que pensez-vous des plantes fourragères? — **2.** Prouvez que la prospérité d'une ferme repose sur la culture des prairies artificielles. — **3.** A quoi reconnaît-on la valeur nutritive d'une plante? — Donnez la proportion de matière azotée pour quelques végétaux. — **4.** Les animaux ne recherchent-ils pas les aliments les plus nourrissants?

CHAPITRE XVI

Animaux et plantes nuisibles ; animaux et plantes utiles.

I. ANIMAUX NUISIBLES : LE HANNETON

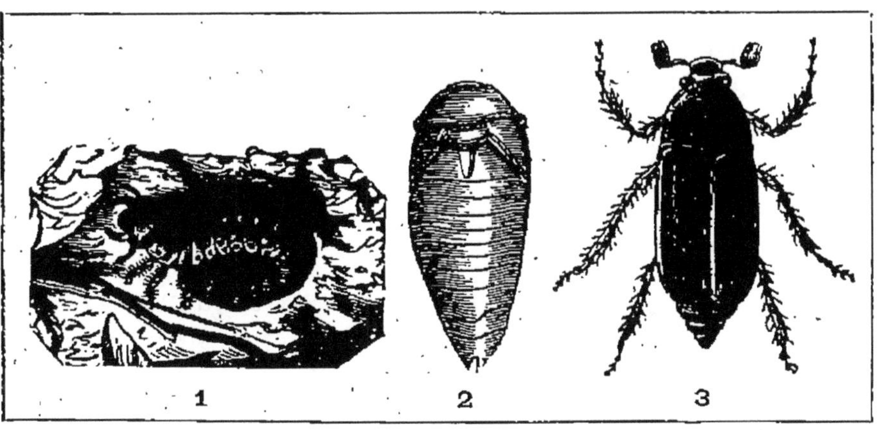

Fig. 47. — LE HANNETON.

1. Larve de hanneton appelée vulgairement *ver blanc* ou *man*. — **2**. Nymphe. — **3**. Hanneton à l'état d'insecte parfait.

1. L'animal qui occasionne le plus de dégâts à l'agriculture est, sans contredit, le **hanneton**.

2. La femelle de cet insecte pond, dans une terre légère, une cinquantaine d'œufs qui donnent naissance à autant de larves connues sous le nom de *vers blancs*.

3. Ceux-ci restent en terre pendant trois ans environ, et, durant ce temps, ils attaquent avec la plus grande voracité les racines des arbres et des plantes, qu'ils font infailliblement périr.

4. C'est le *ver blanc* qu'on trouve souvent attaché aux tubercules des pommes de terre, ainsi qu'aux racines des fraisiers et des laitues.

5. Au printemps de la troisième année, il quitte le sol pour remonter à la surface et devenir insecte; mais que de dégâts il laisse après lui!

6. M. Payen, de l'Académie des sciences, a trouvé, dans une propriété de la Seine-Inférieure, jusqu'à 23 larves par mètre carré, et estime à 25 000 000 de francs les ravages subis par ce département.

ENTRETIENS

1. Quel est l'animal qui occasionne le plus de dégâts à l'agriculture? — **2.** La femelle du hanneton pond-elle beaucoup d'œufs? — Comment appelle-t-on les larves? — **3.** Les vers blancs restent-ils longtemps dans le sol? — N'attaquent-ils pas les racines? — **4.** Où les trouve-t-on souvent attachés? — **5.** Qu'arrive-t-il au printemps de la troisième année? — **6.** Citez un exemple frappant des ravages causés par les hannetons.

II. DESTRUCTION DES HANNETONS

1. Si les larves du hanneton s'attaquent aux racines de nos plantes alimentaires et de nos arbres fruitiers, l'insecte, à l'âge adulte, dépouille ces mêmes arbres de leur feuillage et ne cause pas de moindres dégâts.

2. Le moyen le plus simple de le détruire est de mettre les larves à découvert, par le système des labours successifs, et à les écraser ensuite soigneusement. Du reste, la chaleur intense du soleil suffit pour les détruire, dès qu'elles sont à la surface du sol.

3. Comme les volailles sont friandes de vers blancs, on les amène parfois sur les terrains fraîchement labourés à titre d'auxiliaires très utiles.

4. Quant à l'insecte, au *hanneton*, il faut le poursuivre sans relâche. Le moment le plus favorable est le matin, à l'époque de l'éclosion, avant qu'une nouvelle ponte soit faite. Ceux que l'on prend doivent périr par le feu ou l'eau bouillante.

5. Les enfants peuvent rendre en cela de grands services, s'ils mettent dans cette chasse autant d'ensemble que de zèle. En certains pays ils se forment en sociétés pour la destruction des insectes nuisibles.

ENTRETIENS

1. Le hanneton est-il nuisible durant toute son existence? — **2.** Quel est le plus simple moyen de détruire le ver blanc? — **3.** Ne peut-on utiliser les volailles pour les chasser? — **4.** Quel est le meilleur moment pour la destruction de l'insecte? — **5.** N'existe-t-il pas des sociétés d'enfants pour la chasse des insectes nuisibles?

III. CHENILLES

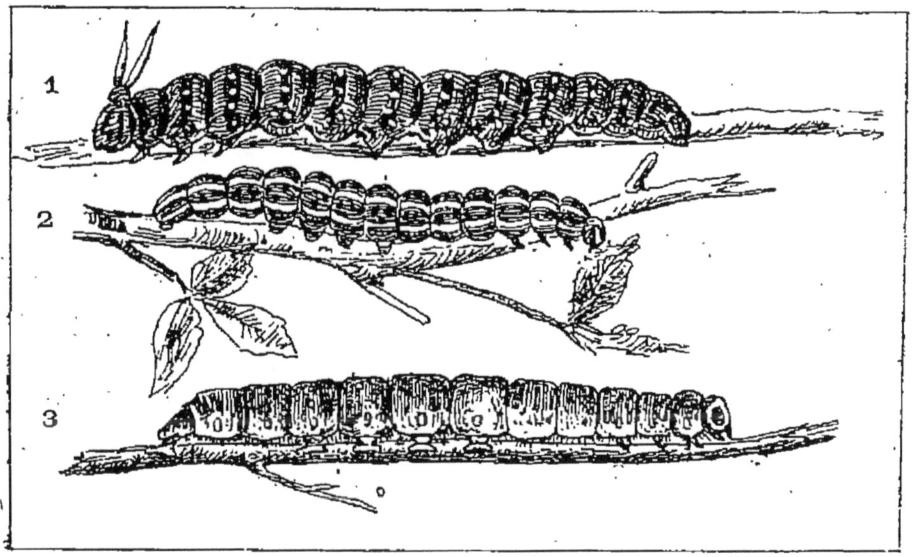

Fig. 75. — LES CHENILLES.

1. Chenille du *papillon Machaon* qui vit dans les jardins et dans les champs de luzerne. — **2.** Chenille du *grand papillon du chou*, vit dans les jardins et dans les champs sur les choux, les navets, la moutarde, etc. — **3.** Chenille de la *lichenée* du frêne.

1. Les **chenilles** s'attaquent à nos arbres fruitiers, au pommier surtout.

2. Elles dévorent les feuilles, affaiblissent ainsi la végétation de l'arbre et laissent le fruit exposé à l'action trop vive du soleil et des agents atmosphériques

3. Les œufs qui leur donnent naissance sont déposés sur les arbres par des papillons et passent l'hiver dans de petites toiles attachées aux branches. Ces toiles ou *nids de chenilles* doivent être enlevées et brûlées avec soin.

4. L'échenillage est d'ailleurs rendu obligatoire par la loi.

5. L'ennemi, le destructeur par excellence des chenilles, aussi bien que des autres insectes, c'est l'oiseau.

6. Le *hérisson* a droit à notre protection, car il fait une guerre acharnée à ces insectes.

ENTRETIENS

1. Dites ce que vous savez des chenilles. — **2.** Comment nuisent-elles à l'arbre ? — **3.** Comment les œufs de chenilles passent-ils l'hiver? — **4.** L'échenillage est-il facultatif? — **5.** Quel est le principal ennemi des chenilles ? — **6.** Pourquoi faut-il protéger le hérisson?

IV. BRUCHES, PUCERONS, ETC.

1. Les **bruches** sont ces petits insectes que l'on trouve dans les *pois*, les *fèves*, les *lentilles*. Leur présence dans ces légumes, qu'elles entament hardiment, en diminue la valeur et impose la nécessité de les combattre.

2. A cet effet, avant d'ensemencer, on chauffe au four les grains destinés à la semence ; la chaleur, assez modérée pour ne pas attaquer la faculté germinative des graines, tue néanmoins les larves et préserve la récolte de la présence de l'insecte.

3. Dans la famille des **pucerons**, on rencontre celui du *chou* et celui des *fèves*, qui sucent les parties succulentes de ces plantes et les épuisent.

4. On les détruit en supprimant les feuilles attaquées, en faisant des lavages successifs ou en administrant des fumigations de tabac.

5. La *coccinelle* ou *bête à bon Dieu* détruit les pucerons de toute espèce.

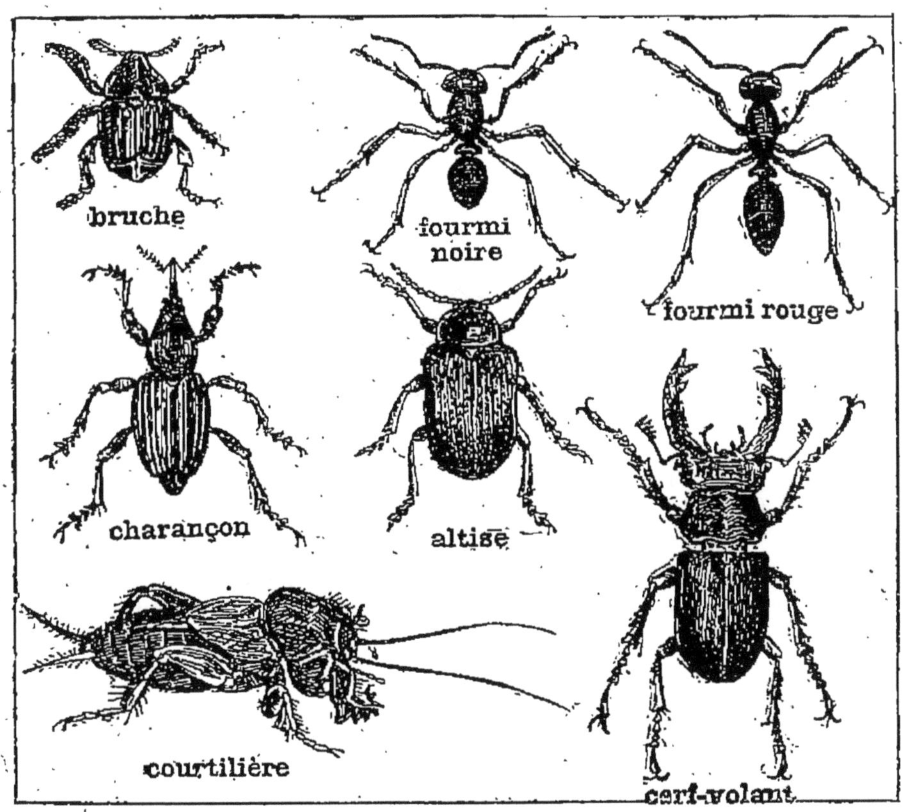

Fig. 76. — INSECTES NUISIBLES.

La **bruche** s'attaque aux pois, aux fèves, aux lentilles, aux vesces, dont elle dévore tout l'intérieur. — Les **fourmis** de nos pays causent peu de dommages; il n'en est pas de même dans les contrées tropicales. — Les espèces de **charançons** sont nombreuses et font de grands ravages soit à l'état d'insecte parfait, soit à l'état de larve, en s'attaquant aux grains, aux céréales, aux arbres fruitiers. — Il existe plus de deux cent cinquante espèces d'**altises** qui toutes s'attaquent aux plantes potagères. — Les **courtilières** font des dégâts considérables en détruisant les racines des plantes. — Le **cerf-volant** ou **lucane** nuit aux arbres fruitiers ou forestiers dont il endommage l'écorce.

Tous ces insectes doivent être impitoyablement détruits par tous les moyens possibles.

6. D'autres insectes comme les *charançons*, les *altises*, les *fourmis*, la *courtilière*, le *cerf-volant*, la *pyrale* de la vigne, occasionnent encore des dommages considérables.

ENTRETIENS

1. Où trouve-t-on les bruches? — Quels dégâts occasionnent-elles? — **2.** Comment détruit-on les larves? — **3.** Quels sont les dégâts causés par les pucerons? — **4.** Quels sont les divers moyens de les détruire? — **5.** Nommez l'insecte qui leur fait la guerre. — **6.** Citez d'autres insectes nuisibles.

V. SAUTERELLES

Fig. 77. — LA SAUTERELLE OU CRIQUET.

La **sauterelle** ou **criquet** n'exerce ses ravages que dans les pays chauds. Elle fait de fréquentes incursions dans notre colonie algérienne, où elle sème la ruine sur son passage.

1. Les dévastations des **sauterelles** comptent au nombre des plaies qui frappent l'agriculture.

2. Les pays chauds surtout sont exposés à ce terrible fléau et, en 1866 et en 1888, notre belle colonie de l'Algérie a été cruellement atteinte.

3. La sauterelle voyageuse a fait d'ailleurs plusieurs fois irruption en Provence, en particulier pendant les années 1720, 1721 et 1819.

4. Rien n'échappe à la voracité de ces dévastateurs; ils dépouillent le sol non seulement de toute récolte, mais encore de toute verdure; les arbres mêmes n'ont bientôt plus d'écorce ni de feuilles, la nature entière semble plongée dans un deuil profond.

5. Les grands vents refoulent quelquefois fort à propos ces insectes, et peuvent les pousser vers la mer; on arrête leur marche en allumant de grands feux. Les oiseaux en détruisent beaucoup; mais il n'existe pas de vrai remède à opposer au fléau.

ENTRETIENS

1. Les sauterelles causent-elles de graves dégâts à l'agriculture? — 2. Quels pays sont exposés à ce terrible fléau? — 3. Les sauterelles n'ont-elles pas quelquefois fait irruption en France? — 4. Faites le tableau des dévastations des sauterelles. — 5. Les grands vents n'arrêtent-ils pas parfois leur marche? — Que fait-on pour essayer de les détruire?

VI. ESCARGOTS, LIMACES

Fig. 78. — ESCARGOTS ET LIMACE.

1. Grand escargot des vignes. — 2. Petit escargot ou *livrée* des jardins. — 3. Limace.

1. Les *escargots* et les *limaces* sont aussi très redoutés.

2. Les **escargots** s'attaquent, surtout aux époques de pluie et pendant la nuit, aux choux, aux artichauts, aux feuilles de haricots tendres, etc.

3. Pendant le jour, ils se réfugient dans les fraisiers et y commettent des dégâts.

4. On doit les écraser sans pitié.

5. Les **limaces** fréquentent les jardins, les cultures fraîches et commettent les mêmes dégâts que les escargots. Il est bon de leur faire la chasse.

6. Les canards sont très friands des escargots et des limaces. Si on les introduit dans une culture qui en est infestée, ils ne tardent pas à en débarrasser le sol; beaucoup d'autres oiseaux leur font également la guerre.

7. Du reste, il est bon de remarquer que les limaces affectionnent les rameaux fleuris de l'acacia; quand on en met, pendant la nuit, de gros bouquets dans un jardin, on les en trouve garnis le lendemain, et on les détruit.

ENTRETIENS

1. Les escargots et les limaces sont-ils redoutés? — **2.** Quand les escargots exercent-ils leurs ravages? — A quelles plantes s'attaquent-ils pendant le jour? — **3.** Sont-ils nuisibles aussi pendant la nuit? — **4.** Comment s'en débarrasse-t-on? — **5.** Les jardins et les cultures ne sont-ils pas aussi ravagés par les limaces? — **6.** Certains oiseaux ne leur font-ils pas la guerre? — **7.** Connaissez-vous un moyen facile de se débarrasser des limaces?

VII. RONGEURS

1. La famille des **rongeurs** étend ses dégâts sur les racines, l'écorce, les fruits et les bourgeons des plantes.

2. Il faut compter au premier rang les *souris*, les *rats*, les *mulots* et les *campagnols*.

3. Les **souris** et les **rats** sont très nuisibles dans l'intérieur de nos habitations; heureusement les chats leur font une guerre acharnée, et les pièges ou le poison détruisent ceux que la griffe n'a pu atteindre.

4. Les **mulots** et les **campagnols** enlèvent les plantations de pois et de lentilles, coupent les épis des céréales et les emportent dans leurs magasins ; on leur tend aussi des pièges, mais le plus grand nombre périt sous la serre des oiseaux de nuit : chouettes, hiboux.

5. Le **loir** dégrade les jardins et les vergers; l'**écureuil** mange les bourgeons des arbres forestiers; les **lapins de garenne** endommagent les jeunes plantes et, pour le plaisir de quelques personnes, nuisent à tout le voisinage.

Fig. 79. — RONGEURS.
Tous ces animaux sont nuisibles et doivent être impitoyablement détruits.

ENTRETIENS

1. Pourquoi certains animaux sont-ils appelés rongeurs? — **2.** Énumérez les principaux rongeurs. — **3.** Comment détruit-on les souris et les rats? — **4.** Quelles plantes attaquent les mulots et les campagnols? — Quels sont nos auxiliaires contre ces animaux? — **5.** Où le loir exercice-t-il ses ravages? — Et l'écureuil? — Les lapins de garenne ne sont-ils pas plus nuisibles qu'utiles?

VIII. CARNIVORES

1. Parmi les **carnivores** nuisibles à l'agriculture, il convient de citer le **blaireau,** qui fouille le sol, dégrade les épis de maïs et pille les ruches ;

2. Le **putois,** qui tue dans les fermes les volailles et les pigeons, et qui atteint encore ruches et abeilles ;

3. La **fouine,** qui a des goûts analogues et qui dévaste poulaillers, colombiers et ruchers ;

4. La **marte,** qui détruit dans les nids les œufs des oiseaux ;

5. La **genette,** dont les habitudes sont désastreuses pour les nids et les oiseaux ;

6. La **loutre,** qui dépeuple les rivières et les viviers ;

7. Le **renard,** qui détruit le gibier, extermine les oiseaux de basse-cour et s'attaque aussi aux ruches et aux abeilles ;

8. Le **chat sauvage,** qui chasse et atteint lapins, lièvres et oiseaux ;

9. Enfin le **loup,** terreur des troupeaux, dont les ravages sont désastreux pour l'éleveur.

10. On fait la guerre à ces animaux au moyen de pièges, de traquenards, où ils sont attirés par un appât de leur goût. La fourrure de quelques-uns d'entre eux est recherchée.

ENTRETIENS

1. Certains carnivores ne sont-ils pas nuisibles à l'agriculture ? Quels sont les dégâts commis par le blaireau ? — **2.** par le putois ? — **3.** par la fouine ? — **4.** par la marte ? — **5.** par la genette ? — **6.** par la loutre ? — **7.** par le renard ? — **8.** par le chat sauvage ? — **9.** par le loup ? — **10.** Comment fait-on la guerre à ces animaux ? — Leur fourrure est-elle utilisée ?

Fig. 80. — CARNIVORES.

Tous ces animaux sont nuisibles et doivent être impitoyablement détruits.

IX. SERPENTS. VIPÈRE

Fig. 81. — LA VIPÈRE.

1. Vipère. — 2. Tête de vipère montrant la disposition des crochets.

La **vipère** est assez commune en France, où elle atteint 30 à 70 centimètres de longueur. Sa couleur est brun roussâtre, gris cendré ou gris noir; elle a une ligne noire sinueuse sur le dos. La tête est triangulaire, couverte d'écailles et porte deux bandes noires qui forment un V. La vipère se tient de préférence dans les contrées boisées ou pierreuses, près des sentiers et des chemins; elle se cache sous les pierres. Elle fuit à l'approche de l'homme; mais, si on veut la prendre ou si l'on marche sur elle, elle se défend et frappe avec ses crochets.

Les *crochets* de la vipère sont au nombre de deux. Ils sont implantés dans la mâchoire supérieure, un canal les traverse dans toute leur longueur et permet au venin sécrété par une glande située sur les côtés de la tête de s'écouler dans la morsure.

1. Au point de vue agricole, la plupart des **serpents** sont des animaux indifférents, si on en excepte toutefois la **vipère**, dont les morsures venimeuses compromettent la santé de l'homme et des animaux, et peuvent, surtout pendant les grandes chaleurs, occasionner la mort.

2. Il faut détruire impitoyablement ce perfide reptile qui, en outre, pille les nids et dévore les petits oiseaux. C'est avec ses *crochets* que la vipère inocule le venin dans les parties atteintes.

3. On doit, sans perte de temps, opérer une ligature

pour isoler le venin et pour l'empêcher d'entrer dans la circulation.

4. On agrandit ensuite la plaie par incision, et on cautérise avec de l'ammoniaque ou mieux encore avec une tringle de fer chauffée à blanc.

5. La succion du venin peut se faire sans danger, pourvu que la bouche ne porte pas d'écorchure.

ENTRETIENS

1. Les serpents sont-ils dangereux? — La morsure de la vipère est-elle venimeuse? — Peut-elle occasionner la mort? — **2.** Faut-il détruire ce reptile? — Comment inocule-t-il son venin? — **3.** Que doit-on faire pour isoler le venin? — **4.** Avec quoi cautérise-t-on la plaie? — **5.** Dans quel cas la succion peut-elle se faire sans danger?

X. ANIMAUX UTILES A PROTÉGER

1. Si nous étions réduits à nos ressources personnelles pour protéger nos biens contre les ravages des animaux nuisibles, nous n'opposerions à leurs déprédations que de bien faibles barrières.

2. Heureusement que, pour nous assister dans cette lutte, nous avons d'utiles auxiliaires, des alliés naturels qui nous secondent et nous servent, sans nous rien demander en échange que de les épargner.

3. La **chauve-souris**, le **hérisson**, la **taupe**, la **musaraigne**, le **lézard**, l'**orvet**, le **crapaud**, la **grenouille** s'attaquent aux larves, aux limaçons, à cette masse grouillante de mollusques et d'annelés qui se plaît dans les mares et les terrains humides. Le **ver-luisant**, la **coccinelle** ou *bête à bon Dieu*, les **demoiselles** ou *libellules*, nous débarrassent des pucerons.

4. L'oiseau est plus qu'un auxiliaire, c'est presque un ami.

Michelet a dit, en substance, dans un livre charmant: « Sans l'oiseau, la terre serait la proie de l'insecte. »

Fig. 82. — ANIMAUX UTILES.

Tous ces animaux rendent de grands services à l'agriculture. Loin de les détruire, il faut les protéger et respecter leur vie.

Fig. 83. — OISEAUX UTILES.

Tous ces oiseaux sont les protecteurs des champs et des bois. Il faut se garder de les détruire et combattre les préjugés répandus sur certains d'entre eux dans les campagnes.

Tous les oiseaux depuis le **merle** et le **rouge-gorge**, jusqu'au **rossignol** et au **pic**, depuis l'**hirondelle**, jusqu'au **roitelet**, vivent d'insectes, chassent l'insecte, détruisent l'insecte, sous toutes ses formes.

Les grands oiseaux nocturnes tant décriés, **hibou** et **chat-huant**, font leur principale nourriture des rongeurs, qu'ils attaquent la nuit au moment où ceux-ci commencent leurs déprédations. Bien loin donc de tendre à l'oiseau des pièges, protégeons-le, laissons en paix les nids.

ENTRETIENS

1. Pourrions-nous, seuls, protéger nos récoltes? — **2.** Avons-nous des auxiliaires pour nous aider? — **3.** Dites le nom des animaux que nous devons protéger. — **4.** Quels sont nos meilleurs auxiliaires parmi les oiseaux ?

XI. PLANTES NUISIBLES AUX RÉCOLTES

1. On distingue un grand nombre de **plantes nuisibles aux récoltes** et que l'agriculteur doit extirper soigneusement.

2. Les principales sont :

L'**ivraie**, qui croît dans le froment pendant les étés humides, et qui, avec le **chiendent** et la **folle-avoine**, est la désolation du cultivateur;

3. Le **chardon**, qu'il faut couper avant la maturité des graines pour empêcher sa reproduction ;

4. La **cuscute**, plante parasite qui envahit les luzernes et en étouffe les tiges avec ses filaments déliés ;

5. La **crête-de-coq**, qui infeste les prairies ; le **liseron**, qui rampe autour des tiges de pommes de terre et dont les animaux sont très friands;

6. Les **mousses** et les **lichens**, qui s'attachent aux arbres et servent de refuge à une foule d'insectes;

Le **gui**, qui se nourrit au détriment de la branche qui le porte et finit par la faire dessécher;

Enfin les **lianes** et le **lierre**, si redoutables pour les arbrisseaux qu'ils embrassent, et surtout les **ronces** toujours renaissantes, mais qui disparaissent devant les soins assidus du travailleur.

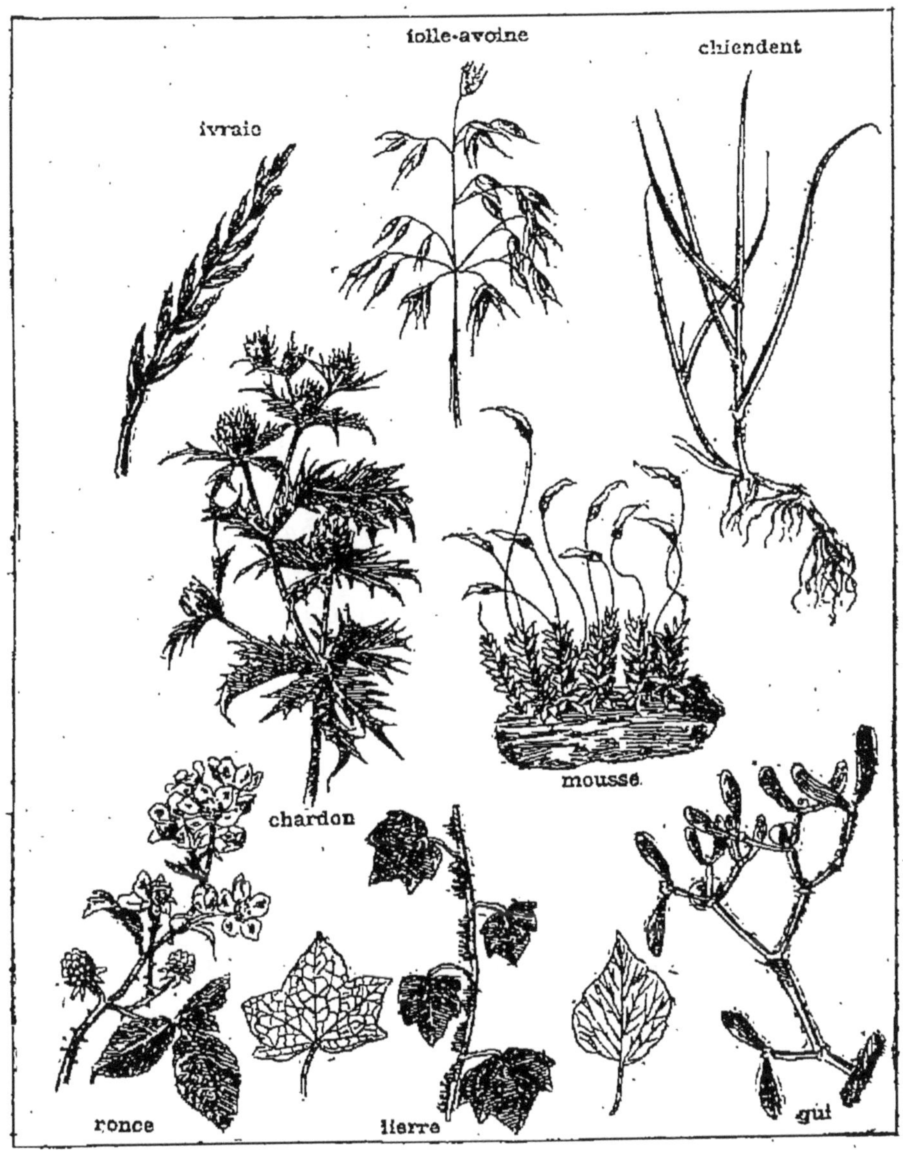

Fig. 84. — PLANTES NUISIBLES.

Toutes ces plantes sont nuisibles et doivent être détruites avec le plus grand soin partout où elles poussent.

ENTRETIENS

1. L'agriculteur n'a-t-il pas à extirper certaines plantes nuisibles? — **2.** Où poussent l'ivraie, le chiendent et la folle-avoine? — **3.** Quand faut-il détruire le chardon? — **4.** A quoi la cuscute est-elle nuisible? — **5.** Quel mal fait la crête-de-coq? — **6.** et le liseron? — les mousses et les lichens? — Comment se nourrit le gui? — Faut-il détruire les lianes, le lierre et les ronces?

CHAPITRE XVII

Reproduction des végétaux.

SOMMAIRE. — I. Végétaux herbacés. — II. Végétaux ligneux : arbres, arbustes, arbrisseaux. — III. Reproduction des plantes par graines. — IV. Energie vitale des graines et des plantes. — V. Fécondation des graines. — VI. Durée de la propriété germinative.

I. VÉGÉTAUX HERBACÉS

1. La tige des végétaux est *herbacée* ou *ligneuse*.

2. La tige **herbacée**, molle, mince, flexible, de couleur vert tendre, ressemble en un mot, par l'aspect et la consistance, à l'herbe des prairies.

3. Sa durée est le plus souvent annuelle; mais, pour quelques plantes, elle est bisannuelle, trisannuelle et même vivace (voir l'explication de ces mots à la page 16).

4. Les plantes à tige herbacée périssent généralement après qu'elles ont fourni les graines destinées à donner naissance à d'autres plantes semblables, qui ainsi, d'année en année, perpétuent l'espèce.

5. Les plantes *annuelles* ne peuvent être reproduites que par semis; les *bisannuelles* peuvent être multipliées soit par graines, soit par des moyens artificiels; quant aux plantes *vivaces*, en outre des semis, on les multiplie par éclat, en séparant les racines, que l'on replace à destination.

ENTRETIENS

1. Comment est la tige des végétaux ? — **2.** Quels cacactères présente la tige herbacée ? — **3.** Dure-t-elle longtemps ? — **4.** Que fait-elle avant de périr ? — **5.** Comment reproduit-on les plantes annuelles ? — Les plantes bisannuelles ? — Les plantes vivaces ?

II. VÉGÉTAUX LIGNEUX : ARBRES, ARBUSTES, ARBRISSEAUX

1. La tige **ligneuse** est formée de bois et d'écorce.

2. Quand elle se ramifie à la base et ne dépasse pas un mètre de hauteur, le végétal est un **arbuste**; c'est un **arbrisseau** quand, ramifiée dès la base, la tige s'élève à 6 ou 7 mètres.

3. Les **arbres** se reconnaissent à la grosseur et à la rigidité du *tronc*, ainsi qu'à la hauteur considérable que leur longue durée leur permet d'atteindre. Ils forment les forêts, les futaies, toutes les plantations élevées.

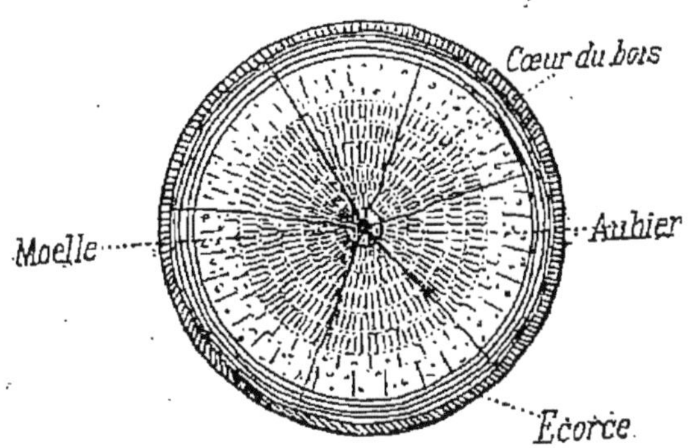

Fig. 85. — COUPE D'UN TRONC D'ARBRE.

Montrant les couches concentriques de bois déposées chaque année. Chaque couche indique une année.

4. Autour de la *moelle centrale*, qui est de formation primitive, s'ajoute, chaque année, une couche concentrique de *bois*; le nombre de ces couches indique l'âge du végétal.

5. La plantation et l'entretien des végétaux ligneux réclament des soins et du discernement.

ENTRETIENS

1. Définissez la tige ligneuse. — **2.** Qu'est-ce qu'un arbuste ? — Un arbrisseau ? — **3.** Comment appelle-t-on les endroits où il y a beaucoup d'arbres ? — **4.** Quelles sont les différentes parties de la tige ligneuse ? — Peut-on déterminer l'âge d'un arbre ? — **5.** Les végétaux ne réclament-ils pas certains soins ?

III. REPRODUCTION DES PLANTES PAR GRAINES

1. La **reproduction des plantes par graines** n'est assurée que si la graine est de bonne qualité, c'est-à-dire si elle est bien mûre et si elle n'a point perdu sa faculté germinative.

2. La germination, ou développement de l'embryon, s'opère sous l'influence de trois agents indispensables :

1° L'*eau*, qui ramollit les enveloppes et dissout les substances dont l'embryon se nourrit;

2° L'*air*, qui agit par son oxygène sur l'embryon comme sur les plantes adultes. Une graine enfouie trop profondément ne germe pas;

3° La *chaleur* qui détermine, stimule et active les phénomènes de la vie.

Au-dessous de zéro, aucun symptôme de germination ne se présente; à une température trop élevée, (au-dessus de 40°) l'embryon se dessèche et tout germe de vie disparaît.

3. Placées dans les mêmes milieux, les plantes elles-mêmes se comporteraient comme les graines.

4. Pour leur reproduction et leur conservation, il faut donc tenir compte du climat et des lieux qui conviennent le plus à leur organisation.

ENTRETIENS

1. La reproduction des plantes par graines est-elle assurée? — **2.** Qu'est-ce que la germination? — Quels en sont les agents indispensables? — Comment agit l'eau?— L'air? — La chaleur? — Qu'arrive-t-il si la température est trop basse ? — Et si elle est trop élevée ? — **3.** N'en est-il pas de même pour les plantes ? — **4.** L'étude du climat et du terrain est donc utile?

IV. ÉNERGIE VITALE DES GRAINES ET DES PLANTES

1. Lorsque l'*embryon* est placé dans des conditions qui favorisent son développement, il se gonfle, déchire son enveloppe et cherche sa nourriture.

2. Ses racines rudimentaires s'enfonceront dans le sol pour y puiser la vie ; sa tige montera vers la lumière et viendra demander à l'atmosphère son action fortifiante.

3. Dans la première période de vie souterraine, c'est la graine elle-même, avec son amidon ou sa fécule, qui a nourri le germe.

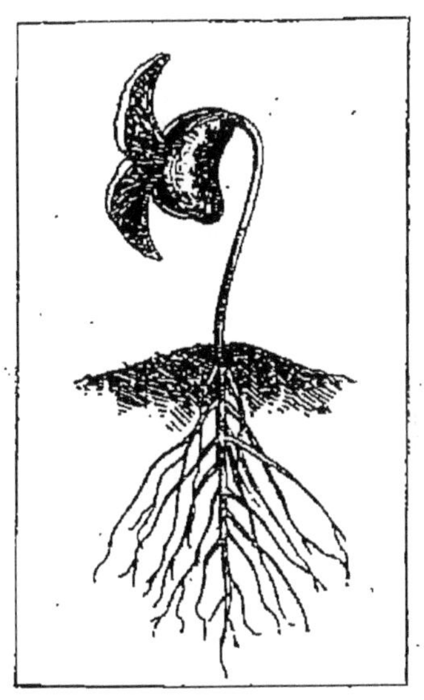

Fig. 86. — HARICOT.

Le **haricot** placé en terre a germé, les racines se sont formées et enfoncées dans le sol, les deux *cotylédons* leur ont fourni la nourriture pendant la première période, puis ils ont été sortis de terre par la tige et se sont écartés pour livrer passage aux deux premières feuilles de la plante, qui puiseront dans l'air les éléments qui lui sont nécessaires.

4. Cette **énergie vitale** des graines et des plantes nous étonne. Dans la lutte pour la vie, les végétaux déploient, comme les êtres animés, une force prodigieuse. Quelquefois ils vont chercher leur nourriture à travers les interstices des rochers; on en a vu qui, avec le temps, s'avançaient vers des sources alimentaires très éloignées.

ENTRETIENS

1. Comment se comporte l'embryon lorsqu'il est placé dans des conditions convenables ? — **2.** A quoi servent les racines ? — Et la tige? — **3.** Comment se nourrit le végétal dans les premiers temps de sa vie? — Et lorsque ses organes sont développés? — **4.** Quelles réflexions vous inspire le travail de la germination ? — Les végétaux ne nous donnent-ils pas l'exemple de l'activité?

V. FÉCONDATION DES GRAINES

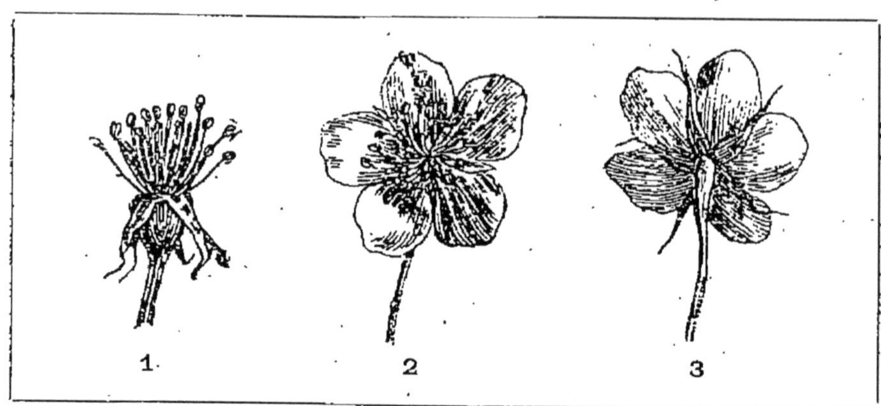

Fig. 87. — LA FLEUR.

1. Les étamines. — **2.** La corolle. — **3.** Le calice.

1. Au moment où la sève se met en mouvement, vers les premiers jours du printemps, elle afflue et charrie le meilleur de sa matière vers les *bourgeons*, qui s'enflent bientôt et ne tardent pas à donner naissance aux feuilles et aux fleurs.

2. La **fleur** est destinée à la reproduction de la plante; ses organes essentiels sont : les *étamines*, rangées à l'intérieur de la *corolle*; au milieu, le *pistil*, terminé en haut par un renflement et, à la base, par une sorte de petit sac nommé *ovaire*, où les graines se développent.

3. La poussière jaune des étamines, le *pollen*, tombe sur le pistil et parvient jusqu'à l'ovaire, où il va féconder, c'est-à-dire donner l'impulsion de la vie aux ovules.

4. Pendant que l'ovaire grossit et se développe, le pistil, les étamines, se flétrissent et tombent.

5. Quelquefois, pour certaines espèces végétales, la fécondation se fait à de grandes distances; ce sont alors le vent et les insectes, les abeilles surtout, qui véhiculent le pollen et le portent d'une fleur sur l'autre.

6. On peut obtenir des variétés nouvelles en rapportant artificiellement sur une fleur, le pollen d'une autre fleur,

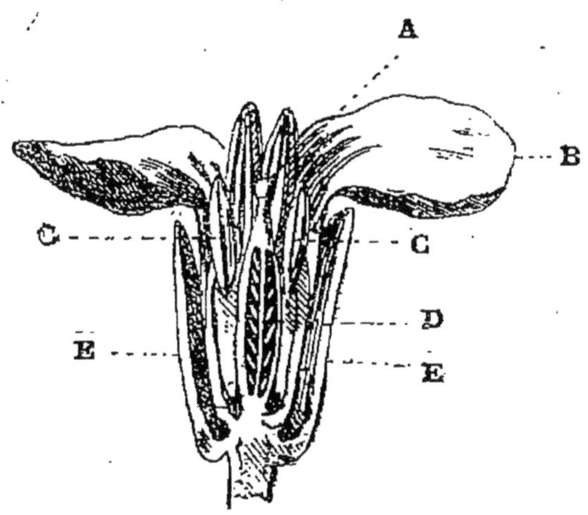

Fig. 88. — FLEUR DE GIROFLÉE.

Coupée au milieu dans le sens de la longueur afin de laisser voir les diverses parties.
A. Stigmate. — B. Pétale. — C. Étamines. — D. Ovaire. — E. Calice.

d'espèce très voisine. Mais on doit avoir soin, au préalable, de retrancher délicatement avec des ciseaux, les étamines du sujet. C'est ce qu'on nomme **hybridation.**

ENTRETIENS

1. A quelle époque la sève se met-elle en mouvement ? — Que fait-elle alors ? — **2.** Quels sont les organes de reproduction de la fleur ? — Qu'est-ce que l'ovaire ? — **3.** Quel rôle joue le pollen ? — **4.** Dès que la graine est en formation que deviennent le pistil et les étamines ? — **5.** La fécondation se fait-elle quelquefois à de grandes distances ? — Comment alors le pollen est-il porté d'une fleur sur l'autre ? — **6.** Comment obtient-on des variétés nouvelles ?

VI. DURÉE DE LA PROPRIÉTÉ GERMINATIVE

1. Le pouvoir de germer se conserve dans les graines pendant un certain nombre d'années, qu'il nous paraît utile de faire connaître :

2. Graine de féverole, pendant 5 ans.
— sarrasin — 2 à 3 —
— pois — 5 —
— haricot — 2 à 4 —

Graine de fève		pendant	6	ans.
—	chanvre	—	3	—
—	millet	—	2	—
—	trèfle rouge	—	2 à 3	—
—	chou	—	5 à 6	—
—	rave	—	5 à 6	—
—	navet	—	5 à 6	—
—	lentille	—	2	—
—	lin	—	2	—
—	luzerne	—	3	—
—	orge	—	2	—
—	avoine	—	2	—
—	carotte	—	3 à 5	—
—	seigle	—	4	—
—	blé	—	3	—
—	betterave	—	6	—

3. Les meilleures graines sont toujours, comme nous l'avons déjà dit, celles de la récolte précédente, bien conformées et ayant atteint leur parfaite maturité.

Certaines graines délicates, comme celles des arbres à pépins, par exemple, perdraient d'une année à l'autre leurs facultés germinatives, si on n'avait soin de les conserver dans du sable fin.

ENTRETIENS

1. Le pouvoir de germer se conserve-t-il le même temps dans toutes les plantes ? — **2.** Citez la durée pour certaines graines. — **3.** Quelles sont les meilleures graines ?

CHAPITRE XVIII

Culture forestière.

Sommaire. — I. Utilité des arbres et des forêts. — II. Exploitation des taillis et des futaies. — III. Bois d'œuvre et bois de chauffage. Charbon. — IV. Arbres forestiers cultivés en France. — V. Soins à donner aux arbres forestiers.

I. UTILITÉ DES ARBRES ET DES FORÊTS

1. Les **arbres** nous sont de la plus grande utilité : ils nous donnent des fruits, ils nous chauffent; ils alimentent de grandes industries : la charpente, les constructions navales, etc., etc.

2. Il faut en faire produire à tous les sols qui ne pourraient donner un meilleur rapport.

3. Les particuliers font donc très bien en boisant les parties improductives de leurs domaines, et l'administration des forêts fait une excellente chose en reboisant les montagnes, qui sont la propriété de l'État.

C'est, en effet, le seul moyen de retenir sur les points élevés du sol les terreaux qui s'y sont accumulés pendant des milliers d'années.

5. Les **forêts** retiennent une partie de l'eau des pluies, distribuent l'autre également sur la surface du sol, préviennent ou atténuent le danger des inondations. Elles brisent l'effort des vents et les empêchent de tourner à l'ouragan et à la tempête.

6. *Boiser* et même *gazonner* les hauteurs, c'est donc étendre le sol productif des montagnes et protéger celui des plaines.

ENTRETIENS.

1. Les arbres nous sont-ils utiles ? — Quels sont les principaux usages des bois? — 2. Dans quels terrains faut-il planter les arbres? — 3. Quel est à cet égard le devoir des particuliers? — L'administration des forêts ne donne-t-elle pas l'exemple? — 4. Quelle est l'utilité du reboisement des montagnes ? — 5. Montrez comment les forêts atténuent le danger des inondations. — 6. Quel est le double but atteint par le reboisement ?

II. EXPLOITATION DES TAILLIS ET DES FUTAIES

1. Les arbres forestiers forment des **taillis** ou des **futaies.**

Les **taillis** ne durent guère au delà de vingt ans ; on y fait généralement des coupes annuelles, en divisant le sol par zones et en conservant comme *baliveaux* les tiges de plus belle venue ; les *rejets* des souches reconstituent le taillis dans chaque zone exploitée.

3. Les arbres des **futaies** ont une longue durée, qui peut être de 120 ans, pendant laquelle ils atteignent leur complet développement.

4. Quand on les coupe, leurs souches ne donnent plus

Fig. 89. — FORÊTS.

Taillis avec baliveaux. Futaie.

de rejetons; leur reproduction se fait donc par semis.

5. On exploite aussi les futaies par *zones parcellaires* échelonnées par périodes de 20 ans environ; en pratiquant cette opération, il convient de laisser, de distance en distance, de petits massifs d'arbres sur pied pour abriter les jeunes semis.

6. Le rapport des bois en taillis peut être évalué annuellement à 20 francs par hectare; et celui des futaies à 80 francs.

ENTRETIENS

1. Que forment les arbres forestiers? — **2**. Comment exploite-t-on les taillis? — Que fait-on des plus belles tiges? — Comment se reconstitue le taillis? — **3**. Les arbres des futaies ont-ils une plus longue durée? — **4**. Comment reproduit-on les futaies? — **5**. De quelle manière exploite-t-on les futaies? — Que fait-on pour abriter les jeunes semis? — **6**. Que peuvent rapporter annuellement les taillis? — et les futaies?

III. BOIS D'ŒUVRE ET BOIS DE CHAUFFAGE CHARBON

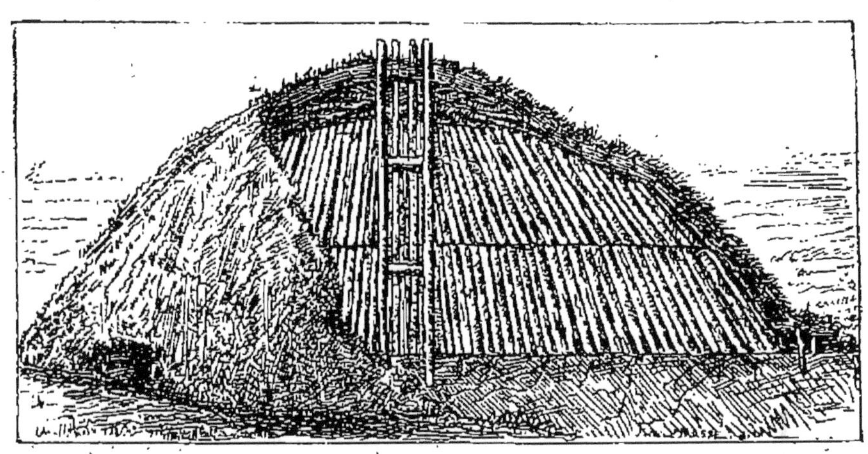

Fig. 90. — FABRICATION DU CHARBON DE BOIS EN FORÊT.

La meule est ouverte pour montrer la disposition des bûches à l'intérieur, au dessous de la couche de terre et de gazon.

1. Le **bois d'œuvre** sert à faire des constructions, des ouvrages de menuiserie, de charpente, de charronnage, des manches pour outils, des pieux, des échalas, des tonneaux, des cuves, etc.

2. Dans le **bois de chauffage**, on distingue les *fagots*, formés surtout avec les branchages des futaies, et les *bûches*, produites par les hauts taillis.

3. Les grosses branches des futaies et les tiges épaisses des taillis sont souvent converties en **charbon**, particulièrement pour les essences de hêtre, chêne et châtaignier.

4. A cet effet, on établit au milieu de la forêt, sur un terrain sec et uni, une meule de bûches contenant de 120 à 150 stères de bois, qu'on recouvre de feuilles sèches et ensuite de gazon et de terre battue, en ménageant sur divers points de la circonférence qui sert de base, des trous ou *évents* destinés au passage de l'air extérieur.

5. On allume ensuite le feu au centre du cône, on bouche les évents, et la combustion se fait lentement, à l'abri de l'air : on a le *charbon*.

ENTRETIENS

1. A quoi sert principalement le bois d'œuvre? — **2.** Que distingue-t-on dans le bois de chauffage? — **3.** Que fait-on ordinairement des plus grosses branches? — **4.** Dites comment on convertit le bois en charbon. — Qu'appelle-t-on évents? — **5.** Lorsque le bois est bien allumé, doit-on continuer à laisser entrer l'air dans la masse enflammée?

IV. ARBRES FORESTIERS CULTIVÉS EN FRANCE

1. Les principaux **arbres forestiers** cultivés en France sont le *chêne*, le *hêtre*, le *bouleau*, le *charme*, le *châtaignier*, l'*alizier*, l'*orme*, le *sorbier*, le *robinier faux acacia*, qui conviennent aux terrains secs;

L'*aune*, le *frêne*, le *saule*, le *peuplier*, le *platane*, qui préfèrent un sol légèrement humide;

Le *pin*, le *sapin*, le *cèdre*, (Algérie) le *mélèze*, l'*if*, qui sont résineux et conservent un feuillage vert pendant toute l'année ; ils sont de la famille des *conifères*.

2. Au nombre des arbrisseaux qui viennent dans les forêts on compte le *cornouiller*, le *noisetier*, le *sureau*, le *genévrier*, le *buis*, le *houx*.

3. Les plants des arbres forestiers se trouvent dans les pépinières des particuliers et surtout dans celles de l'État, qui les livre à prix de revient moyennant une demande, sur papier timbré de 0f 60, adressée au conservateur des forêts ; il existe un de ces fonctionnaires dans chaque région.

4. On plante en automne dans les plaines, au printemps sur les montagnes.

ENTRETIENS

1. Quels sont les arbres forestiers qui conviennent aux terrains secs? — Quels sont ceux qui préfèrent un sol humide? — Nommez quelques arbres résineux. — **2.** Quels sont les principaux arbrisseaux qui viennent dans les forêts? — **3.** Comment se procure-t-on les plants d'arbres forestiers? — **4.** A quelle époque les plante-t-on?

V. SOINS A DONNER AUX ARBRES FORESTIERS

1. Les arbres forestiers, comme tous les végétaux utiles, réclament des soins particuliers.

2. Les semis et les jeunes plants, protégés par l'herbe dans une certaine mesure, ne doivent pas en être étouffés ; il faudra donc savoir intervenir à l'occasion et faire un bon nettoyage.

3. Les branches mortes, les ronces, les épines, devront être enlevées ; on doit faire disparaître aussi les espèces peu productives.

4. Les jeunes plants qui n'ont pas assez de force seront *recépés*, c'est-à-dire coupés, pour qu'ils repoussent ensuite avec plus de vigueur.

5. Quand le développement du tronc souffre par l'entretien d'un trop grand nombre de branches, il est bon *d'élaguer* ces dernières avant le retour du printemps ; pour la même raison, les menues branches qui viennent sur la tige doivent être *émondées*.

6. Les troupeaux : bêtes à cornes, bêtes à laine, les chèvres surtout, ne doivent pas pénétrer dans les taillis, où ils détruiraient la plupart des jeunes pousses.

ENTRETIENS

1. Doit-on donner des soins aux arbres forestiers? — **2.** L'herbe est-elle nuisible aux jeunes plants? — **3.** Est-il utile d'enlever les ronces et les épines? — **4.** Que fait-on aux jeunes plants qui manquent de vigueur? — **5.** Quand faut-il élaguer les branches d'un arbre? — **6.** Doit-on laisser pénétrer les troupeaux dans les taillis?

9.

CHAPITRE XIX

Le mûrier. — Le pommier. — La vigne.

SOMMAIRE. — I. Le mûrier. — II. — Pommier et cidre. — III. La vigne. — IV. Sol, plantation et multiplication de la vigne. — V. Taille et culture de la vigne. — VI. Ennemis de la vigne. — VII. Vendange et vin.

I. — LE MURIER

1. Le **mûrier** est un arbre originaire de la Chine, haut de 8 à 10 mètres, ayant tronc épais et solide, rude écorce et longues branches.

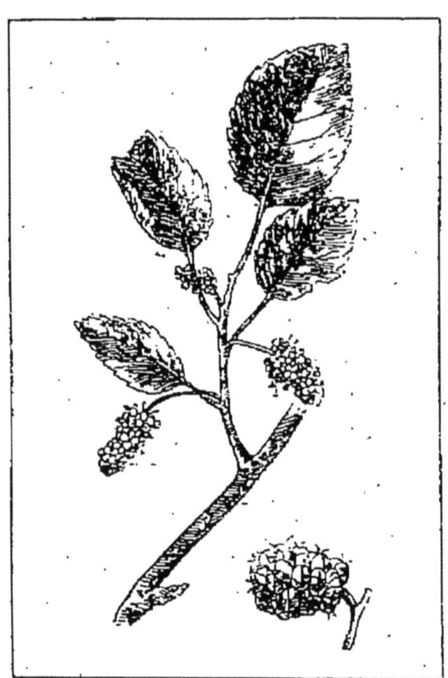

Fig. 91. — LE MURIER.

On cultive le **mûrier** en arbuste, à mi-tige ou à haute tige. Les mûriers en arbustes sont plantés à 50 centimètres ou 1 mètre de distance ; les mûriers à haute tige sont espacés de 7 à 10 mètres. On les reproduit par graines, par greffes, par marcottes, par boutures. Le mûrier produit pendant une quarantaine d'années.

2. Ses deux principales variétés : mûrier blanc et mûrier noir, sont très répandues dans le Midi de la France où on les cultive surtout en vue des feuilles, qui servent de nourriture aux *vers à soie*.

3. Le fruit du mûrier est souvent utilisé pour la fabrication de sirops employés comme calmants dans les inflammations de la gorge.

5. Le bois du mûrier, qui est très dur, sert aux tourneurs et aux ébénistes ; l'écorce rouie peut être employée à la confection des cordes et à la fabrication du papier.

6. Le mûrier, quand il est jeune, est sensible aux gelées, mais vient aisément sur *tout sol* et à toute exposition, pourvu qu'il soit un peu abrité.

ENTRETIENS

1. Que savez-vous du mûrier? — **2.** Quelles sont les deux principales variétés? — Pourquoi les cultive-t-on? — **3.** Le fruit est-il utilisé? — **4.** A quoi sert le bois? — Et l'écorce? — **5.** Quels sont les soins à donner à la culture du mûrier?

II. POMMIER ET CIDRE

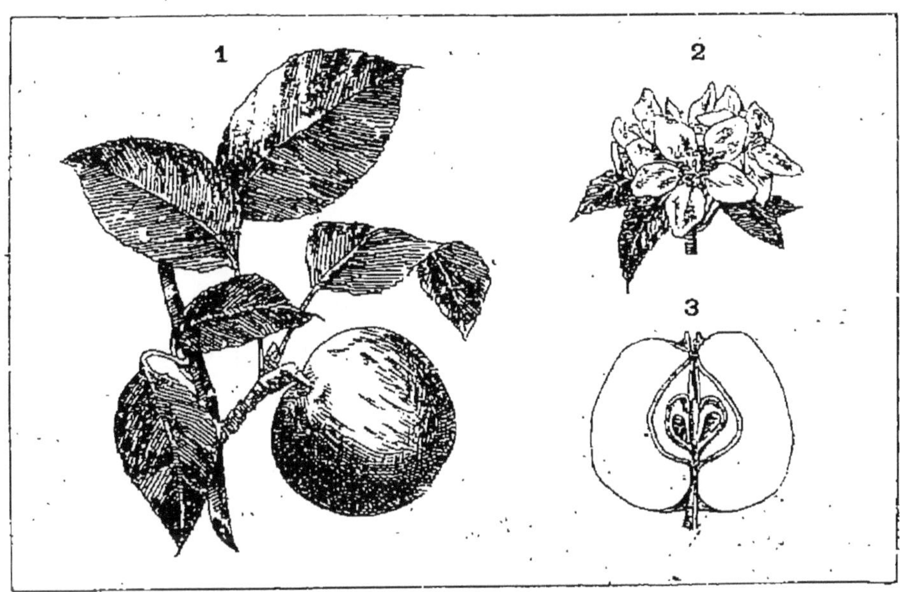

Fig. 92. — LE POMMIER.

1. Rameau de pommier. — **2.** Fleurs. — **3.** Pomme coupée montrant les pépins.

1. Le **pommier** est un de nos arbres à *pépins*, les plus répandus, à tempérament robuste, venant indifféremment sur *tous les sols* des climats tempérés et qui fournit un fruit doublement précieux par sa saveur et par sa durée.

2. Quand il fleurit, il est d'une beauté si remarquable, que Victor Hugo a pu dire, dans une belle image :

« Il faut qu'avril jaloux brûle de ses gelées
« Le beau pommier, trop fier de ses fleurs étoilées,
« Neige odorante du printemps. » (*Orientales*)

3. Dans les pays septentrionaux, où la vigne ne peut venir, on cultive en grand le pommier à cidre.

4. Après la récolte, on fait bien mûrir les pommes, dans un endroit sec, puis on les broie et on les soumet à une forte pression qui en fait sortir le jus.

5. Ce jus est alors mis dans des tonneaux où il fermente pendant un mois environ.

6. Le **cidre** est principalement la boisson des Normands.

ENTRETIENS

1. Dites ce que vous savez du pommier. — **2.** Sa fleur est-elle remarquable? — Citez les vers de Victor Hugo au sujet du pommier. — **3.** Dans quels pays cultive-t-on le pommier à cidre? — **4.** Comment extrait-on le jus de la pomme? — **5.** La fermentation dure-t-elle longtemps? — **6.** Dans quelle province boit-on le plus de cidre?

III. VIGNE

1. La **vigne** est un précieux arbuste qui fournit le *vin*, ce réparateur des forces épuisées, aliment et boisson tout à la fois, dont le rôle est des plus utiles pour la conservation de la santé, pourvu qu'on n'en fasse pas abus.

Fig. 93. — LA VIGNE.

2. Elle paraît avoir été cultivée de toute antiquité ; la Bible en attribue la plantation à Noé ; les Égyptions font remonter sa découverte à Osiris, les Grecs à Bacchus.

3. Elle nous est venue de l'Orient par l'Archipel, la Grèce et l'Italie. Les Romains l'importèrent en Gaule, sur le territoire de Marseille.

4. Depuis, la vigne s'est multipliée dans toutes les contrées dont le climat et le sol conviennent à son tempérament.

5. Ses limites naturelles sont entre 30 et 40 degrés de latitude, avec une altitude qui ne dépasse pas 400 mètres.

6. Le sol de la France lui convient particulièrement : la Champagne, la Bourgogne, le Bordelais, la vallée du Rhône, le Languedoc produisent d'excellents vins, qui sont l'objet d'un commerce étendu.

ENTRETIENS

1. Quelles sont les propriétés du vin ? — **2.** La culture de la vigne est-elle ancienne ? — **3.** D'où nous est venu cet arbuste? — **4.** La vigne s'est-elle multipliée dans toutes les contrées? — **5.** Quelles sont ses limites naturelles? — Jusqu'à quelle altitude vient-elle? — **6.** Citez quelques-uns des pays de France qui produisent de bons vins.

IV. SOL, PLANTATION ET MULTIPLICATION DE LA VIGNE

1. La vigne aime les *terrains en pente*, les coteaux ensoleillés à l'exposition du Midi ou du Levant.

2. Elle n'exige pas un sol fertile, mais elle donne ses meilleurs produits dans les terrains *sablonneux et calcaires*.

3. La vigne se reproduit par *boutures* ou par *marcottes*.

4. La **bouture** est un sarment de l'année de 60 à 80 cent., que l'on fiche en terre, après l'avoir fait tremper dans l'eau pendant quelques jours. On facilite le développement des racines en raclant la surface de l'écorce, dans la partie qui doit être enterrée, sans cependant attaquer le liber.

La **crossette** est une bouture à laquelle on a laissé une petite portion de vieux bois.

5. Pour obtenir une **marcotte** ou **chevelée**, on choisit, au printemps, sur un cep vigoureux, un beau sarment que l'on couche au pied de la plante-mère dans une petite rigole profonde de 20 à 25 cent. On recouvre de terre et l'on rabat à deux yeux, en ayant soin de détruire les yeux qui se trouvent, hors de terre, sur le sarment, du côté de la plante-mère. A l'automne, la marcotte est reprise et l'on peut s'en servir.

Les chevelées sont le mode de reproduction le plus sûr et le plus rapide.

6. Avant de planter la vigne, le terrain doit être défoncé, amendé et fumé convenablement.

En général, on plante dans des tranchées de 25 à 40

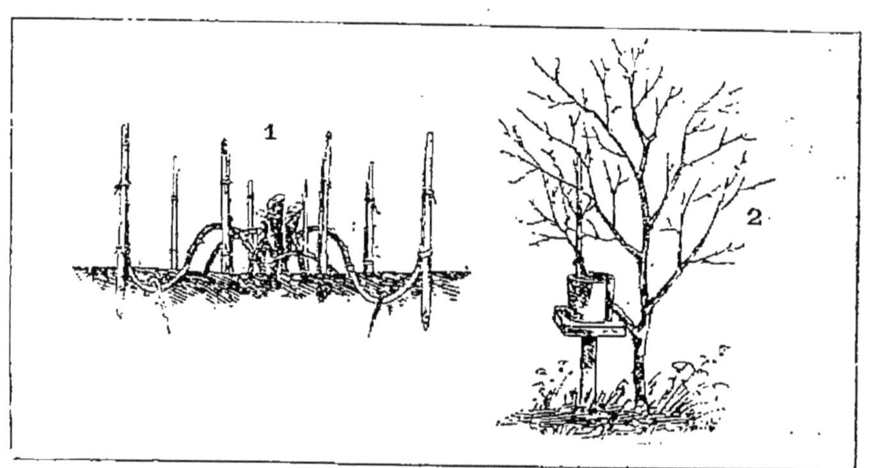

Fig. 94. — MARCOTTES.
1. Marcotte. — **2.** Marcotte en pot.

Dans la première figure, les sarments sont couchés dans le sol et leur extrémité relevée est fixée sur un tuteur. Quand les racines seront formées, il ne restera plus qu'à séparer par une entaille le nouveau rameau de la plante-mère. La **marcotte en pot** est, sous une autre forme, l'application du même principe ; il suffit de regarder la figure **2** pour s'en convaincre.

cent. de profondeur, selon le terrain. On rejette dans la tranchée la terre, laissée en ados, au fur et à mesure de la croissance des ceps.

7. Une vigne ainsi établie, produit dès la troisième année et peut durer vingt ans et plus. On a soin du reste de la renouveler partiellement au moyen du **provignage.**

8. Cette opération consiste à coucher en terre les vieilles souches épuisées, en leur faisant décrire une courbe plus ou moins étendue. Les sarments laissés hors de terre repoussent vigoureusement et reproduisent dès la première année.

ENTRETIENS

1. Quelle est la meilleure exposition pour la vigne? — **2**. Quels sont les terrains qu'elle préfère? — **3**. Quels sont les modes de reproduction? — **4**. Qu'appelle-t-on bouture? — **5**. Marcotte? — **6**. Quels soins demande la préparation du terrain? — **7**. Comment fait-on le provignage?

V. TAILLE ET CULTURE DE LA VIGNE

1. Le meilleur moment pour tailler la vigne varie selon les climats. Sous le climat de Paris, on doit tailler du commencement de février à fin mars. On peut tailler beaucoup plus tôt à mesure qu'on avance vers le Midi.

Fig. 95. SÉCATEUR.

2. Il faut éviter de tailler en temps de neige ou pendant les fortes gelées; mais on doit avoir achevé la taille au moment où la vigne entre en végétation (*où elle pleure*); si à ce moment, la taille n'était point achevée, on éloignerait autant que possible la coupe de l'œil.

3. La **taille de la vigne** se fait rigoureusement *à deux yeux*, en comptant celui du talon. C'est ce qu'on nomme *taille bigemme*; si l'on donnait trois yeux ou plus, on risquerait d'épuiser prématurément le cep. Un cep peut nourrir au plus huit sarments.

4. Le sécateur est un excellent instrument pour la taille de la vigne.

5. On donne aux vignobles plusieurs façons ; ces travaux ont pour but d'ameublir le sol, d'extirper les mauvaises herbes et d'égaliser la surface. En les pratiquant, il faut prendre garde d'endommager les racines.

6. Les meilleurs engrais pour la vigne sont les composts formés avec de la terre et des boues calcaires, avec des débris de la vigne elle-même, du marc de raisin, etc.

ENTRETIENS

1. A quelle époque taille-t-on la vigne? — **2.** De quoi doit-on tenir compte dans la taille de la vigne? — **3.** Décrivez cette opération. — **4.** Peut-on se servir du sécateur pour tailler la vigne? — **5.** Quels travaux exécute-t-on dans les vignobles? — Quelles sont les précautions à prendre? — **6.** Quels sont les engrais à employer?

VI. ENNEMIS DE LA VIGNE

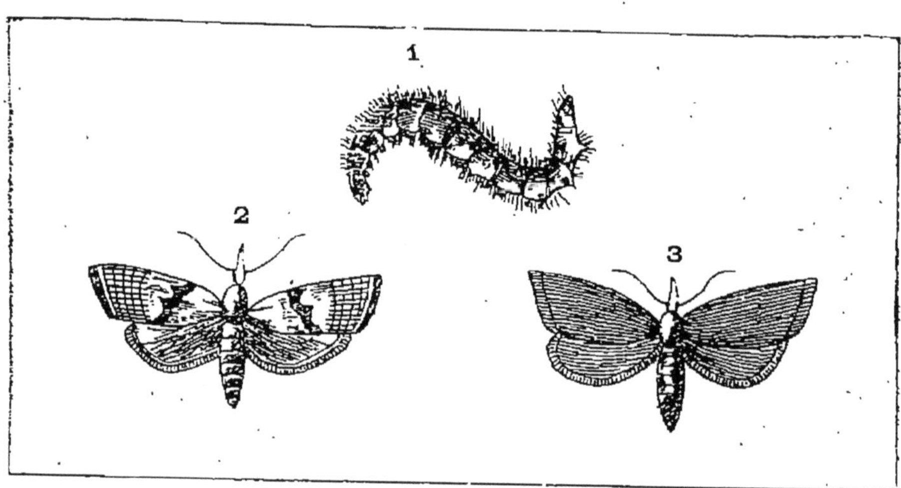

Fig. 96. — PYRALE DE LA VIGNE.

1. Chenille de la pyrale. — **2.** Pyrale mâle. — **3.** Pyrale femelle.

La *chenille* de la **pyrale** est verte, le *papillon* nocturne est petit, ses ailes supérieures sont jaune verdâtre à reflet doré avec trois lignes brunes. Les ailes inférieures sont grises.

1. Depuis un certain nombre d'années, nos vignobles ont été atteints par plusieurs fléaux qui ont ruiné les contrées les plus riches. Le Midi a été particulièment atteint.

2. La pyrale est un petit papillon dont la chenille s'attaque à la vigne ; elle en dévore les feuilles, les bourgeons et même les grappes naissantes.

On détruit les larves de la pyrale en *échaudant* l'hiver, au moyen de l'eau bouillante, les ceps et les échalas.

3. L'oïdium est un parasite d'origine végétale, qui se manifeste sous la forme de petites végétations blanchâtres à la surface inférieure des feuilles. On le combat

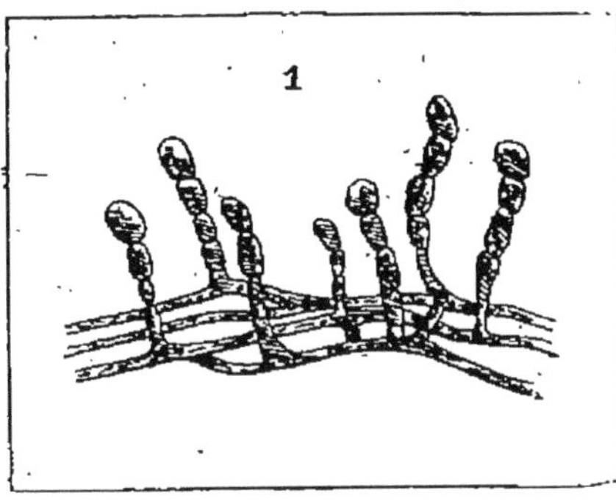

Fig. 97. — L'OÏDIUM.

1. Oïdium très grossi. — 2. Vigneron soufrant une vigne atteinte d'oïdium, au moyen d'un soufflet.

au moyen du *soufrage* qu'il faut souvent répéter plusieurs fois.

4. Le mildew[1], aussi d'origine végétale, apparaît

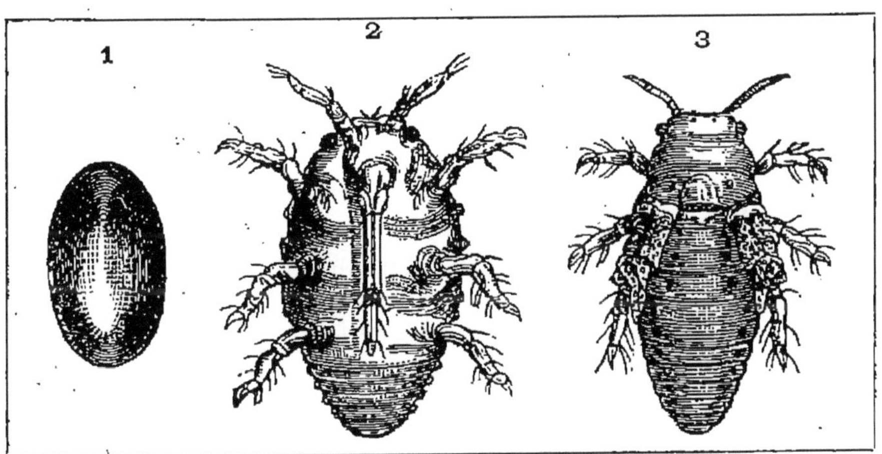

Fig. 98. — LE PHYLLOXERA.

1. Œuf très grossi. — 2. Phylloxera vu en dessous avec sa trompe repliée contre la poitrine. — 3. Nymphe (femelle) au moment de la rupture des fourreaux ailés.

sur le contour des feuilles, qui se cernent d'un rouge de plus en plus foncé; le cerne s'étend, envahit toute la feuille et la dessèche. On arrête assez facilement le mildew

1. Prononcez mildiou.

en aspergeant, dès l'apparition du fléau, la plante contaminée et les plantes voisines, avec une dissolution de 500 grammes de sulfate de cuivre dans environ 6 litres d'eau. On rend la solution plus active en y ajoutant une eau de chaux, contenant, pour 2 litres d'eau, un kilo de chaux vive.

Ce bassinage se répète tous les matins, jusqu'à ce que le cerne disparaisse ; généralement deux ou trois jours suffisent.

5. Mais la vigne est attaquée par un ennemi beaucoup plus redoutable et qui menace nos précieux vignobles jusque dans leur existence. C'est le **phylloxera**, insecte microscopique armé d'un suçoir, qui s'attache par myriades aux racines de l'arbuste, en épuise la sève et le fait périr.

6. Aucun des moyens essayés pour combattre ce redoutable ennemi, n'a encore donné de résultats bien concluants.

7. Certains viticulteurs arrachent les plants infestés et les remplacent par des *cépages américains*, réfractaires au fléau et sur lesquels on greffe nos espèces indigènes.

8. Lorsque les vignobles sont dans le voisinage des cours d'eau, et en contre-bas, on se débarrasse du phylloxera en les tenant submergés pendant l'hiver.

ENTRETIENS

2. Qu'est-ce que la pyrale? — Comment la détruit-on? — **3.** Qu'est-ce que l'oïdium? — Comment le détruit-on? — **4** Qu'est-ce que le mildew? — Comment le détruit-on? — **5.** Dites ce que vous savez du phylloxera. — **6.** Les moyens employés pour le combattre ont-ils donné des résultats? — **7.** Que font certains viticulteurs? — **8.** Que faut-il faire quand il y a des cours d'eau dans le voisinage des vignes pylloxérées?

VII. VENDANGE ET VIN

1. La **vendange** se fait en octobre, par un temps sec et chaud, quand le raisin est bien mûr, c'est-à-dire quand il possède cette saveur sucrée qui atteste, dans le grain, la complète formation du sucre.

2. Les grappes sont coupées avec une serpette ou un sécateur.

3. On les recueille dans des hottes pour les porter

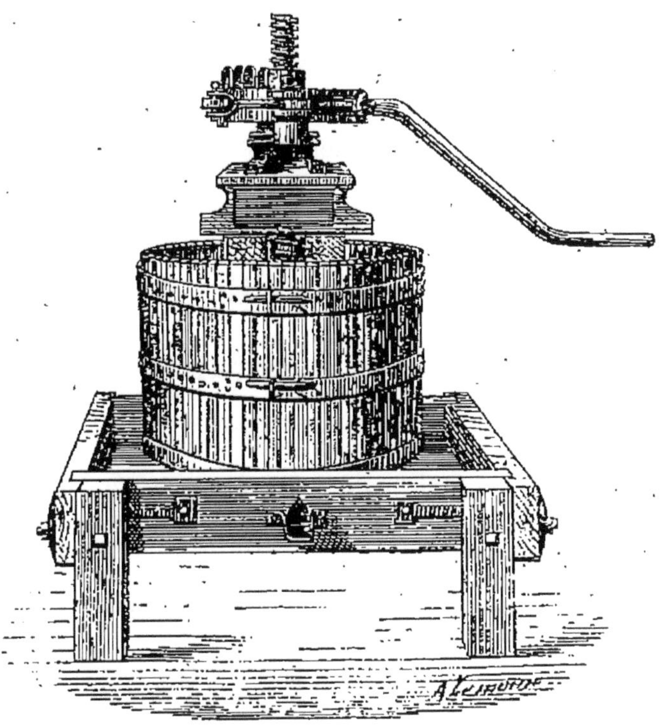

Fig. 99. — PRESSOIR A VIN.

au cuvier et de là à la cuve où doit s'opérer la fermentation.

4. La fermentation a pour effet de changer le sucre du raisin en *alcool*.

5. Le *vin rouge* doit fermenter sur son marc, parce que la matière colorante réside dans l'enveloppe du fruit et ne peut être dissoute que par l'alcool. Par la même raison, le *vin blanc* est pressé avant fermentation. On foule le marc dans les cuves, pendant ce premier travail de vinification, et, lorsqu'il est terminé, on en extrait le jus, d'abord par le soutirage, puis au moyen du pressoir.

6. La fermentation développant une grande quantité d'acide carbonique, on ne doit entrer dans les cuves, pour le travail du foulage, qu'après s'être assuré que l'air est respirable.

ENTRETIENS

1. A quelle époque se fait la vendange? — Par quel temps? — Le raisin doit-il être bien mûr? — **2.** Comment coupe-t-on les grappes? — **3.** Comment les porte-t-on au pressoir? — **4.** Quel est l'effet de la fermentation? — **5.** Donnez les détails de la fabrication du vin. — **6.** Quelles précautions exige l'opération du foulage?

CHAPITRE XX

Le bétail.

Sommaire. — I. Utilité du bétail. — II. Traitements dus aux animaux. — III. Logement du bétail. — IV. Des bœufs. — V. Engraissement. — VI. Vaches laitières. — VII. Lait et beurre. — VIII. Fromage. — IX. Épizootie. — XI. L'âne et le mulet. — XII. Bêtes ovines. — XIII. Devoirs du berger. — XIV. Espèce porcine. — XV. Maladies des animaux. Soins à donner.

I. UTILITÉ DU BÉTAIL

1. Le **bétail** est une des plus grandes sources de prospérité agricole. C'est lui qui donne le fumier et qui participe ainsi directement à l'accroissement des récoltes.

2. Il effectue les labours les plus pénibles et épargne à l'homme des travaux qui deviendraient impossibles s'il ne les partageait avec lui.

3. Le bétail sert encore à porter les engrais aux champs, les récoltes à la grange et les approvisionnements de la ferme au marché voisin.

4. Il produit le lait, la laine; sa viande nous sert de nourriture; sa peau sert à faire du cuir; d'autres parties, comme le sang, les os, la corne, sont utilisées pour des usages industriels.

5. Le but de toute bonne exploitation agricole doit

donc être d'augmenter la quantité du bétail, d'en améliorer la qualité et, par le choix des races, l'entretien et l'engraissement, de rendre la spéculation du bétail aussi productive que possible.

ENTRETIENS

1. Le bétail est-il utile? — Comment contribue-t-il à l'accroissement des récoltes? — **2.** Comment devient-il l'auxiliaire du laboureur? — **3.** N'est-il pas aussi utile pour exécuter les transports? — **4.** Quels aliments nous fournit-il? — A quoi sert la peau des animaux domestiques? — Le sang? — Les os? — Les cornes? — **5.** Quel est le but d'une bonne exploitation agricole?

II. TRAITEMENTS DUS AUX ANIMAUX

1. Les animaux qui vivent autour de nous, partageant nos travaux et concourant à la prospérité de l'exploitation, doivent être traités avec douceur, bien logés, bien nourris, proprement tenus; le labeur auquel on les assujettit ne doit pas excéder leurs forces.

2. Sous l'influence des bons traitements, leur naturel s'assouplit et perd de plus en plus ce que leur instinct conserverait encore de brutal ou de farouche.

3. Ils deviennent alors des associés complaisants, dociles et parfois timides et craintifs, doués d'ailleurs d'une sensibilité exquise, qui peut les conduire à notre égard jusqu'aux démonstrations les moins équivoques d'un attachement réel et impérissable.

4. Ayons pour eux de la bonté; l'intérêt bien entendu, comme aussi l'humanité, nous en font un devoir rigoureux.

5. N'oublions pas d'ailleurs que la *loi Grammont* punit sévèrement ceux qui infligent aux animaux des traitements cruels ou immérités.

LOI DU 2 JUILLET 1850

DITE LOI GRAMMONT

Seront punis d'une amende de 5 à 15 francs, et pourront l'être d'un à cinq jours de pri-

son, ceux qui auront exercé publiquement et abusivement de mauvais traitements envers les animaux domestiques. — La peine de la prison sera toujours appliquée en cas de récidive.

ENTRETIENS

1. Comment doit-on traiter les animaux domestiques? — **2.** Quel est l'effet des bons traitements? — **3.** Quels avantages recueillons-nous à bien traiter les animaux? — **4.** Quel est donc notre devoir à leur égard? — **5.** Quel est le but de la loi Grammont? — Résumez-là.

III. LOGEMENT DU BÉTAIL

1. Les bêtes à cornes sont logées dans l'**étable**, les chevaux dans l'**écurie**, les bêtes à laine dans la **bergerie**.

2. Le local destiné aux uns et aux autres doit être suffisamment vaste, d'un accès commode, haut de plafond, bien aéré et parfaitement assaini.

3. Le sol durci à la terre glaise, sera en pente douce pour faciliter l'écoulement des urines.

4. Les murs seront propres et souvent nettoyés; on ne laissera pas les eaux du dehors croupir dans leur voisinage.

5. Les litières devront être abondantes et souvent renouvelées, surtout pour le gros bétail.

6. L'air, dont l'influence est si grande sur la santé, y sera renouvelé fréquemment et reçu, de divers côtés, par plusieurs ouvertures.

7. Ainsi installés, les animaux se plairont dans leur habitation et s'y trouveront dans de bonnes conditions hygiéniques. Ils pourront se mouvoir, manger à l'aise, se lever, se coucher sans déranger leurs voisins, et sans craindre d'en être incommodés.

8. Il faut encore avoir soin de tenir continuellement leur robe en bon état de propreté.

ENTRETIENS

1. Où sont logées les bêtes à cornes? — Les chevaux? — Les moutons? — **2.** Quelles qualités doit réunir le logement des animaux? — **3.** Comment doit être le sol? — **4.** Faut-il tenir les murs propres? — **5.** Doit-on économiser les litières? — **6.** Est-il nécessaire d'établir une bonne ventilation? — **7.** Qu'arrivera-t-il si toutes les conditions hygiéniques sont remplies? — **8.** Doit-on soigner la robe des animaux?

IV. DES BOEUFS

Fig. 100. — VACHE ET TAUREAU NORMANDS.

L'espèce **bovine** se divise en plusieurs *races* : races de travail, races laitières, races de boucheries.

On élève en France différentes races, dont voici les principales et leurs qualités respectives :

Race flamande : taille haute, pelage rouge, bonne laitière, s'engraisse facilement. — **Race hollandaise** : taille haute, pelage noir et blanc, bonne laitière, donne de 3500 à 4000 litres de lait par an. — **Race normande** : taille haute, pelage rouge rayé noir ou fond blanc, bonne pour la boucherie, bonne laitière, donne de 3000 à 3700 litres de lait par an. — **Race bretonne** : taille petite, pelage rouge et blanc et noir et blanc, donne de 1000 à 1500 litres de lait par an. — **Races Durham-Mancelle et normande** : pelage rouge et blanc, excellentes pour la boucherie. — **Race parthenaise** ou **nantaise** : taille haute, pelage gris froment, bonne laitière, s'engraisse bien, excellente pour le travail. — **Race limousine** : taille haute, pelage froment, médiocre laitière, bonne pour la boucherie, excellente pour le travail. — **Race garonnaise** : taille haute, pelage froment ou roux, médiocre laitière, peu estimée pour la boucherie, bonne pour le travail. — **Race d'Aubrac** : taille haute, pelage gris froment, mauvaise laitière, bonne pour le travail. — **Race de Salers** (Auvergne) : taille haute, pelage rouge, mauvaise laitière, bonne pour la boucherie, excellente pour le travail. — **Races charollaise et nivernaise** : taille haute, pelage blanc ou café au lait, excellentes pour la boucherie.

1. Le **bœuf**, dont la tête et les épaules ont une force considérable, est un animal trapu, robuste, à mouvements lents et mesurés, que Boileau a consacrés dans ces deux vers :

> Quatre bœufs attelés, d'un pas tranquille et lent.
> Promenaient dans Paris le monarque indolent. *(Lutrin.)*

2. Ce n'est pas assurément une bête de course, comme le cheval; mais un précieux animal de trait, que l'on utilise pour pratiquer les labours les plus pénibles et pour transporter les plus lourds fardeaux.

3. On ne doit le faire travailler qu'après trois ans; il est dans sa pleine vigueur entre la cinquième et la dixième année; mais il est rare qu'il atteigne cet âge sans être livré à l'engraissement, en vue de la boucherie.

4. La dentition de l'espèce bovine subit des transformations successives, qui permettent de déterminer approximativement l'âge de l'animal ; l'évolution dentaire commence dès la naissance et s'arrête vers la douzième année.

ENTRETIENS

1. Faites la description du bœuf. — **2.** A quoi utilise-t-on le bœuf? — **3.** A quel âge doit-on le faire travailler? — Quand est-il en pleine vigueur? — Pourquoi l'engraisse-t-on? — **4.** Comment reconnaît-on l'âge d'un bœuf? — Quand s'arrête l'évolution dentaire?

V. ENGRAISSEMENT

1. Toutes les fois qu'on a des fourrages disponibles, on n'en saurait utiliser l'excédent d'une manière plus avantageuse qu'en le consacrant à l'**engraissement** des animaux de l'espèce *bovine ;* car le foin, transformé en viande et en graisse, donne plus de profits que s'il était vendu en nature, et l'entretien du gros bétail permet, en outre, au cultivateur de faire une abondante provision d'excellent fumier, qui contribuera puissamment à l'amélioration du domaine.

2. Les animaux destinés à l'engrais sont conduits dans

les prairies, où on les laisse paître et reposer à volonté.

3. Dès qu'ils ont l'embonpoint voulu, on les livre à la boucherie.

4. Quelquefois on les engraisse à l'étable, principalement pendant l'hiver ; il convient, dans ce cas, de composer les rations avec soin, de les donner toujours aux mêmes heures, et d'y ajouter une dose de sel.

ENTRETIENS

1. Quand on a beaucoup de fourrages, que doit-on en faire ? — Pourquoi? — **2.** Où met-on les animaux destinés à l'engrais ? — **3.** Quand les livre-t-on à la boucherie? — **4.** N'engraisse-t-on pas aussi les animaux à l'étable? — Quel est dans ce cas le régime à suivre?

VI. VACHES LAITIÈRES

Fig. 101. — ÉCUSSON OU SIGNE GUENON.

Vache ayant l'écusson. Vache n'ayant pas l'écusson.

1. Les races flamande, hollandaise et normande, sont réputées les meilleures laitières.

2. Les caractères auxquels on reconnaît une **vache bonne laitière** sont les suivants: la charpente est légère, la tête petite et allongée, la poitrine large, les yeux doux ; elle est plutôt maigre que grasse, les veines du pis sont volumineuses.

3. On doit, à cet effet, étudier tout particulièrement ce qu'on appelle l'*écusson* de l'animal ; c'est-à-dire une sorte de dessin qui se produit sur le pis de la vache et qui s'étend du ventre à l'origine de la queue, par une succession de poils fins et soyeux, plus blancs, plus éclatants que les autres, et se dirigeant de bas en haut.

4. Les FRÈRES GUENON, à qui revient le mérite de cette observation, ont reconnu que ces poils particuliers ne recouvrent que l'organe *lactifère* ; plus le dessin est grand et étendu, plus aussi cet organe est développé dans l'animal.

5. Cette indication précieuse permet à l'éleveur de faire de bons choix, car le *signe Guenon* se voit déjà sur les génisses.

ENTRETIENS

1. Quelles sont les meilleures races laitières ? — **2.** Comment reconnaît-on une bonne vache laitière? — **3.** Qu'est-ce que l'écusson de l'animal? — **4.** Comment distingue-t-on le plus ou moins de développement de l'organe lactifère? — Qui a découvert ce procédé? — **5.** Voit-on le signe Guenon sur les jeunes vaches?

VII. LAIT ET BEURRE

1. La *laiterie* doit être suffisamment aérée et éloignée autant que possible des fosses à fumier. Elle sera tenue avec une propreté méticuleuse ; le pavé formé de dalles ou de carreaux doit être fréquemment lavé à grande eau. Les vases destinés à contenir le lait seront toujours nettoyés à l'eau bouillante.

2. Le **lait** est un aliment complet; c'est le premier offert par la nature aux hommes et aux mammifères. Il jouit de propriétés précieuses et on en fait un usage quotidien, soit en le prenant seul, soit en l'associant au café, au chocolat, au riz et à d'autres préparations culinaires.

3. Laissé en repos et soumis au contact de l'air, le lait se couvre, à la surface, d'un dépôt jaunâtre, qui est la *crème*, utilisée pour la fabrication du *beurre*.

Fig. 102. — BARATTE POUR BATTRE LE BEURRE.

La crème est placée dans le récipient de la **baratte**. Lorsqu'on tourne la manivelle, placée à l'extérieur, elle fait mouvoir à l'intérieur, des palettes qui battent et agitent la crème.

4. Le **beurre** s'obtient en battant la *crème* dans un appareil appelé **baratte**. Il existe de nombreux systèmes de barattes.

5. On compte généralement que 28 litres de lait donnent un kilogramme de beurre.

6. On ne doit pas mettre en vente le lait écrémé; il est également défendu d'ajouter de l'eau à ce liquide, qui en contient déjà naturellement.

7. Les falsifications sont, au reste, faciles à reconnaître, au moyen du *pèse-lait*, et les fraudeurs ne restent pas impunis.

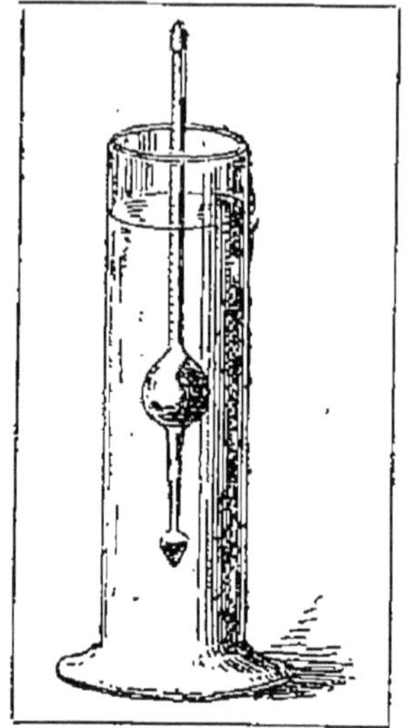

Fig. 103.
PÈSE-LAIT OU LACTOMÈTRE.
On appelle **pèse-lait** un tube de verre gradué qui sert à mesurer la quantité de crème contenue dans le lait. Pour cela on remplit l'éprouvette de lait, on y plonge le pèse-lait et on laisse reposer; au bout d'un certain temps, la crème monte à la surface; on regarde alors jusqu'à quel degré du tube elle atteint; si c'est à 10°, on en conclut que le lait contient 10 0/0 de crème.

ENTRETIENS

1. Comment doit être installée et tenue une laiterie? — **2.** Quel est le premier aliment offert à l'homme par la nature? — Quelles sont les propriétés du lait? — A quels aliments l'associe-t-on? — **3.** Quand se forme la crème? — A quoi sert-elle? — **4.** Qu'est-ce qu'une baratte? — Comment fait-on le beurre? — **5.** Combien faut-il de lait pour faire un kilogramme de beurre? — **6.** Doit-on écrémer le lait destiné à la vente? — **7.** Comment reconnait-on les falsifications du lait? — Qu'est-ce qu'un pèse-lait?

VIII. FROMAGE

1. Pour préparer le **fromage**, on fait *cailler* le lait, c'est-à-dire qu'on sépare les parties solides, (caséum) du petit lait, (sérum). Cette séparation se fait sous l'action de la présure (caillette des jeunes veaux), du vinaigre, des feuilles d'artichaut etc., etc., qu'on infuse dans le liquide.

2. Dès que la pâte est formée, on la pétrit fortement, on l'égoutte, on la comprime dans des moules, en ayant soin de chasser le petit lait, puis on sale dessus et dessous, et on dépose le fromage dans des caves particulières où il acquiert les qualités du terroir.

3. Parmi les meilleurs fromages, on distingue le Roquefort, le Gruyère, qui sont à pâte ferme ; le Brie, le Mont-Dore, le Marolles, le Camembert, qui sont gras.

4. Chaque région, par des procédés à peu près semblables, produit d'ailleurs des fromages du cru, qui ne sont pas sans mérite. Ceux de Pont-l'Évêque, de Langres, de Bourgogne, d'Olivet, de Gournay, etc., sont bien reçus, par les connaisseurs, sur toutes les tables.

ENTRETIENS

1. Comment prépare-t-on le fromage? — **2.** Que fait-on dès que la pâte est formée? — **3.** Citez quelques-uns des fromages les plus estimés. — **4.** Fabrique-t-on des fromages dans d'autres contrées?

IX. ÉPIZOOTIE

1. L'espèce bovine est sujette à plusieurs maladies dont la plus grave est, sans contredit, le **typhus épizootique**, qui se propage par contagion et fait périr la plupart des animaux qui en sont atteints.

2. Dès que le mal se déclare, il faut immédiatement appeler un vétérinaire et suivre ses prescriptions.

3. Il convient, en outre, et surtout, de protéger les bêtes non encore atteintes. En conséquence, celles qui sont malades doivent être isolées sans retard; non seulement on ne les laissera pas dans l'étable avec les autres, mais on évitera soigneusement de les faire pâturer sur les mêmes prés.

4. Pendant tout le temps que sévira la maladie, on devra se conformer aux mesures sanitaires prises par l'autorité locale dans l'intérêt public.

5. Le mal une fois disparu, il ne faudra pas oublier que le nettoyage des étables, leur blanchissage à la chaux, leur assainissement, sont généralement de sûrs moyens d'en empêcher le retour.

ENTRETIENS

1. Qu'appelle-t-on typhus épizootique? — **2.** Que doit-on faire lorsque le mal se déclare? — **3.** Quelles mesures doit-on prendre à l'égard des bêtes non atteintes? — **4.** Faut-il chercher à se soustraire aux règlements prescrits par l'autorité? — **5.** Qu'y a-t-il à faire pour empêcher le retour du mal?

X. LE CHEVAL

1. Le **cheval** est un de nos animaux domestiques les plus utiles ; il est employé pour le trait et pour la course. Il produit d'excellent fumier de couche et de jardinage ; sa peau tannée est convertie en cuir, ses os fournissent

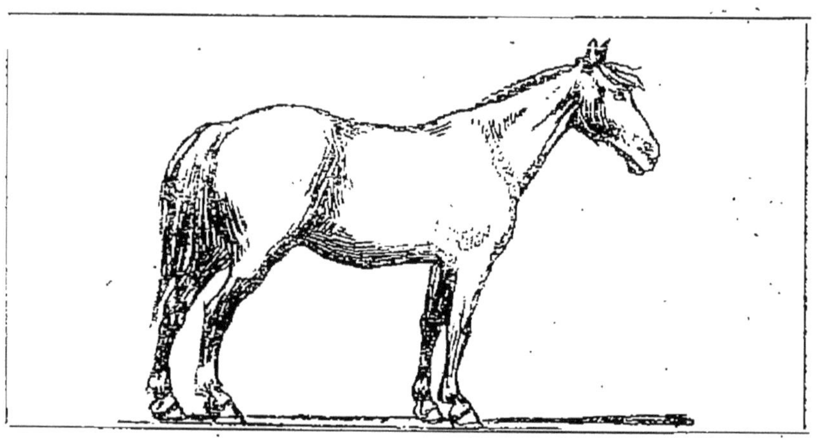

Fig. 104. — LE CHEVAL.

Le **cheval** rend les plus grands services à l'agriculture, il sert aux transports et aux labours.

Le cheval est sujet à de nombreuses maladies ; on peut les lui éviter en partie en lui donnant tous les soins qu'il réclame : bonne nourriture, écurie saine, soins de propreté et bons traitements.

du *noir animal* ; il n'y a pas jusqu'à ses crins qui ne soient utilisés.

2. On reconnaît son âge à sa dentition, qui est de longue durée, (8 ans) le cheval peut vivre jusqu'à 30 ans.

3. On ne doit pas le faire travailler trop jeune, car il s'userait promptement.

4. Le cheval de labour supporte la peine pendant une douzaine d'années ; mais les chevaux de halage, ceux des postes et des omnibus, sont hors de service après 5 ou 6 ans.

5. La Picardie fournit les lourds chevaux de gros trait ; la Bretagne, les chevaux de gros trait, de trait léger et de selle ; la Beauce et le Perche, les chevaux appelés *percherons*, très appréciés pour le commerce et les voitures publiques, omnibus, etc.; la Normandie et le Limousin, les bons chevaux de selle ; l'Afrique, le cheval arabe, qui est sans égal à la course.

6. La nourriture préférée par le cheval est le foin, l'avoine, la paille hachée et le fourrage des prairies artificielles.

ENTRETIENS

1. Que savez-vous du cheval? — A quoi sert son fumier? — Sa peau? — Ses os? — Ses crins? — **2.** Comment reconnaît-on l'âge d'un cheval? — **3.** Doit-on le faire travailler de bonne heure? — **4.** Combien de temps dure le cheval de labour? — Et les chevaux de trait? — **5.** Quels sont les principaux pays qui fournissent des chevaux? — **6.** Quelle est la meilleure nourriture pour le cheval?

XI. L'ANE ET LE MULET

Fig. 105. — LE MULET ET L'ANE.

Mulet. Ane.

Le **mulet** est le produit de l'âne et de la jument, c'est un animal de selle et de trait vigoureux, résistant bien à la fatigue et d'une grande sobriété. La **mule**, plus fine de formes, a plus de valeur que le mulet.

L'âne rend les plus grands services à la petite culture; il porte ou il traîne les fardeaux. Il vit de 25 à 30 ans. On l'élève surtout dans le Poitou et en Gascogne.

1. **L'âne**, qu'on a surnommé le *cheval du pauvre*, est de sa nature, doux, sobre et laborieux ; mais l'homme l'a laissé sans éducation et sans soin ; les excès de travail et les mauvais traitements dont on l'accable souvent ont altéré son caractère, l'ont rendu têtu, revêche, et gare les ruades !

2. Instruit par un lourdaud, conduit par un bâton,
Sa parure est un bât, son régal un chardon.
Pour lui Mars n'ouvre pas sa glorieuse école ;
Il n'est point conquérant, mais il est agricole....
De tous nos serviteurs, c'est le moins exigeant :
Il naît, vieillit et meurt sous le chaume indigent...

(DELILLE.)

3. Le **mulet** occupe une place intermédiaire entre l'âne et le cheval ; il supporte bien la faim et la fatigue ; dans les pays montagneux, la sûreté de sa marche est une précieuse ressource. Le Poitou en fournit une grande quantité.

ENTRETIENS

1. Quel surnom a-t-on donné à l'âne ? — Quelles sont ses qualités ? — Pourquoi se montre-t-il têtu ? — 2. Récitez les vers de Delille sur l'âne. — 3. Quelles sont les qualités du mulet ? — Quelle est la province qui en fournit beaucoup ?

XII. BÊTES OVINES

Fig. 106. — LE MOUTON.

On élève le **mouton** pour sa laine et pour sa viande. Les animaux chez qui ces deux produits sont de bonne qualité doivent être préférés.

Les principales espèces de moutons sont : le dishley-mérinos, le southdown, le flamand ou picard, le berrichon, le solognot, le landais, le lauraguais, le mouton des Causses et le mérinos.

1. L'élève des **bêtes ovines** est une des principales

industries agricoles et une source de prospérité pour les populations des campagnes.

2. Le *mouton* et la *brebis* ne nous aident pas de leur travail; mais ils nous fournissent la *laine*, si précieuse pour le tissage; le *fumier*, base de toute richesse agricole; le *lait* utilisé dans les fromageries; et rendent avec profit la valeur des fourrages consommés, en produisant le suif, la peau, la corne, et surtout une *viande* de choix.

3. Une des espèces les plus estimées est le **mouton mérinos**, qui se distingue par la beauté de sa *toison* fine et soyeuse ; il peut fournir annuellement 4 ou 5 kilos de laine d'un prix élevé, quand nos moutons *ordinaires* n'en donnent que deux kilos de moindre valeur. Au reste, par les soins et le *croisement*, on peut toujours améliorer une race.

4. Quoique la France élève près de 40 000 000 de moutons, nous n'avons pas encore assez de laine pour alimenter nos fabriques ; nous en demandons à l'étranger, et nous nous adressons surtout à l'Australie.

ENTRETIENS

1. Que savez-vous de l'élève des bêtes ovines ? — **2.** Comment le mouton et la brebis nous sont-ils utiles ? — **3.** Quelle est l'espèce la plus estimée ? — Combien le mouton mérinos fournit-il annuellement de laine ? — Et le mouton ordinaire ? — Comment améliore-t-on les races ? — **4.** Combien la France possède-t-elle de moutons ? — Les pays étrangers nous fournissent-ils de la laine ?

XIII. DEVOIRS DU BERGER

1. « Un bon berger, dit M. Barrau dans ses *Notions* « *sur l'agriculture*, doit être vigilant et fidèle; il faut « qu'il soit propre, adroit, patient, qu'il aime les animaux « et qu'il les traite avec douceur.

2. Un gardien vigilant remarque tout de suite quand « un animal est triste, ou manque d'appétit, ou s'est

« blessé; il lui donne des soins et le préserve de la vio-
« lence ou du choc des autres animaux. »

3. Il faut que le **berger** sache loger, nourrir, abreuver, tondre et guérir ses brebis; il doit reconnaître chacune d'elles et s'en faire aimer; il les accompagnera au pâturage, les surveillera pour qu'elles ne puissent s'écarter et commettre des dégâts dans le voisinage; les tiendra à l'abri du danger: chûtes, chocs, frayeurs, atteintes des carnassiers; les préservera contre les intempéries et tiendra constamment le troupeau en bon état.

Fig. 107. — CHIENS DE BERGER.

4. Pour mieux remplir sa tâche, il dressera des chiens le mieux possible, et les associera à son œuvre de vigilance et de défense.

5. Les bergeries où les moutons passent l'hiver doivent être saines et bien aérées.

ENTRETIENS

1. Quelles sont les principales qualités d'un bon berger? — **2.** Que remarque un gardien vigilant? — **3.** Que doit savoir le berger? — Quels sont ses autres devoirs? — **4.** Quels sont les auxiliaires du berger? — **5.** Comment doivent être les bergeries?

XIV. ESPÈCE PORCINE

1. La viande de **porc**, bien qu'un peu lourde, est d'un goût agréable ; on la mange fraîche, salée ou fumée.

2. Elle fournit de la graisse ou saindoux, du lard, du jambon, des saucissons, de la saucisse, des andouilles, toutes choses qui sont d'un usage journalier dans la plupart des ménages.

Fig. 108. — LE PORC OU COCHON.

Le **porc** est élevé dans toute la France.
Les principales races sont : le craonais, le manceau, le normand, le limousin, le périgourdin, le béarnais, le bressan, le lorrain et les races anglaises York-shire et Berkshire.

3. Le cochon mâle se nomme *verrat* ; la femelle *truie*.

4. On nourrit le cochon avec des racines, des pommes de terre, que le plus souvent on fait cuire et qu'on lui donne mêlées aux eaux de cuisine et à une certaine quantité de son.

5. On l'engraisse avec des glands, des fèves, du maïs, du petit lait, des tourteaux provenant de graines de lin ou de colza.

6. Il est très friand des insectes renfermés dans la

terre, et c'est pour les chercher qu'il remue souvent le sol avec son *groin*.

7. Dans le Périgord, on l'emploie pour découvrir les *truffes*.

8. La France ne produit pas assez de viande de porc pour ses besoins; elle en importe près de cent cinquante mille têtes.

ENTRETIENS

1. Que savez-vous de la viande du porc ? — **2.** Quels sont les divers aliments qu'on retire du porc ? — **3.** Comment s'appelle le mâle ? — et la femelle ? — **4.** Quelle est la nourriture du porc ? — **5.** Avec quoi l'engraisse-t-on ? — **6.** Pourquoi remue-t-il souvent le sol ? — **7.** Dans le Périgord à quoi l'emploie-t-on ? — **8.** La France produit-elle des porcs pour ses besoins ?

XV. MALADIES DES ANIMAUX. SOINS A DONNER

Les principales maladies des animaux sont les suivantes :

1. Cheval : *claudication.* — Examiner et soigner les pieds.
— *indigestion.* — Promenades, bouchonnements etc...
— *gourme.* — Onctions émollientes, cataplasmes etc...
— *pleuropneumonie.* — Appeler le vétérinaire.
— *morve.* — Vice rédhibitoire.
— *farcin.* — Vice rédhibitoire.

2. Ruminants : *jaunisse.* — Purger. — Appeler le vétérinaire.
— *cocotte.* — Contagieuse. — Appeler le vétérinaire.
— *phtisie.* — Vice rédhibitoire.
— *épilepsie.* — Vice rédhibitoire.

3. **Moutons** : *épizooties*; (Voir page 170) contagieuse et grave.
— *tournis*. — Il n'y a qu'à abattre.
— *piétin*. — Contagieuse; bains de pieds dans l'essence de térébenthine.
— *gale*. — Contagieuse; frictions au jus de tabac.
— *clavelée*. — Contagieuse; vice rédhibitoire.
— *cachexie*. — Changer le régime; excitants.

4. **Porc** : *gale*. — Contagieuse; frictions au jus de tabac.
— *variole*. — Contagieuse; bonne hygiène.
— *ladrerie*. — Grave; viande insalubre.
— *trichine*. — Grave; viande insalubre.

5. Les vices rédhibitoires entraînent la nullité des ventes, (loi du 20 mai 1838).

6. Depuis les belles découvertes de M. Pasteur les maladies les plus graves, celles qui constituent les épizooties, peuvent être prévenues au moyen de la vaccination, c'est-à-dire de l'inoculation d'un *virus atténué*, qui rend l'animal réfractaire à l'action du *virus épizootique*.

ENTRETIENS

1. Quelles sont les principales maladies du cheval? — **3**. Des ruminants? — **3**. Des moutons? — **4**. Du porc? — **5**. Quel est l'effet de la loi du 20 mai 1838? — **6**. Parlez des découvertes de M. Pasteur.

CHAPITRE XXI

Oiseaux de basse-cour.

SOMMAIRE. — I. Gallinacés : coqs, poules, dindons. — II. Canards, oies, pigeons, — III. La basse-cour.

I. GALLINACÉS : COQS, POULES, DINDONS

Fig. 109. — LA POULE ET SES POUSSINS.

Les principales races de **poules** élevées en France sont : la **race commune** : taille variable, plumage très varié, médiocre pondeuse, chair peu savoureuse. — **Race de Crèvecœur** : taille haute, plumage noir, tête huppée, bonne pondeuse, chair délicate. — **Race de Houdan** : taille haute, plumage gris et noir, tête huppée, bonne pondeuse, chair très délicate. — **Race de la Bresse** : taille moyene, plumage noir ou gris, bonne pondeuse, chair délicate. — **Race de La Flèche** : taille haute, plumage noir, bonne pondeuse, chair fine. — **Race de Padoue** : taille petite, plumage noir et blanc, tête huppée, bonne pondeuse, chair fine. — **Race cochinchinoise** : taille grosse, plumage jaune, bonne pondeuse, chair médiocre.

1. Les **gallinacés** sont pour les ménages des petits

cultivateurs une source de profits qui ont une véritable importance; car, outre les volailles grasses : coqs, poules, chapons, poulets, dindons, dindes, dindonneaux, il se fait encore sur nos marchés un grand commerce d'œufs.

Fig. 110. — LE COQ.

2. On évalue, pour la France entière, la valeur de cette production à 500 millions qui pourraient peut-être être doublés, et l'exportation qu'on en fait est considérable.

3. La **poule**, avant tout, doit être bonne pondeuse.

4. Dès qu'elle a pondu un certain nombre d'œufs elle manifeste l'intention de *couver*. La durée de *l'incubation* est de 21 jours.

Fig. 111. — LE DINDON.

Le **dindon** s'élève facilement et est d'un bon rapport. On le conduit en troupeau pâturer dans les champs sous la garde d'un enfant. La **dinde** ne pond qu'une fois par an et couve 30 jours, les **dindonneaux** sont bons à manger à 10 ou 11 mois. On les engraisse surtout avec des noix.

5. Après que les **poussins** sont éclos, la couveuse se montre pleine de sollicitude pour les mettre à l'abri des variations atmosphériques, les défend vaillamment dans le danger et leur apprend à découvrir leur nourriture, en grattant la terre pour y prendre des grains des larves ou des insectes.

6. Le **coq** se fait remarquer par son plumage brillant et varié, son port majestueux, son affection pour les poules et par son humeur belliqueuse. Nos pères, les Gaulois, le portaient sur leurs enseignes; en 1789, cet emblème a été repris en France, comme symbole de la vigilance, de l'activité, de la bravoure.

7. Le **dindon** est un gros oiseau originaire de l'Amérique, dont la chair est nourrissante et savoureuse. Il se nourrit de grain, d'herbe et d'insectes; on le conduit aux champs, comme les oies, en troupes nombreuses.

L'élevage des dindons est d'un bon rapport.

ENTRETIENS

1. Les gallinacés ne procurent-ils pas des profits importants aux cultivateurs? — **2.** Quelle est la production annuelle pour la France? — **3.** Quelle est la première qualité d'une poule? — **4.** Pendant combien de jours la poule couve-t-elle? — **5.** N'a-t-elle pas une affection particulière pour ses petits? — **6.** Par quoi le coq se fait-il remarquer? — De quoi est-il l'emblème? — **7.** Qu'est-ce que le dindon? — De quoi se nourrit-il? — Son élevage est-il d'un bon rapport?

II. CANARDS, OIES, PIGEONS

1. Comme oiseaux de basse-cour on élève aussi, dans notre pays, les **canards** et les **oies** par troupes assez nombreuses; la chair en est grasse, mais savoureuse et substantielle.

2. La **cane domestique** est mauvaise couveuse et abandonne facilement ses œufs. Aussi est-il préférable de faire couver les œufs de cane par des poules. L'incubation dure trente jours.

3. Ces animaux aiment la nage et passent une partie de leur temps dans l'eau, où ils cherchent d'ailleurs leur nourriture.

4. On compose leur régal avec des herbes hachées, des pommes de terre cuites, des choux, etc.; ils recherchent avidement les vers et les limaces qui infestent les jardins.

5. Quand on veut les engraisser on a le soin de les *gorger* en leur donnant des grains et particulièrement du maïs.

6. On soumet les *canards* et les *oies* à un régime qui a pour but d'amener l'*hypertrophie* de leur *foie*, avec le-

Fig. 112. — **1.** CANARD. — **2.** PIGEON. — **3.** OIE.

Le **canard** est un oiseau d'un élevage facile et qui donne des bénéfices; les canetons sont bons à manger au bout de trois mois. De plus, les canes sont bonnes pondeuses.

L'**oie** se trouve dans toutes les fermes où on l'élève pour sa chair, ses œufs et ses plumes. On la mène pâturer dans les champs comme les dindons.

Le **pigeon** donne lui aussi des produits qui ne sont pas à dédaigner. On le nourrit avec les balayures de greniers, des vesces, etc.

quel on fait des *pâtés* qui sont très appréciés des gour-

Fig. 113. — PIGEONS VOYAGEURS.

Pendant le siège de Paris en 1870, la province ne communiquait avec Paris qu'au moyen des **pigeons voyageurs** que les ballons emportaient quand ils quittaient la capitale.

mets, surtout quand ils sont garnis de *truffes*.

7. Les **pigeons** vivent par troupes et s'apprivoisent aisément ; ils ont une grande tendresse pour leurs petits et une mémoire locale des plus nettes ; aussi les emploie-t-on quelquefois pour le service des dépêches, en pays assiégé.

ENTRETIENS

1. Quels sont les autres oiseaux de basse-cour élevés dans notre pays ? — Comment conserve-t-on leur chair ? — 2. La cane est-elle bonne couveuse ? — 3. Où ces animaux passent-ils une partie de leur temps ? — 4. De quoi les nourrit-on ? — 5. Comment les engraisse-t-on ? — 6. Que fait-on du foie des canards et des oies. — 7. Que savez-vous des mœurs des pigeons ? — Ne rendent-ils pas des services en temps de guerre ?

III. LA BASSE-COUR

1. On croit généralement que les oiseaux de basse-cour ne demandent aucun soin ; c'est là une grande erreur.

2. La **basse-cour** doit être tenue propre ; on doit y planter, s'il est possible, des sureaux ou des acacias, dont les fruits et les jeunes feuilles sont avidement recherchés par les volailles.

3. Il faut tenir constamment à la portée des oiseaux de basse-cour de l'eau propre, dans des baquets peu profonds et des cendres ou du sablon où ils puissent se rouler, ce qui les préserve des insectes parasites.

4. Le *poulailler* doit être aéré, pourvu d'un peu de litière, et nettoyé souvent. La volaille se trouve bien de coucher l'été en plein air, sur des perches disposées à cet effet, ou même sur les arbres de la basse-cour.

5. Les volailles acquièrent plus de valeur par l'*engraissement*.

6. Pour engraisser les volailles, il est absolument indispensable de les tenir enfermées dans un lieu obscur où elles ne puissent prendre aucun exercice. On prépare à cet effet des espèces de boîtes, appelées *épinettes* où chaque sujet est parqué dans une case à sa taille. On les

gave alors deux fois par jour d'une nourriture substantielle, boulettes ou pâtée préparés avec de la farine d'orge, de maïs ou de sarrasin, en la leur faisant au besoin absorber par force au moyen d'un entonnoir. Toute boisson leur est supprimée.

Au bout de quinze jours l'engraissement est complet et l'animal doit être tué sans quoi on le verrait promptement dépérir.

7. Les volailles sont sujettes à un certain nombre de maladies : 1° La *pépie*, pellicule de nature cornée qui se forme sur l'extrémité de la langue des poules et les fait périr par inanition. La pépie s'enlève facilement avec une épingle. 2° La *goutte* qui se développe dans les basses-cours humides ou lorsqu'on néglige de donner un peu de litière à ces oiseaux. 3° Le *choléra des poules*, la plus grave de toutes ces maladies qui est non seulement toujours mortelle, mais contagieuse.

On préserve les volailles du choléra des poules par la vaccination.

ENTRETIENS

1. Les oiseaux de basse-cour demandent-ils des soins ? — **2.** Comment la basse-cour doit-elle être installée? — **3.** Quels soins doivent lui être donnés ? — **4.** La volaille se trouve-t-elle bien de coucher dehors en été? — **6.** Comment engraisse-t-on les volailles? — **7.** Enumérez les maladies qui atteignent les volailles. — Quels en sont les remèdes?

CHAPITRE XXII

Le ver à soie. — Les abeilles.

SOMMAIRE. — I. Le ver à soie. — II. Les abeilles. — III. Essaims. — IV. Manière de ramasser les essaims. — V. Récolte du miel.

I. LE VER A SOIE

1. Dans plusieurs départements du Midi de la France, on s'occupe de l'éducation du **ver à soie** ou *bom-*

byx; c'est une chenille grisâtre, qui fournit la *soie* et devient ainsi une source féconde de richesse.

2. On ne peut l'élever toutefois que dans les pays où croît le mûrier.

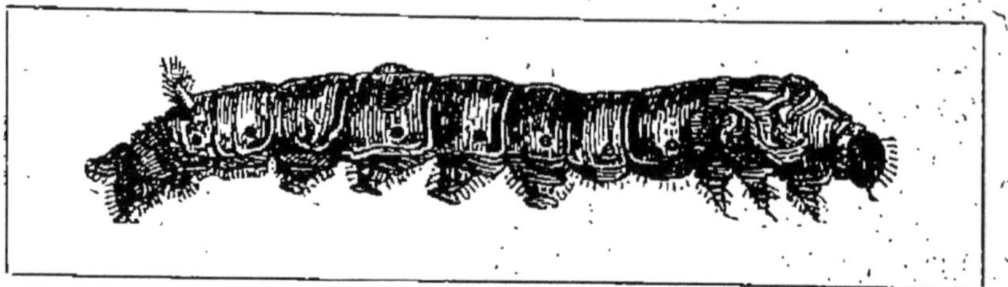

Fig. 114. — LE VER A SOIE (BOMBYX DU MURIER).

Ver à soie ou chenille au terme de sa croissance, âgé de 30 jours (grandeur naturelle).

3. Le local dont on se sert, pour l'élevage en grand, s'appelle *magnanerie*; mais l'élevage privé est pratiqué dans presque toutes les familles.

4. Le précieux insecte se transforme plusieurs fois,

Fig. 115. — INTÉRIEUR D'UNE MAGNANERIE.

Les **vers à soie** filent leur *cocon* sur les menues branches disposées sur les tablettes placées autour de la pièce. Le *calorifère* sert à maintenir la température à 20 ou 25 degrés.

dans l'espace de 35 à 40 jours, sous une température moyenne de 20 à 25 degrés, toujours se nourrissant de feuilles, après quoi il file son *cocon*, que l'on dévidera plus tard pour obtenir la soie.

5. La *chrysalide*, pendant sa dernière période, deviendrait papillon; mais on expose le cocon, dans une étuve, à une chaleur assez vive pour que l'animal périsse avant d'avoir pu percer son enveloppe soyeuse.

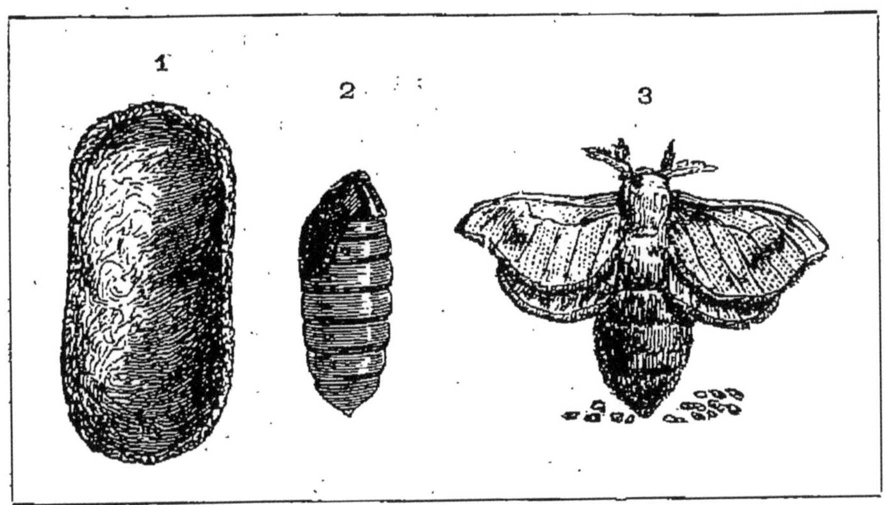

Fig. 116. — MÉTAMORPHOSES DU VER A SOIE.

1. Cocon (ouvert) dans lequel s'est enfermé le ver après l'avoir filé. — **2.** Chrysalide. — **3.** La chrysalide transformée en **papillon** à sa sortie du cocon; il a pondu des *œufs* ou *graines*.

6. Le rendement moyen est de un dixième du poids des cocons.

7. La France produit plus d'un million et demi de kilos de soie, et elle n'en a pas assez pour alimenter ses filatures.

ENTRETIENS

1. Où élève-t-on le ver à soie? — Qu'est-ce que le ver à soie? — **2.** Peut-on l'élever partout? — **3.** Qu'est-ce qu'une magnanerie? — **4.** Donnez une idée des métamorphoses du bombyx. — D'où vient la soie? — **5.** Que fait-on pour préserver le cocon? — **6.** Quel est le rendement moyen? — **7.** Quelle est la production de la France?

II. LES ABEILLES

1. Les **abeilles** sont des mouches industrieuses qui composent la *cire* et le *miel*.

2. Elles habitent des espèces de huttes en paille, en bois ou en osier nommées *ruches*.

3. On distingue parmi les habitants de la ruche : 1° la *reine* ; 2° les *ouvrières* ou *neutres* ; 3° les *mâles* ou *faux-bourdons*.

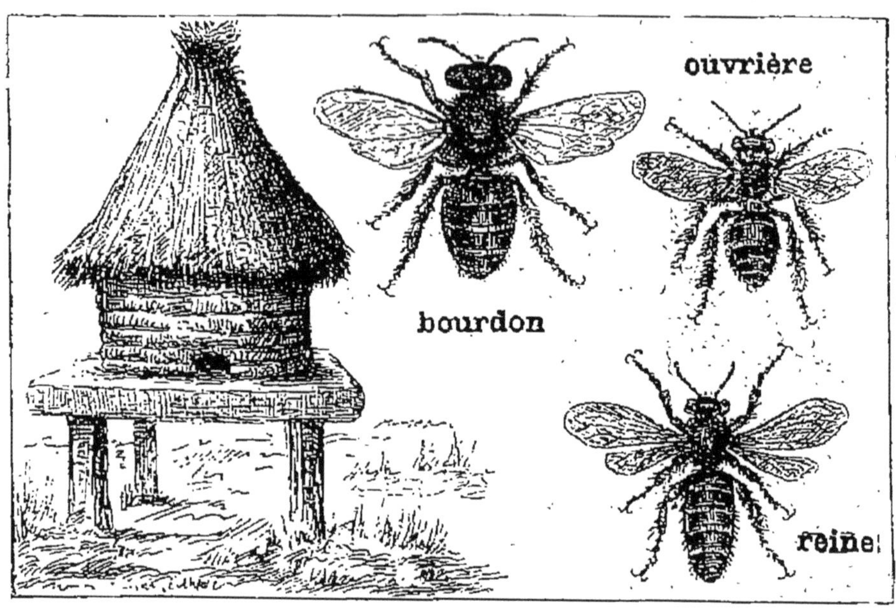

Fig. 117. — LES ABEILLES.

Les **abeilles** habitent des **ruches** que l'on construit de différentes formes : en paille, en bois, en osier.

Les ruches doivent être placées à environ 50 centimètres au-dessus du sol, pour en éviter l'humidité et l'invasion des animaux friands de miel ; l'exposition au levant est la meilleure, l'abri d'un mur n'est pas à dédaigner. Les ruches construites comme celle représentée ci-dessus doivent être préférées.

4. La **reine** seule est douée de la faculté de multiplier l'espèce ; elle dépose ses œufs dans des cellules symétriques appelées *alvéoles* ou *cellules*, d'où sortiront plus tard les jeunes abeilles.

5. Les **bourdons** sont les individus mâles de la ruche ; ils périssent tous les ans au retour de l'automne.

6. Ce sont les **ouvrières**, au nombre de 20 000 à 25 000 et plus, qui composent, à proprement parler, la population de la ruche ; elles exécutent pour former les *rayons*, ces travaux intérieurs, si admirables comme régularité et propreté ; elles vont butiner les fleurs et emmagasinent leurs provisions, qu'elles transforment en miel par un travail d'élaboration ; elles veillent à la sécurité de la colonie.

7. Quand la population est trop nombreuse une vieille reine se détache et émigre suivie d'un *essaim*.

ENTRETIENS

1. Que produisent les abeilles ? — **2.** Où habitent-elles ? — Que distingue-t-on parmi les habitants de la ruche ? — **4.** Que fait la reine ? — Qu'appelez-vous alvéoles ? — **5.** Que sont les bourdons ? — **6.** Donnez une idée du travail des ouvrières. — **7.** Qu'arrive-t-il lorsque la population est trop nombreuse ?

III. ESSAIMS

Fig. 118. — ESSAIM.

C'est généralement vers le mois de mai qu'a lieu l'**essaimage**. L'apiculteur ne doit pas négliger de surveiller ce mouvement et de recueillir les **essaims** pour les installer dans de nouvelles ruches; c'est le bon moyen d'en multiplier le nombre.

1. La colonie qui quitte la ruche suit la marche de la reine, et se réunit ordinairement aux branches d'un arbre ou d'un arbrisseau voisin, où les abeilles, en s'accrochant par les pattes les unes aux autres, se forment en une masse compacte qui comprend près de 2000 habitants.

2. Quelques personnes les arrêtent dans leur marche en faisant du bruit; mais c'est un moyen peu efficace: il est préférable, quand l'essaim va partir, de jeter dans l'air, au-dessus des abeilles, des gouttelettes d'eau qui les inquiètent en leur faisant craindre la pluie.

3. Dès que l'**essaim** est réuni sur quelque branche d'arbre, on le détache avec le plus grand soin pour le faire entrer dans une ruche vide, bien propre et dont l'intérieur a été frotté de miel.

4. Il est imprudent de secouer la branche où l'essaim est allé se placer ; car les abeilles s'irritent aisément et, loin de descendre, quand on les inquiète, elles s'élèvent haut dans les airs et s'envolent dans des contrées éloignées.

5. C'est alors une colonie qui s'égare, et qui se réfugie parfois dans le creux d'un vieil arbre et même dans une excavation de rocher.

ENTRETIENS

1. Qui dirige l'essaim lorsqu'il émigre? — Où va-t-il se fixer? — **2.** Comment peut-on arrêter sa marche? — **3.** Comment s'y prend-on pour le recueillir? — **4.** Est-il prudent de secouer la branche où l'essaim s'est attaché? — **5.** N'arrive-t-il pas que des colonies s'égarent?

IV. MANIÈRE DE RAMASSER LES ESSAIMS

1. Pendant 40 ans, j'ai vu mon bien-aimé père soigner ses ruches avec une sollicitude vraiment touchante. Voici de quel moyen commode il se servait pour ramasser ses essaims: au haut d'une perche mince, droite et suffisamment longue, il avait tressé, avec de la paille, un panier en forme d'entonnoir, qui était revêtu, à l'intérieur, d'un linge bien blanc et bien propre. La perche traversait le panier par son centre et se terminait extérieurement par un crochet.

2. Quand on voulait déloger un essaim sans l'inquiéter ni dégrader l'arbre, la perche, frottée de miel dans le panier, était accrochée à quelque branche au-dessus des abeilles, et présentait à celles-ci la bouche béante de l'entonnoir, où le goût du miel ne tardait pas à les attirer, peut-être bien aussi l'espoir d'y rencontrer un refuge frais et tranquille.

3. Dès que la colonie s'y trouvait, on décrochait la perche et on transportait l'essaim définitivement dans la ruche vide qui lui était destinée. Cela se faisait sans peine, sans dégâts d'aucune sorte, et avec la certitude de toujours réussir l'opération.

ENTRETIENS

1. Ne connaissez-vous pas un moyen commode de ramasser les essaims ? — **2.** Que fait-on pour déloger un essaim ? — **3.** Et lorsque la colonie est dans l'appareil ?

V. RÉCOLTE DU MIEL

1. Le travail des abeilles commence aux premiers jours du printemps et se continue jusqu'en automne, après la floraison du blé noir.

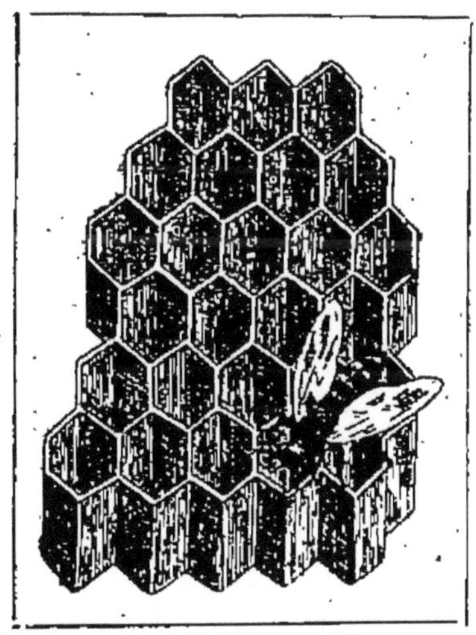

Fig. 119. — RAYON DE MIEL.

Les *cellules* ou *alvéoles* qui composent les **rayons** sont fabriquées par les abeilles avec de la *cire*. C'est dans ces cellules qu'elles déposent le *miel*.

2. A partir de ce moment, la nature n'offrant plus de fleurs à leur activité, elles passent dans le repos hivernal, pendant lequel il faut les préserver du froid et parfois de la faim.

3. La **récolte du miel** se fait généralement fin novembre.

4. On détache, le plus proprement possible, les rayons qui se trouvent au haut de la ruche, sans exposer la solidité de la charpente, et surtout sans détruire les abeilles.

5. Il faut laisser aux abeilles une part suffisante pour leur nourriture de l'hiver; elles n'en seront que mieux disposées pour recommencer une nouvelle campagne avec ardeur.

6. L'industrie de l'*apiculture* coûte peu et donne de beaux profits.

ENTRETIENS

1. A quel moment se fait le travail des abeilles? — **2.** Quelles précautions doit-on prendre lorsqu'elles ne travaillent plus? — **3.** Quand se fait la récolte du miel? — **4.** Comment s'y prend-on? — **5.** Ne doit-on pas leur laisser des provisions? — **6.** L'apiculture est-elle productive?

CHAPITRE XXIII

Jardin potager.

SOMMAIRE. — I. Utilité d'un jardin. — Emplacement et appropriation du terrain. — III. Exposition, clôtures. — IV. Haies. — V. Arrosage, irrigation. — VI. Semis. — VII. Repiquage, transplantation. — VII. Outils et appareils du jardinage.

I. UTILITÉ D'UN JARDIN

1. L'établissement d'un **jardin**, quand on vit à la campagne, est de toute nécessité; car, outre que les légumes et les fruits sont très chers, s'ils sont achetés chez un jardinier ou un revendeur, il peut encore arriver qu'on ne puisse s'en procurer à sa convenance, même à prix d'argent.

2. Le plus sûr est donc d'avoir un jardin à soi, d'y faire venir des plantes variées et pouvant satisfaire à tous les besoins du ménage.

3. C'est une affaire importante; non qu'elle comporte des travaux pénibles; mais parce qu'elle exige beaucoup de goût, des soins journaliers et souvent méticuleux, ainsi qu'une parfaite connaissance de certains procédés de culture.

4. Il est vrai que ces occupations constituent un véritable délassement; on y emploie, le plus souvent, les moments qui restent libres dans la journée, on y travaille en famille, à toutes les heures; c'est en quelque sorte le prolongement de la maison. De tous les travaux, c'est d'ailleurs celui qui donne les résultats les plus fructueux.

ENTRETIENS

1. Démontrez l'utilité d'un jardin pour les habitants des campagnes. — **2.** Que faut-il faire pour n'être pas pris au dépourvu ? — **3.** Que comporte l'entretien d'un jardin ? — **4.** Quels moments emploie-t-on aux travaux du jardinage ? — Ces travaux sont-ils productifs ?

II. EMPLACEMENT ET APPROPRIATION DU TERRAIN

1. Le jardin doit être établi dans le voisinage de l'habitation, sur un *sol profond*, à l'exposition du midi, s'il est possible, et composé de *terre franche*.

2. Avec des amendements et des engrais, la couche végétale d'ailleurs pourra toujours être améliorée. On y emploiera utilement les plâtras et le terreau.

3. L'*eau* est absolument nécessaire pour l'entretien du jardin; il faudra donc aménager une source, en vue des arrosements, ou établir un puits, et même pratiquer des rigoles souterraines pour amener le liquide dans toutes les directions.

4. Pour plusieurs raisons importantes, le jardin doit être clos de murs, surtout au nord; il serait même désirable qu'ils fussent crépis intérieurement.

5. Les allées seront bordées de plantes utiles : fraisiers, persil, cerfeuil, oseille, etc..

La place des arbustes et des arbrisseaux sera choisie; les planches à cultiver et les plates-bandes seront déterminées avec ordre ; il n'y aura plus alors qu'à commencer les cultures.

ENTRETIENS

1. Dans quelles conditions le jardin doit-il être établi ? — 2. Comment peut-on, au besoin, améliorer la couche végétale ?— 3. Quelles précautions prendra-t-on pour avoir l'eau sous la main ? — 4. N'est-il pas nécessaire de clore le jardin ? — 5. Comment établira-t-on les allées ? — Qu'y a-t-il à faire encore avant de commencer les cultures ?

III. EXPOSITION, CLOTURES

1. Comme nous l'avons déjà dit, l'eau, la lumière et la chaleur sont les agents les plus actifs de toute végétation. Il faut donc faire en sorte d'avoir des propriétés bien exposées, surtout le jardin.

2. L'exposition du nord, peu accessible au soleil, n'est tolérable que dans les pays chauds ; partout ailleurs, on doit rechercher le midi, le sud-est, ou le sud-ouest, qui présentent de plus grands avantages pour la venue des plantes.

3. Celles-ci gagnent beaucoup à être abritées contre la violence des grands vents ; c'est pourquoi la plupart des jardins sont entourés de murs, qui, en même temps, par leur réverbération, augmentent la chaleur du sol et opposent un obstacle aux déprédations des animaux ou à la convoitise des maraudeurs. Le maraudage doit être sévèrement réprimé.

ENTRETIENS

1. Rappelez quels sont les agents les plus actifs de la végétation. — Il est donc important que les propriétés soient bien exposées ? — 2. Quelle est la meilleure exposition ? — Celle du nord peut-elle quelquefois avoir des avantages ? — 3. Quels services rendent les murs des jardins ? — Que pensez-vous du maraudage ?

IV. HAIES

1. Dans les campagnes, on ne peut pas évidemment entourer les propriétés de murs de clôture; cela serait trop dispendieux; mais on supplée à cet inconvénient en établissant des **haies**.

Fig. 120. — HAIE MORTE.

La **haie morte** se compose de pieux et de traverses sur lesquels on attache, avec du fil de fer, des branchages épineux.

2. A cet effet, on se contente parfois d'un assemblage de branches mortes, armées de piquants, toutefois, la *haie vive* est préférable et offre, le plus souvent, pour les récoltes, autant de sécurité qu'un bon mur.

3. Le meilleur plant qu'on puisse employer pour cet usage est l'*aubépine*.

Fig. 121. — HAIE VIVE.

Lorsqu'elle est bien entretenue, la **haie vive** forme une clôture excellente et presque impénétrable à l'homme et aux gros animaux. Mais elle a l'inconvénient de servir d'abri à une grande quantité d'animaux malfaisants : rats, mulots, escargots, limaces, etc.

4. On plante en automne; pendant les premières

années, la haie doit être taillée près du sol, en vue de fortifier la tige et les racines; vers la quatrième année, elle atteint la hauteur convenable ; on se contente alors de l'entretenir en bon état, en ayant soin de la tondre tous les ans.

5. Toute haie fait partie de la propriété et doit être respectée.

ENTRETIENS

1. Si la construction de murs était trop dispendieuse, comment pourrait-on clore les propriétés ? — **2.** Quelles sont les deux sortes de clôtures à employer ? — Quelle est la meilleure ? — **3.** Quel plant doit-on préférer ? — **4.** Quelles sont les opérations nécessaires pour l'établissement d'une bonne haie ? — **5.** Peut-on détériorer les haies des autres ?

V. ARROSAGE, IRRIGATION

1. L'*eau* est un des agents les plus importants de toute végétation; elle rend plus complète l'amélioration que préparent les amendements et les engrais.

2. Pour **arroser** les jardins, on emploie les eaux de pluie, les eaux courantes, et mieux encore les eaux stagnantes; les plus riches sont celles où l'on a fait macérer des engrais.

3. Les eaux de puits ne doivent être employées qu'après être restées exposées à l'air pendant un certain temps.

4. L'**irrigation** des prairies est une mesure indispensable, les plantes fourragères devant être tenues en état de fraîcheur et d'humidité, et se trouvant véritablement amendées par le dépôt de *limon* formé par les eaux.

5. Mais le débit du liquide doit être fait avec intelligence; on obtiendra des résultats merveilleux, si on sait aménager des réservoirs qui permettent d'avoir en tout temps, de l'eau à volonté.

ENTRETIENS

1. L'eau joue-t-elle un rôle important dans la végétation ? — **2**. Quelles sont les eaux employées pour les arrosages ? — **3**. Quelle précaution doit-on prendre à l'égard des eaux de puits ? — **4**. L'irrigation des prairies est-elle indispensable ? — Pourquoi ? — **5**. Comment le débit du liquide doit-il être réglé ?

VI. SEMIS

1. Le mode de reproduction des plantes le plus usité, se fait par **semis** ou par *graines* : c'est le moyen le plus sûr d'avoir des plantes de belle venue, qui croissent rapidement et dont la santé se maintient le plus longtemps en bon état.

2. Il faut choisir, à cet effet, des graines mûres et bien conservées.

3. Certaines graines gardent pendant plusieurs années la propriété de germer ; d'autres la perdent en peu de temps ; on prend généralement pour semences les graines de la récolte précédente.

4. Si on devait les conserver pendant longtemps, il faudrait absolument les tenir à l'abri de l'air.

5. On sème *à la volée*, quand on répand les graines à la main ; *en rayons*, quand on trace les raies au cordeau, et que les plantes doivent être binées et sarclées ; *sur couches*, avec ou sans cloches pour le jardinage, quand on veut hâter la germination.

ENTRETIENS

1. Quel est le mode le plus usité, pour la reproduction des plantes. — N'est-ce pas aussi le moyen le plus sûr ? — **2**. Comment doivent-être les graines? — **3**. Les graines gardent-elles indéfiniment la propriété germinative ? — Quelles sont les meilleures ? — **4**. Comment conserve-t-on longtemps les graines? — **5**. Qu'est-ce que semer à la volée? — en rayons? — sur couches?

VII. REPIQUAGE, TRANSPLANTATION

1. On sème **sur place**, quand les plantes sont destinées à grandir sur le même terrain, où elles sont nées; on sème pour **repiquer**, quand la plante devenue forte doit être enlevée pour être portée dans un endroit qui convienne davantage à son développement.

2. Pour que la **transplantation** se fasse d'une manière satisfaisante, il faut, autant que possible, enlever avec la plante la motte de terre qui l'environne, et bien préparer le sol qui doit la recevoir.

3. Si la tige est robuste, on peut la tirer à nu comme on fait, avant le *repiquage*, pour le semis des choux.

4. Certaines plantes, les jeunes arbrisseaux surtout, fortifiées par un premier repiquage, sont transplantées encore une fois pour occuper définitivement la place qu'on leur réserve ; elles sont alors plantées à demeure.

5. Leurs nombreuses racines et le chevelu abondant qu'elles possèdent ne laissent subsister aucun doute sur le résultat final de l'opération.

ENTRETIENS

1. Quand sème-t-on sur place ? — Quand sème-t-on pour repiquer ? — **2.** Quelles précautions faut-il prendre pour transplanter ? — **3.** Si la tige est robuste, que peut-on faire ? — **4.** Certaines plantes ne demandent-elles pas à être transplantées deux fois ? — **5.** A quoi reconnaît-on que l'opération a bien réussi ?

VIII. OUTILS ET APPAREILS DU JARDINAGE

Plusieurs des questions qui se rapportent à la petite culture ont été déjà traitées précédemment : arrosage, semis, repiquage, clôtures, engrais et amendements, etc., comme aussi certaines plantes cultivées : betterave, pois, haricots, lentilles, maïs, navet, pomme de terre, fève. Nous ne reviendrons pas sur ces chapitres, bien que leur place soit encore ici ; une récapitulation bien dirigée sera suffisante pour raviver le souvenir des leçons déjà données.

Dans le jardinage, on emploie les *paillassons* pour préserver du froid et des gelées les jeunes semis; les *cloches* en verre, pour conserver autour des jeunes plants la chaleur terrestre sans les soustraire aux influences de la lumière; les *châssis* en bois, aux panneaux vitrés, pour les mêmes usages; les *brise-vent*, pour protéger les plantes contre les agitations violentes de l'atmosphère.

Fig. 122. — CHASSIS DE COUCHE. CLOCHES.

Les **châssis de couche** sont des châssis de bois munis d'un couvercle garni de vitres, au-dessous desquels on sème les plantes qui craignent le froid et demandent de la chaleur. On y place les boutures et on y cultive également une grande quantité de plantes surtout comme primeurs. Des **paillassons** en paille sont étendus sur le vitrage pour mettre les plantations à l'abri des ardeurs du soleil.

Les **cloches** sont en verre; leur usage est le même que celui des châssis, elles ne demandent pas comme eux, d'installation à demeure et peuvent être placées où le besoin s'en fait sentir.

L'outillage du jardinier comprend *houe, pioche, bêche, binette, plantoir, sarcloir, râteau, râtissoire, échelle, greffoir, serpette, sécateur, scie, serpe, arrosoirs, pelle, fourche, brouette, civière, claie, hotte*, etc.

CHAPITRE XXIV

Culture maraîchère.

Sommaire. — I. Ail. — II. Ciboule, ciboulette, poireau, échalotte. — III. Oignon. — IV. Asperges. — V. Raiponce, mâche, bourrache. — VI. Artichaut. — VII. Cardon, chicorée. — VIII. Estragon, salsifis. — IX. Scorsonère, laitue. — X. Aubergine, piment. — XI. Tomates. — XII. Choux cabus, choux de Milan, choux verts. — XIII. Choux-raves, choux-fleurs. — Navets, raves, radis, raifort. — XV. Cresson, roquette, moutarde. XVI. Oseille, épinards, arroche. — XVII. Céleri, cerfeuil, persil, panais, coriandre, fenouil. — XVIII. Melons. — XIX. Fraisier.

I. AIL

1. **L'ail** est employé dans les pays méridionaux comme condiment apéritif. Il possède une odeur et une saveur très fortes. On n'utilise que ses *bulbes* appelées vulgairement *têtes*.

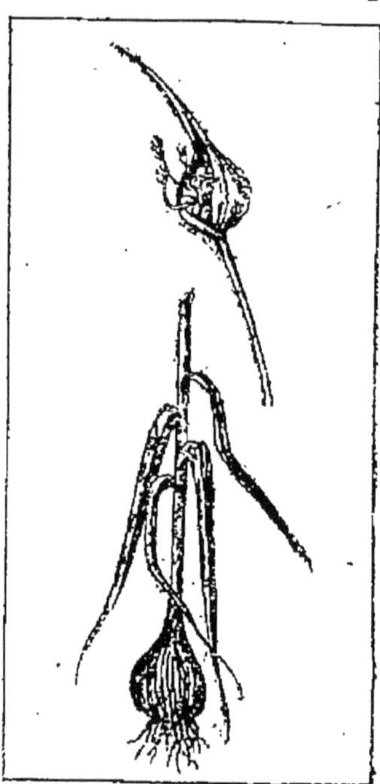

Fig. 123. — Ail.

2. Il demande une terre de *moyenne consistance*, mais redoute l'humidité, qui l'expose à *graisser*.

3. Avant de planter l'ail, on fait préalablement un bon labour et on fume abondamment avec du fumier de cheval, s'il est possible.

4. La plantation se fait en février ou mars, en plaçant les *caïeux* ou *gousses* à une profondeur de 3 à 5 centimètres, et en les éloignant les uns des autres de 12 à 15 centimètres.

5. Plus tard, on bine et on sarcle pour tenir le sol meuble et en état de propreté.

6. Vers le mois de juin, les feuilles se dessèchent et annoncent une maturité prochaine; on les lie avec la tige pour faire affluer la sève dans la gousse.

7. On arrache et on laisse dessécher complètement à l'air et au soleil, puis on lie en bottes et on suspend.

ENTRETIENS

1. Dans quel pays emploie-t-on plus particulièrement l'ail ? — Que savez-vous de son odeur? — Quelle partie utilise-t-on ? — **2.** Quel est le sol qui convient le mieux à cette culture ? — **3.** Quels travaux préparatoires demande-t-elle ? — **4.** Comment fait-on la plantation? — **5.** Quels sont les travaux d'entretien? — **6.** Que fait-on lorsque la maturité est prochaine ? — **7.** Comment se fait la récolte ?

II. CIBOULE, CIBOULETTE, POIREAU, ÉCHALOTTE

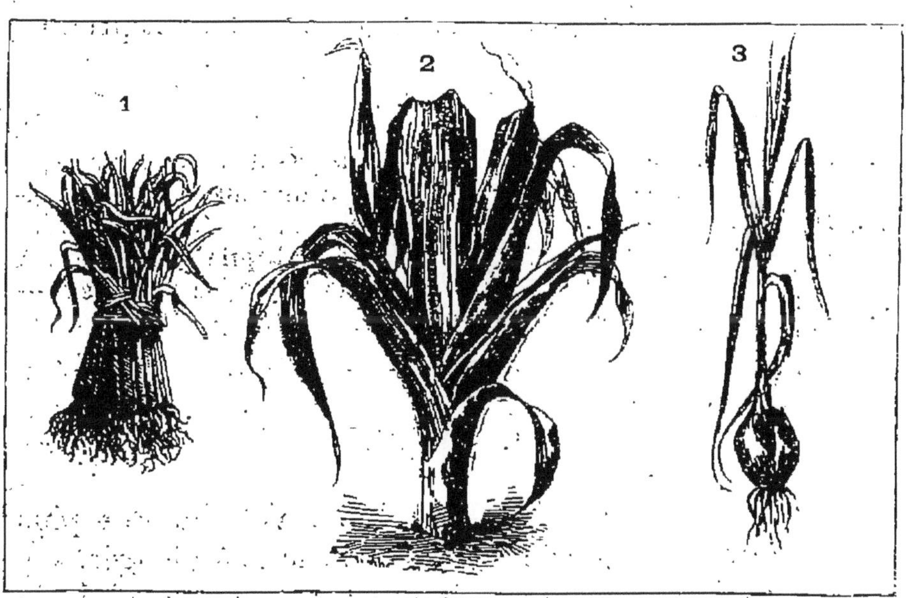

124. — **1.** CIBOULE. — **2.** POIREAU. — **3.** ÉCHALOTTE.

On plante les caïeux d'**échalotte** en mars à trois centimètres de profondeur. On sarcle; on arrache quand les feuilles sont sèches.

1. La **ciboule** est une plante vivace, qui croît vite, et que l'on sème sur *couche de terreau*, à légère profondeur, dans le courant de février, pour être replantée en mai, ou, dans le courant de juillet, pour faire le repiquage en septembre. On l'associe généralement à une culture de radis ou de salades.

2. On en connaît trois variétés : ciboule ordinaire, ciboule blanche et ciboule hâtive.

3. La **ciboulette** aime une *bonne terre*, exposée au midi et, comme la ciboule, profite des arrosages d'été.

4. On la multiplie par caïeux et on l'emploie dans les salades et en cuisine.

5. Le **poireau** est cultivé pour l'usage des cuisines, où on l'emploie surtout dans les potages.

6. On le sème en mars et on repique en juin, en enfonçant profondément la tige pour augmenter le volume des parties blanches, les seules utilisées. Il faut vieille fumure et arrosages fréquents.

7. **L'échalotte** est très employée comme assaisonnement; sa saveur est fine et délicate; on la reproduit par caïeux.

ENTRETIENS

1. Qu'est-ce que la ciboule? — N'y a-t-il pas deux époques pour faire les semis ? — Ne l'associe-t-on pas à une autre culture ? — **2.** Quelles sont les trois variétés de ciboules ? — **3.** Quelle terre faut-il à la ciboulette ? — **4.** Comment la multiplie-t-on ? — **5.** A quoi sert le poireau ? — **6.** Quels soins exige sa culture ? — **7.** Que savez-vous de l'échalotte ?

III. OIGNON

1. **L'oignon** contient une huile volatile des plus pénétrantes, qui affecte les yeux et excite à pleurer.

2. Les habitants des campagnes, dans le Midi, le mangent cru, pendant les grandes chaleurs, dans les collations qu'ils font entre les principaux repas; mais son goût acerbe irrite les tempéraments délicats.

3. Quand il est cuit, l'oignon devient doux, sucré et entre avantageusement dans la préparation des ragoûts.

4. Cette plante aime un *sol de moyenne consistance*, ameubli par un vieux labour.

5. On sème tantôt en août pour repiquer en octobre, tantôt en octobre pour repiquer en février.

Fig. 125. — OIGNONS.

6. Comme travaux, on n'a qu'à biner, sarcler et arroser.

7. Quand les fanes commencent à jaunir, on les abat avec le dos d'un râteau pour arrêter la sève au profit du bulbe ; on arrache vers la fin d'août ou dans les premiers jours de septembre, et on les laisse complètement mûrir sur le sol avant de les lier en bottes et de les suspendre.

ENTRETIENS

1. Quelle sensation éprouve-t-on lorsqu'on coupe des oignons? — **2.** L'oignon se mange-t-il cru? — **3.** N'est-il pas préférable de le faire cuire? **4.** Quel sol convient à cette plante? — **5.** En quels mois fait-on les semis? — **6.** Quels sont les travaux de culture? — **7.** Que fait-on pour obtenir de beaux bulbes? — Comment se fait la récolte?

IV. ASPERGES

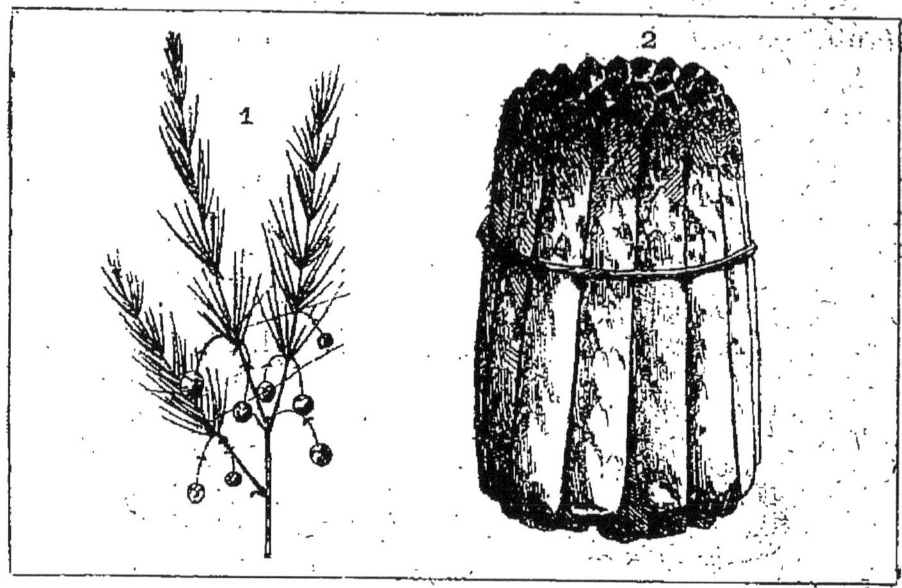

Fig. 126. — ASPERGES.

1. Feuilles et graines. — **2.** Asperges en botte.

On sème les **asperges** à la volée en pépinière soit en octobre, soit du 15 février à la fin de mars, mais il est préférable de planter des griffes de deux ans qui produisent plus tôt.

1. Les **asperges** constituent un mets fin et recherché.

2. Si leur culture exige des travaux préparatoires qui sont importants et des avances d'engrais, les résultats, bien que venant tard, n'en sont pas moins fructueux et se produisent sans interruption pendant une période de 15 à 20 ans.

3. Le sol doit être *riche, meuble et point humide.* Autant que possible le sol destiné à une plantation d'asperges, doit être défoncé et fumé avant l'hiver. Le fumier de cheval est préférable.

4. Au moment de la plantation, de février en mai, selon les climats, on creuse, à la distance de 1 m. 20 environ, des tranchées dont la terre rejetée à droite et à gauche forme *ados*, ou amas de terre avec deux pentes.

On plante les *griffes* dans les tranchées, à la distance d'environ 0,90 c. en les recouvant de 0,20 c. de bonne terre mêlée de terreau.

5. La seconde année, à la même époque on découvre les asperges jusqu'à la griffe, et on ajoute une nouvelle couche de terreau. On répète cette opération pendant la troisième année, en ameublissant la surface, que l'on tient toujours propre et fraîche.

6. La cueillette se fait à partir de la quatrième année, en coupant les tiges à 20 centimètres sous terre et en prenant des précautions pour ne pas écraser les jeunes pousses.

ENTRETIENS

1. Pourquoi cultive-t-on les asperges? — **2.** N'exigent-elles pas des soins particuliers? — **3.** Comment doit-être le sol? — **4.** Comment se fait la plantation? — **5.** Quels sont les travaux de la 2e et de la 3e années? — **6.** Quelles sont les précautions à prendre pour la cueillette?

V. RAIPONCE, MACHE, BOURRACHE

Fig. 127. — **1.** RAIPONCE. — **2.** MACHE. — **3.** BOURRACHE.

1. On cultive la **raiponce** pour ses racines et ses

feuilles, que l'on mange en salade et qui ont un goût agréable, si elles sont tendres et jeunes.

2. La semence est très fine et n'est répandue sur le sol, dans le courant de juin, que mélangée à de la terre sèche et pulvérisée; un coup de râteau suffit pour la couvrir.

3. On arrose en été; l'hiver elle ne demande aucun soin et fournit ses provisions de février en mai.

4. La **mâche** ou *doucette* se sème à la volée, d'août en octobre, sur un *sol léger et bien ameubli*, associée aux oignons, à la chicorée, aux radis; elle vient sans autres soins que des sarclages et des arrosages, et produit une excellente salade pendant toute la durée de l'hiver.

5. La **bourrache** vient sur tous les terrains et est ensemencée au printemps ou en automne; ses fleurs d'un bleu d'azur ont des propriétés médicinales et servent, avec d'autres fournitures, à orner les salades.

ENTRETIENS

1. Pourquoi cultive-t-on la raiponce? — **2.** Comment se font les semis? — **3.** Faut-il arroser ? — Quand peut-on la manger ? — **4.** A quelle époque sème-t-on la mâche ? — Demande-t-elle beaucoup de soins ? — A quoi sert-elle ? — **5.** Que savez-vous de la bourrache ?

VI. ARTICHAUT

1. L'**artichaut** exige une *terre grasse*, profonde, fraîche, meuble, préparée par un défoncement de 40 centimètres et bien pourvue d'engrais.

2. On le multiplie par *semis* et, de préférence, par *œilletons* choisis parmi les plus beaux, que l'on place au cordeau, à un mètre de distance, deux par deux pour former la touffe.

3. Cette opération se fait au printemps à l'aide du plantoir. Au moyen de quelques feuilles de choux on préserve les jeune plants de l'ardeur des rayons solaires jusqu'à ce qu'ils aient pris racines.

Fig. 128. — ARTICHAUT.

4. Pendant l'été, on bine, on sarcle et on arrose. Les tiges sont déjà vigoureuses à l'automne.

5. Comme cette plante est extrêmement sensible au froid et redoute les gelées, il faut la butter largement pendant l'hiver pour l'abriter contre les influences atmosphériques ; on la découvre ensuite quand revient le beau temps.

6. On renouvelle généralement la plantation tous les trois ans, à raison d'un tiers par année. L'artichaut cueilli, la tige est coupée ras du sol.

ENTRETIENS

1. Quel sol faut-il choisir pour la culture de l'artichaut? — **2.** Comment le multiplie-t-on ? — **3.** A quelle époque a lieu la plantation ? — Comment protège-t-on les jeunes plants ? — **4.** Quels soins donne-t-on en été ? — **5.** Cette plante craint-elle le froid ? — **6.** Combien de temps dure la plantation ? — Que fait-on de la tige après la récolte ?

VII. CARDON, CHICORÉE

1. Le **cardon** se cultive pour ses *côtes*, qu'on mange *blanchies* et qui sont un mets très estimé.

2. Il réclame le même sol et les mêmes soins que l'artichaut. Toutefois on le reproduit par *graines* qu'on place, à raison de deux par *pochet*, à la distance d'un mètre. On arrose fréquemment.

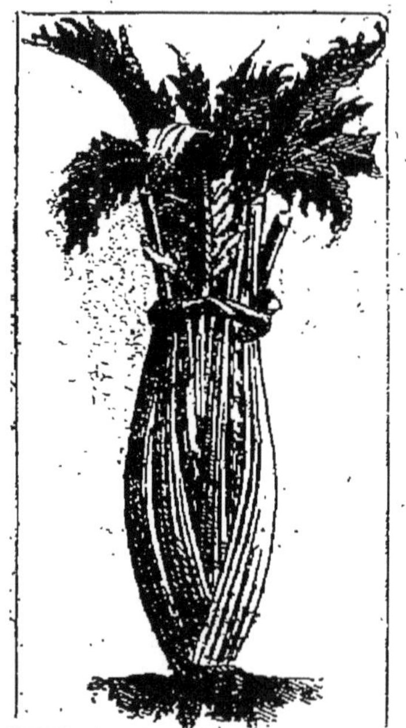

Fig. 129. — CARDON.

3. En automne on butte le pied et on lie les feuilles, en les entourant de paille pour préparer *l'étiolement* ; elles sont *blanchies* dans la quinzaine et doivent être consommées sans retard.

4. La **chicorée sauvage** se cultive en bordures, sur *tout terrain*, ne demande que des arrosements légers et souvent renouvelés, et un sol nettoyé.

5. La chicorée se reproduit par semis de mars jusqu'en août ; quand elle a atteint son entier développement, on l'arrache et on en fait des

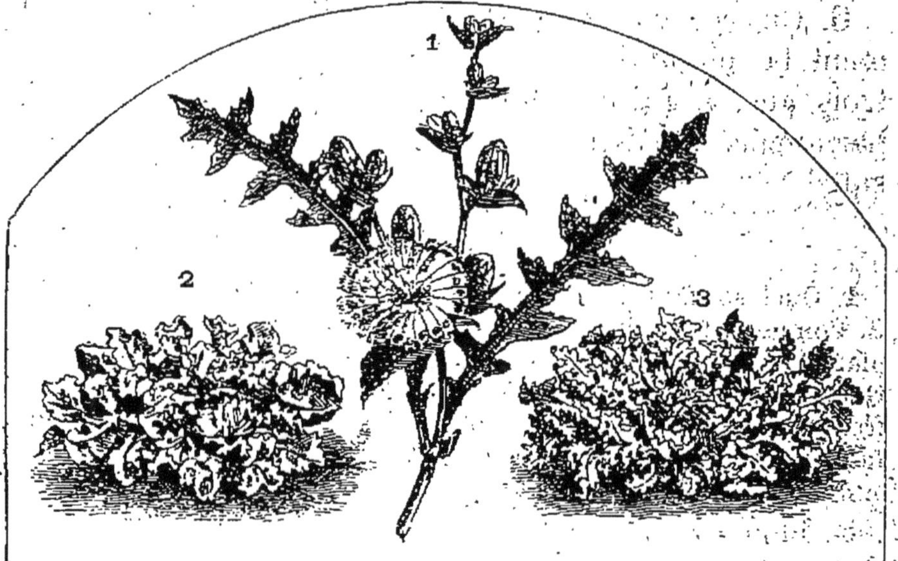

Fig. 130. — **1**. CHICORÉE SAUVAGE. — **2**. ESCAROLE. — **3**. CHICORÉE FRISÉE.

On sème l'**escarole** de janvier à mars, sous châssis, sur couche chaude, et en pleine terre, depuis avril jusqu'en juin. On repique, on recouvre de paillis et on arrose. On lie par un beau temps pour faire blanchir, quand les pieds sont assez forts. L'escarole est bonne à manger une quinzaine de jours après.

La **chicorée frisée** se cultive de la même façon.

bottes qu'on place en cave, les racines enfoncées dans

le sable, loin de la lumière ; pour les faire *blanchir*, on arrose légèrement au pied jusqu'à complet étiolemant. Cette salade est connu sous nom de *barbe de capucin*.

6. On cultive dans les jardins, plusieurs variétés de chicorée: *chicorée frisée*, *escarole*, qui donnent de bons résultats à la culture maraîchère pratiquée dans le voisinage des grandes villes.

ENTRETIENS

1. Quelle est l'utilité du cardon? — **2**. Comment le cultive-t-on? — **3**. Comment prépare-t-on l'étiolement? Les feuilles se conservent-elles longtemps blanches? — **4**. Dites comment se cultive la chicorée. — **5**. Comment se reproduit la chicorée? — Que fait-on pour obtenir des feuilles blanches? — **6**. Cultive-t-on plusieurs variétés de chicorée? — Dites-en les noms. — Ces plantes, sont-elles d'un bon rapport?

VIII. ESTRAGON, SALSIFIS

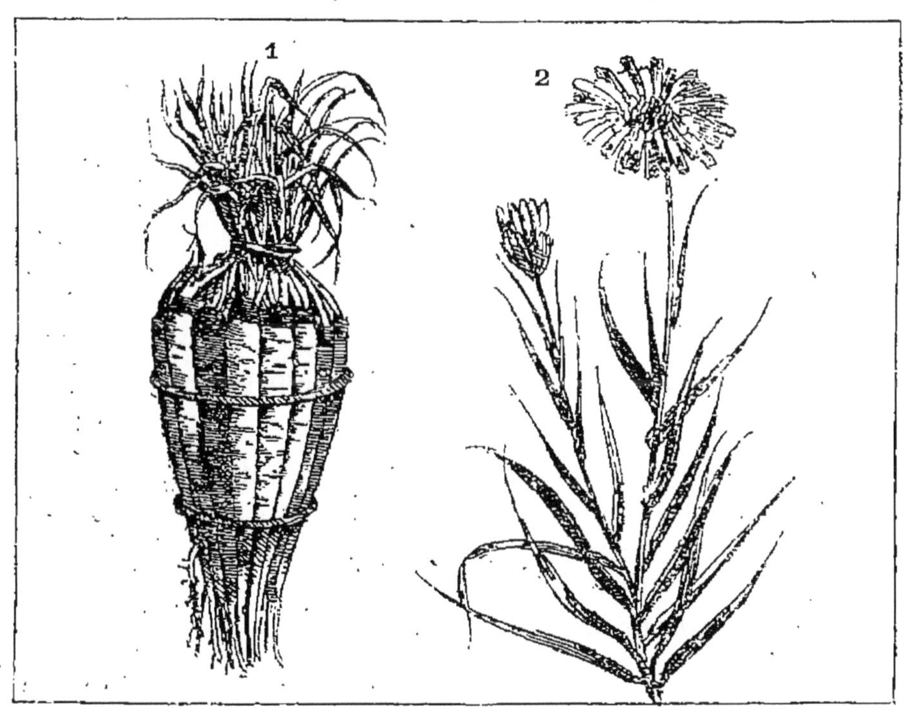

Fig. 131. — SALSIFIS.
1. Salsifis en botte. — 2. Feuilles et fleurs.

1. Il faut à l'**estragon** une *terre légère* et bien ameublie.

2. On le multiplie par éclats de pied, placés en bordure.

d'avril en mai, à bonne exposition. On l'arrose en été ; durant l'hiver, les feuilles sont coupées au niveau du sol, et la plante, qui est délicate, est recouverte de terreau ou de litière.

3. L'estragon s'emploie comme assaisonnement dans les salades et se mêle aussi aux divers condiments qu'on laisse confire dans le vinaigre.

4. Le **salsifis**, dont les racines sont blanches, fournit un aliment sain et léger, très recherché, qui a des propriétés apéritives et qu'on mange frit ou en ragoût.

5. On ensemence de mars en septembre, sur *terre profonde*, bien remuée et fumée abondamment.

6. Il n'y a plus qu'à biner, à sarcler, et surtout à faire de fréquents arrosages pour que la plante se développe rapidement.

7. Les porte-graines se conservent en cave pendant l'hiver et sont replantés au printemps.

ENTRETIENS

1. Quelle terre demande l'estragon ? — **2**. Comment se multiplie-t-il ? — Quels soins demande sa culture ? — **3**. Comment l'emploie-t-on ? — **4**. Quelles sont les propriétés du salsifis ? — **5**. Comment l'ensemence-t-on ? — **6**. Que faut-il faire pour obtenir une végétation rapide ? — **7**. Comment se conservent les porte-graines ?

IX. SCORSONÈRE, LAITUE

1. La **scorsonère** ne se distingue du salsifis que par la couleur noire que portent ses racines à l'extérieur ; elle demande le même sol et les mêmes soins de culture, sert aux mêmes usages et constitue aussi un aliment sain, adoucissant, dont les feuilles et les racines sont vivement recherchées par les bestiaux. Leur consommation augmente le lait des vaches et des brebis.

2. Les **laitues** sont généralement mangées en salades : elles constituent un mets peu nourrissant, mais agréable et sain, qui rafraîchit, désaltère, prévient la constipation et procure le sommeil.

3. On les sème en tout temps, pour en avoir d'été et d'hiver, sur *terre meuble*, riche, pourvue de terreau et qu'on sait arroser à propos.

Fig. 132. — LAITUES.

Laitue pommée. Laitue romaine.

4. Les deux principales variétés sont la *laitue pommée*, qui s'arrondit et blanchit naturellement, et la *laitue romaine*, à feuilles et forme plus allongées, à saveur plus douce, et dont on blanchit le cœur en relevant et en attachant les feuilles les unes sur les autres.

ENTRETIENS

1. N'y a-t-il pas beaucoup de ressemblance entre la scorsonère et le salsifis? — Quelles sont, pour les animaux, les propriétés des feuilles et des racines? — **2**. Que savez-vous des effets bienfaisants de la laitue? — **3**. Ne la sème-t-on pas en tout temps? — **4**. Quelles sont les deux variétés de laitue?

X. AUBERGINE, PIMENT

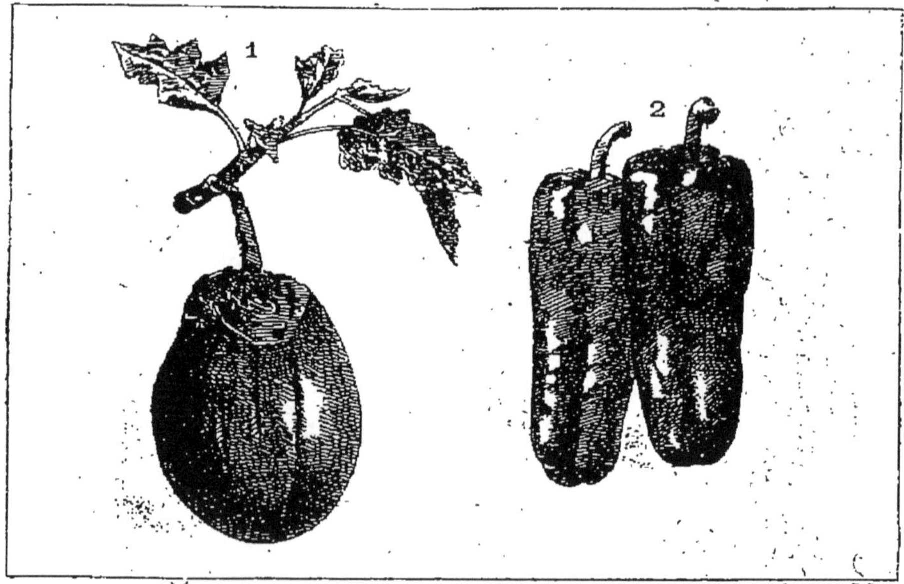

Fig. 133 — 1. AUBERGINE. — 2. PIMENTS.

1. L'**aubergine** est particulièrement cultivée dans le Midi de la France.

2. On la sème en février ou mars, sur *couche chaude* et portant une bonne fourniture de terreau.

3. On abrite l'aubergine avec des châssis ou des paillassons.

3. Huit jours après, on repique sur couche moins chaude, en mettant le plant sous cloche. Quand il est assez vigoureux, on le transplante à demeure, vers le 15 mai, à bonne exposition, sans plus le couvrir; on bine, on sarcle et on arrose fréquemment; les produits viennent vers la mi-juillet.

4. La culture du **piment** appartient aussi à la région du Midi; on la pratique surtout dans le pays basque où la cuisine ordinaire est fortement pimentée.

5. Le fruit est sec, lisse, conique, d'un vert pur, qui se change en rouge éclatant après maturité. On le mange confit dans le vinaigre. C'est un bon condiment, bien qu'il soit âcre et parfois brûlant.

6. On sème *sur couche* en mars, sur *terreau* en avril, et l'on repique en mai à bonne exposition.

ENTRETIENS

1. Où cultive-t-on particulièrement l'aubergine? — **2**. Quels soins prend-on dans les premiers temps? — **3**. Ne demande-t-elle pas à être repiquée? — Quand transplante-t-on à demeure? — Quels sont les soins ultérieurs? — **4**. Le piment n'est-il pas aussi un produit du Midi? — **5**. Décrivez-le. — **6**. Comment le cultive-t-on?

XI. TOMATES

Fig. 134. — TOMATES.

Pied de tomates. Tomate.

1. On fait avec les **tomates** des sauces qui ont une acidité légère et agréable. On peut aussi les confire au vinaigre, ou en faire des conserves.

2. On sème en mars, sur *couche abritée de châssis*, et on repique en mai sur une terre légère, bien ameublie, terreautée, en disposant les pieds en lignes, à 60 centimètres les uns des autres. Il faut arroser soigneusement et, pendant quelques jours, protéger le plant contre les ardeurs du soleil.

3. Dès que la tige atteint 40 centimètres, on lui donne un tuteur auquel on l'attache, et on la pince à l'extrémité, pour assurer le développement des fruits, dès qu'elle s'élève à un mètre.

4. Toutes les pousses secondaires doivent être supprimées; les feuilles sont enlevées pour laisser le fruit exposé au soleil. On butte, on bine et on arrose souvent.

5. La récolte se fait graduellement de juillet en septembre. Les premières gelées arrêtent la fructification et flétrissent la tige.

ENTRETIENS

1. Quels sont les usages de la tomate? — **2.** A quelle époque la sème-t-on? — Quels soins donne-t-on au sol? — A la plante? — **3.** Quand la tige atteint 40 centimètres, qu'y a-t-il à faire? — **4.** Comment obtient-on de beaux fruits? — **5.** Comment se fait la récolte?

XII. CHOUX CABUS, CHOUX DE MILAN CHOUX VERTS

1. Au point de vue des besoins domestiques, les *choux* sont d'une importance de premier ordre. Ils réclament une *terre profonde*, riche, fraîche et parfaitement fumée avec engrais froids.

2. On en compte plusieurs variétés dont voici les principales :

3. Les **choux cabus** ou *pommés*, qui forment une tête arrondie, dure, serrée. On les sème d'août en octobre; le repiquage se fait avant la fin mars, en prenant toutefois la précaution d'abriter les plants contre le froid, à l'aide de litière ou de paillassons;

4. Les **choux de Milan,** qui sont semés de février en mai, et repiqués à bref délai. Ils sont frisés, plus rustiques que les cabus, supportent mieux le froid et sont plus tendres.

Fig. 135. — CHOUX.

1. Chou de Milan. — **2.** Chou cabus (cœur de bœuf). — **3.** Chou vert frisé.

5. Les **choux verts** *non pommés*, qu'on sème de février en juillet et qu'on repique à demeure dès que le plant a pris quelques feuilles. Ils ne craignent pas le froid et deviennent plus tendres quand la gelée les a touchés.

6. Dans certains pays, on cultive une espèce de *chou* dont les feuilles sont données comme fourrage aux vaches, qui les aiment beaucoup, et dont elles augmentent la production de lait; la variété la plus connue est le **chou branchu du Poitou**.

ENTRETIENS

1. La consommation des choux est-elle importante? — Quel terrain réclament-ils? — **2.** Quelles sont les variétés les plus connues? — **3.** Quelle est la forme des choux cabus? — Quels soins demandent-ils? — **4.** Comment sont les choux de Milan? — Quand les sème-t-on ? — **5.** Que savez-vous des choux verts? — Quand sont-ils bons à manger? — **6.** A quoi servent les choux cultivés dans certains pays? — Quelle est la variété la plus connue?

XIII. CHOUX-RAVES, CHOUX-FLEURS

Fig. 136. — CHOU-RAVE. CHOU-FLEUR.

On compte encore parmi les variétés de choux :

1. Les **choux-raves**, dont le collet charnu est employé en cuisine comme le navet. On sème de mai en juillet, sur *terreau*, et on repique dès que le plant a pris feuilles; ils veulent être souvent arrosés;

2. Les **choux-fleurs**, légume excellent et recherché, qui viennent sur une *terre légère*, abondamment fumée, mais qui craignent la sécheresse et la chaleur.

3. On les sème en septembre pour replanter au printemps, à l'exposition du midi, en enfonçant chaque tige jusqu'au collet et en espaçant les plants de 60 à 80 centimètres. Un arrosage immédiat est nécessaire.

4. On peut d'ailleurs semer et repiquer en tout temps et se ménager ainsi des provisions de choux-fleurs pour toute l'année.

5. On les conserve facilement, après avoir enlevé les feuilles, en les suspendant en lieu sec, la tête en bas. Ils se réduisent beaucoup; mais on les fait revenir à leur forme primitive en trempant le trognon dans l'eau fraîche pendant quelques heures, sans toutefois laisser mouiller la tête.

6. On cultive aussi dans les jardins une autre variété de choux appelée **choux de Bruxelles**, dont la tige assez élevée se couvre de bourgeons. Ce sont ces bourgeons que l'on mange.

ENTRETIENS

1. Quelle est la partie comestible dans le chou-rave? — Comment le cultive-t-on? — **2.** Le chou-fleur est-il recherché? — Doit-on l'arroser souvent? — **3.** Comment se fait la plantation? — **4.** Ne peut-on obtenir ces légumes en toute saison? — **5.** Comment conserve-t-on les choux-fleurs? — **6.** Parlez des choux de Bruxelles.

XIV. NAVETS, RAVES, RADIS, RAIFORT

1. Les **navets** et les **raves** ne sont que deux variétés de la même plante; les raves sont d'une forme plus aplatie que les navets, elles se cultivent de la même manière. (Voir page 86.)

Fig. 137. — RADIS ROSES.

2. Ces racines demandent un *sol léger et frais* fortement fumé; elles réussissent mal dans un sol trop calcaire ou argileux. On les sème au mois de juin, à la volée ou en lignes, on bine, on sarcle, on éclaircit. On récolte en automne.

3. Les **radis** proprement dits ont la racine ronde ou longue et sont roses ou blancs, gris ou jaunes.

4. On les sème en *terre légère*, bien ameublie, en toute saison, par petite quantité, qu'on renouvelle souvent, pour en avoir de tendres en tout temps.

5. Il ne faut épargner ni le fumier, ni les arrosages

et, pendant l'été, on doit ensemencer à l'ombre et tasser légèrement le sol aussitôt après.

6. On peut associer les radis à une culture de carottes, de laitues ou d'oignons.

7. Pour les espèces hâtives, le semis se fait en hiver et sur couche; on abrite avec les paillassons; les autres espèces se sèment en pleine terre.

8. Les *radis noirs* d'hiver doivent être semés pendant le mois de juin ou la première quinzaine de juillet; on les récolte dès l'automne, et on les conserve en cave, pendant l'hiver en les maintenant enfoncés dans le sable.

9. Le **raifort** qui est aussi une variété de radis, a une grosse racine blanche, d'un goût âcre. On l'emploie râpé en guise de moutarde.

ENTRETIENS

1. Dites ce que sont les navets et les raves. — Quelle forme ont les raves? — **2.** Quel sol convient à ces racines? — Réussissent-elles dans les terrains calcaires ou argileux? — A quelle époque les sème-t-on? — Comment? — Que fait-on ensuite? — Quand les récolte-t-on? — **3.** Comment sont les radis? — **4.** Où les sème-t-on et comment? — **5.** Quels soins demandent-ils? — **6.** Ne peut-on semer le radis avec d'autres plantes? — **7.** Comment procède-t-on avec les espèces hâtives? — **8.** Quand sème-t-on les radis noirs? — A quelle époque les récolte-t-on? — **9.** Qu'est-ce que le raifort? — Comment est sa racine? — Comment l'emploie-t-on?

XV. CRESSON, ROQUETTE, MOUTARDE

1. Le **cresson de fontaine** croît naturellement le long des ruisseaux; on le fait venir aisément dans le potager, si l'on dispose d'eau courante; il suffit de quelques pieds mis dans le fond d'un fossé peu profond pour que la plante se propage.

2. On coupe souvent les pousses tendres et on arrache soigneusement les mauvaises herbes.

3. Le cresson constitue une salade de choix à laquelle on reconnaît des propriétés dépuratives.

4. La **roquette**, qui jouit d'un principe stimulant, se mange aussi en salade. On la sème en tout temps, à l'ombre, et l'on arrose souvent.

5. A la même famille appartient encore la **mou-**

Fig. 138. — **1.** CRESSON. — **2.** MOUTARDE.

On sème le **cresson** au printemps, au bord des ruisseaux à eau courante. On le cultive également dans des baquets remplis de terre à moitié de leur hauteur et recouverts d'eau que l'on renouvelle souvent.

tarde, qu'on sème en mars sur une *terre légère*, parfaitement ameublie, et qu'on récolte en septembre.

6. Les jeunes pousses sont apéritives et se mangent en salade ; avec la farine qui provient de la graine, on fait la moutarde servie sur les tables à titre de condiment. On en compose également ces topiques connus en médecine sous le nom de *sinapismes*.

ENTRETIENS

1. Dans quelles conditions peut-on établir une cressonnière? — **2.** Doit-on cueillir souvent le cresson? — **3.** Quelles sont les propriétés du cresson? — **4.** A quoi sert la roquette? — Aime-t-elle le soleil? — **5.** Que savez-vous de la culture de la moutarde? — **6.** Que fait-on des jeunes pousses? — et de la graine?

XVI. OSEILLE, ÉPINARDS, ARROCHE

1. On cultive l'**oseille** en planches ou en bordure, sur *terre légère et ameublie*, en mettant la graine à

Fig. 139. — 1. ARROCHE. — 2. ÉPINARDS. — 3. OSEILLE.
On sème l'**arroche** en mars sur tout terrain. — L'**oseille** se reproduit ou par éclats des racines ou par semence. On la sème de mars en juillet.

légère profondeur. En un mois et demi, les feuilles poussent et peuvent être cueillies.

2. On les emploie mêlées aux divers ingrédients de la soupe, ou hachées pour confectionner des omelettes et pour servir de garniture à d'autres préparations culinaires. C'est un aliment sain, agréable et de facile digestion.

3. Les feuilles d'oseille frottées sur les taches d'encre les effacent, l'encre se trouvant alors décomposée par la présence de l'*acide oxalique*; elles servent également à nettoyer et rendre brillants les vases en cuivre.

4. **L'épinard** se cultive pour ses feuilles, qu'on mange cuites ou crues; elles sont émollientes et rafraîchissantes.

5. On sème clair de mars en novembre, sur *terre ameu-*

blie, et on arrose souvent; le légume, ensemencé de mois en mois, donne des provisions tout le long de l'année.

6. On mange aussi en salade les feuilles d'**arroche**, qui rappellent le goût de celles d'épinard, sans être pourtant aussi fines.

ENTRETIENS

1. Comment cultive-t-on l'oseille? — Au bout de combien de temps peut-on en cueillir les feuilles? — **2.** Quels sont les principaux usages de l'oseille? — **3.** N'en emploie-t-on pas les feuilles pour certains nettoyages? — **4.** Quelles sont les propriétés de l'épinard? — **5.** Comment le cultive-t-on? — **6.** Dites ce que vous savez de l'arroche.

XVII. CÉLERI, CERFEUIL, PERSIL, PANAIS, CORIANDRE, FENOUIL

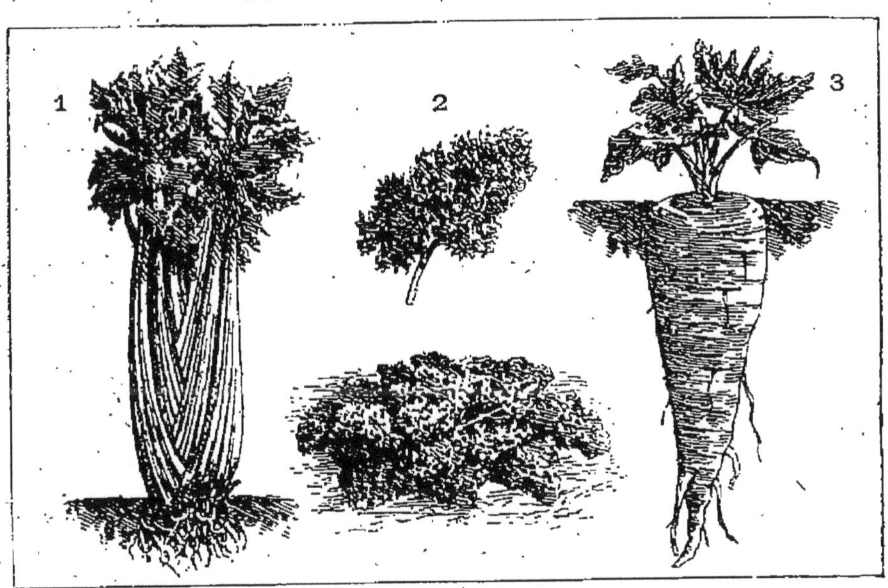

Fig. 140. — **1.** CÉLERI. — **2.** PERSIL FRISÉ. — **3.** PANAIS.

Le **panais** demande une *terre profonde meuble* et une vieille fumure. On le sème de mars à juillet. On met du paillis, on éclaircit au besoin; on arrose modérément.

1. Le **céleri** pour primeur est semé sur *couche de terreau* de janvier en mars; pour celui qui vient en *pleine terre*, on ensemence d'avril en juin.

2. Dès que le plant est assez fort, on repique sur planches creusées à 50 centimètres de profondeur.

3. On arrose, on bine, on sarcle, puis on fait blanchir en enfonçant la tige dans la terre, sans pourtant recouvrir l'extrémité des feuilles.

4. Cette plante constitue un aliment sain et agréable.

5. On sème le **cerfeuil** à toute saison de février en septembre; il en est de même du **persil**, qui répand une odeur aromatique très prononcée, et qu'on emploie fréquemment dans la cuisine comme assaisonnement; il a la propriété d'exciter l'appétit et de faciliter la digestion.

6. Nous citerons, en passant, le **panais**, dont la racine allongée sert à rehausser les potages, ainsi que la **coriandre** et le **fenouil** dont les graines servent à la préparation de quelques liqueurs.

ENTRETIENS

1. Le céleri ne se sème-t-il pas à deux époques? — **2**. Comment le repique-t-on? — **3**. Quels autres soins demande-t-il? — **4**. Quelles sont les qualités du céleri? — **5**. Que savez-vous du cerfeuil? — Quelles sont les propriétés du persil? — **6**. A quoi sert le panais? — la coriandre et le fenouil?

XVIII. MELON

1. Le **melon** est cultivé pour son fruit qui fournit une nourriture rafraîchissante.

2. Il ne vient bien qu'en *bonne terre* parfaitement préparée, pourvue de bon fumier, à l'exposition du midi et abritée le plus possible.

3. On prépare les couches en mars ou avril et l'on place trois ou quatre graines dans chaque trou, à légère profondeur.

4. On couvre alors avec des cloches et, dès que la graine est levée, on donne tous les jours un peu d'air, si la température est douce.

5. Quand le plant est assez gros, on le repique et l'on place en lignes sur nouvelle couche de terreau.

6. La *taille* des melons est une opération importante que l'on pratique à un œil au-dessus du fruit déjà formé : on supprime les rameaux surabondants et même les fruits mal conformés en n'en laissant que deux par tige.

Fig. 141. — LE MELON.
1. Melon cantaloup. — 2. Fleur mâle. — 3. Fleur femelle.

7. On donne alors plus d'air et l'on arrose légèrement ; la maturité ne tarde pas à s'annoncer.

ENTRETIENS

1. Pourquoi cultive-t-on le melon? — **2.** Où vient-il bien? — **3.** Comment prépare-t-on les couches? — **4.** Quels sont les premiers soins à donner? — **5.** Ne repique-t-on pas le plant? — **6.** Comment se fait la taille? — **7.** Qu'y a-t-il à faire ensuite?

XIX. FRAISIER

1. Le **fraisier** fournit un fruit délicieux, à saveur douce, parfumée, qui constitue, sur nos tables, un mets de dessert des plus exquis.

2. On mange les fraises crues et on les saupoudre souvent de sucre pilé.

3. On ne doit les cueillir que si elles sont en parfaite maturité ; la récolte se fait de juin à septembre.

4. Cette plante veut un *sol bien ameubli*, et qui se

trouve à bonne exposition de chaleur : le fruit alors est plus hâtif et plus abondant.

5. On reproduit le fraisier par graines ou mieux par

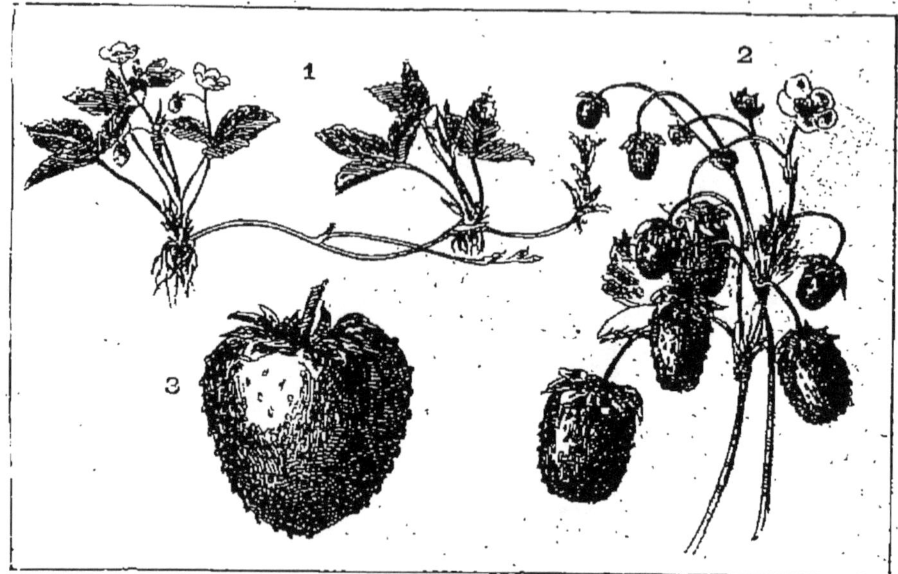

Fig. 142. — LE FRAISIER.
1. Fraisier avec coulant. — 2. Rameaux garnis de fraises. — 3. Fraise.

coulants, on choisit des plants de quatre ans, destinés à la réforme et on les laisse jeter. Au printemps suivant, les jeunes plants sont repiqués et produisent dès la même année.

6. On bine, on sarcle et on mouille quand le besoin s'en fait sentir. Un bon paillis déposé au printemps sur les fraisiers maintient la fraîcheur de la plante et la propreté du fruit.

7. La seconde et la troisième année sont généralement celles qui donnent le meilleur rapport; on doit donc renouveler le plant au moins tous les quatre ans.

8. Le *ver blanc* gîte souvent dans les racines du fraisier.

ENTRETIENS

1. Que fournit le fraisier? — **2.** Comment mange-t-on les fraises? — **3.** Quand se fait la récolte? — **4.** Comment obtient-on des fruits hâtifs et abondants? — **5.** Comment reproduit-on le fraisier? — **6.** Quels soins demande-t-il? — **7.** A quel âge la plante donne-t-elle le plus de fruits? — **8.** Quelle espèce de ver fait du tort aux fraisiers?

CHAPITRE XXV

Jardin fruitier

SOMMAIRE. — I. Semis et pépinière. — II. Verger, sol, exposition. — III. Préparation du sol. — IV. Choix des arbres. Arrachage des plants. — Epoque et premiers soins de la plantation. — VI. Distance entre les plants.

I. SEMIS ET PÉPINIÈRE

Nous avons indiqué les divers modes de reproduction des plantes, en ajoutant que le plus naturel et le plus usité se faisait par *semis* ou *graines*. La graine destinée à propager l'espèce doit être venue à parfaite maturité et être bien conformée; pour se développer vigoureusement, elle doit se trouver dans les conditions de température et d'humidité dont nous avons parlé aux pages 17 et 144 (qui sont à relire). On pourrait semer les *pépins* et les *noyaux* à la place que devront avoir les arbres qui en proviennent; mais on préfère généralement consacrer à la formation d'une *pépinière* un coin du jardin, ayant bonne exposition, dont le sol soit ameubli, et où les jeunes plants passent 3 ou 4 ans avant de prendre leur place définitive. On peut toujours d'ailleurs se pourvoir de plants chez le *pépiniériste*.

II. VERGER, SOL, EXPOSITION

1. D'ordinaire les arbres à fruits savoureux, ceux qui demandent le plus de soins et qui occupent le moins de place, sont élevés dans le *jardin potager*, à côté des légumes; les arbres les plus vigoureux, les plus rustiques, ceux dont les racines et l'ombre épaisse gêneraient les autres cultures, sont réservés pour le *verger*.

2. Le **verger** doit être clos, à l'abri des surprises des maraudeurs et des passants.

3. L'exposition du sud-est est celle qui lui convient le mieux.

4. Il est utile de connaître la composition du sol. S'il contient du calcaire en assez grande quantité, il est préférable d'y placer les arbres donnant des fruits à *noyau*; si le calcaire y est peu abondant, les arbres portant des fruits à *pépins* s'y plairont davantage.

5. Au surplus toute terre à *blé* est terre à *fruits*; et les terrains de valeur secondaire nourrissent des arbres productifs, s'ils sont exempts d'extrême sécheresse ou d'humidité persistante.

ENTRETIENS

1. Quels arbres élève-t-on dans le potager? — dans le verger? — **2.** Pourquoi le verger doit-il être clos? — **3.** Quelle est l'exposition qu'il faut choisir? — **4** Est-il important de connaître la composition du sol? — Quel terrain convient le mieux aux fruits à noyau? — et aux fruits à pépins? — **5.** Que faut-il surtout éviter dans le choix d'un verger?

III. PRÉPARATION DU SOL

1. Avant de planter les arbres, il est indispensable de défoncer profondément le terrain qui leur est destiné, de l'amender et de le fumer.

2. Si le sol est léger, un défoncement de 0m60 à 0m80 est suffisant; s'il est compacte, il sera nécessaire de creuser jusqu'à 1 mètre. Le défoncement doit se faire en été, au moins six semaines à deux mois avant la plantation.

3. C'est une pratique vicieuse que de jeter au fond les terres de superficie et d'amener celles du fond à la surface. Les différentes couches doivent être mélangées le plus exactement possible, afin que le jeune chevelu trouve partout une nourriture abondante. Les amendements et les engrais s'introduisent alors dans le mélange. La terre absolument de surface au *premier fer de bêche*, doit être réservée pour être jetée sur la racine au moment de la plantation, c'est ce qu'on appelle *amorcer la racine*.

4. Si l'on trouvait un sous-sol qui ne fût pas susceptible d'être rendu fertile, on éviterait de l'attaquer, on le pilonnerait plutôt et l'on rapporterait de bonnes terres.

On devrait également rapporter des terres, si l'on remplaçait un vieil arbre par un arbre de la même essence.

5. Si le terrain était humide, on jetterait au fond de la fosse environ 20 centimètres de pierres ou plâtras, ou bien on établirait un véritable drainage selon le degré d'humidité.

6. Ces précautions minutieuses sont indispensables à la bonne végétation des arbres et à leur durée.

ENTRETIENS

1. Que faut-il faire avant de planter les arbres? — **2.** A quelle profondeur faut-il défoncer? — **3.** Comment doit-on préparer le sous-sol? — **4.** Que fait-on lorsque le sous-sol est mauvais? — **5.** Lorsqu'il est humide? — **6.** Ces précautions sont-elles indispensables?

IV. CHOIX DES ARBRES. ARRACHAGE DES PLANTS

1. Le choix des arbres est important. Un bon arbre a la tige droite, l'écorce lisse et exempte de nœuds. Il doit être élevé en bon terrain, même si le terrain où il doit végéter est médiocre : plus il est vigoureux, plus il résiste.

2. L'arrachage des plants en pépinière demande les plus grands ménagements ; on doit faire en sorte d'éviter l'éclatement ou la meurtrissure des racines et de leur conserver un chevelu assez abondant.

3. Les parties mutilées, s'il en existe, doivent être proprement coupées sur un point qui n'ait pas souffert. Le chevelu desséché doit être rafraîchi.

4. Si l'on plante tardivement, on a recours au *pralinage*, c'est-à-dire qu'on trempe les racines dans un mélange liquide de bouse et de terre argileuse. Ce mélange qui porte le nom d'*onguent de St-Fiacre*, sert à recouvrir toutes les plaies un peu fortes que la taille ou des accidents obligent à faire aux arbres.

5. Deux personnes sont nécessaires au moment de la plantation ; l'une maintient le sujet en bonne position, tandis que l'autre étale avec soin les racines, et leur donne la direction convenable.

ENTRETIENS

1. Quelles précautions doit-on prendre pour arracher les plants? — Que faut-il surtout conserver? — 2. Qu'y a-t-il à faire aux parties mutilées? — 3. A quelle opération soumet-on les racines? — Dites quels soins on donne au sujet en le mettant en place.

V. ÉPOQUE ET PREMIERS SOINS DE LA PLANTATION

1. L'époque la plus favorable pour opérer une **plantation** est assurément l'automne, dès qu'est survenue la chute des feuilles et que le travail de végétation est en repos.

2. Les gelées d'hiver seules pourraient nuire au développement du sujet.

3. Les plantations de printemps ne sont guère usitées que lorsqu'on opère sur un sol froid et humide.

4. La hauteur de terre amoncelée autour du jeune plant ne doit pas s'élever sensiblement au-dessus de la naissance des racines, il suffit que celles-ci soient véritablement au-dessous du niveau du sol extérieur.

5. En prévision d'un affaissement inévitable du terrain remué, il sera pourtant utile d'élever la couche entourant l'arbre de 7 à 8 centimètres, en la tassant très légèrement.

ENTRETIENS

1. Quelle est l'époque la plus favorable pour opérer une plantation? — 2. Les gelées ne sont-elles pas à craindre? — 3. Sur quels terrains plante-t-on au printemps? — 4. Faut-il amonceler la terre autour du jeune plant? — 5. Que fait-on en prévision de l'affaissement du sol?

VI. DISTANCE ENTRE LES PLANTS

1. Les **plants** doivent être placés à des **distances** qui varient :

1° suivant leur espèce; 2° suivant la nature du sol; 3° suivant la forme qu'on a l'intention de leur donner.

2. En règle générale, il convient que leurs branches ne se touchent pas et n'arrêtent pas, entre elles, la libre circulation de l'air et de la lumière.

3. Plus le terrain est riche, plus aussi les arbres devront être espacés, parce qu'ainsi ils acquièrent un plus grand développement ; plus il est pauvre, et plus la distance devra être rapprochée.

4. Les distances suivantes nous paraissent pouvoir être admises : entre les noyers, 15 à 20 mètres; entre les poiriers et les pommiers, 10 à 12 mètres ; entre les cerisiers et les abricotiers 8 à 10 mètres ; entre les pruniers 6 à 8 mètres.

5. L'espace resté libre entre les arbres sera utilisé en pâturages ou prairies, ou consacré à la culture des céréales.

ENTRETIENS

1. De quoi doit-on tenir compte dans la détermination de la distance entre les plants ? — 2. Donnez une règle générale. — 3. Pourquoi doit-on espacer davantage dans les terrains riches? — 4. Quelle distance admet-on pour les noyers? — les poiriers ? — les cerisiers ? — les pruniers ? — 5. Utilise-t-on l'espace resté libre?

CHAPITRE XXVI

Greffe. — Taille. — Le fruits.

SOMMAIRE. — I. De la greffe. — II. Greffe en fente. — III. Greffe en couronne en écusson. — IV. Greffe en approche. — V. De la taille. — VI. Taille en pyramide. — VII. Taille en vase. — VIII. Taille en espalier. — IX. Taille d'hiver. — X. Œil, bourgeon, branches à fruit. — XI. Opération du pincement. — XII. Entailles, incisions. — XIII. Ébourgeonnement. — XIV. Palissage. — XV. Propriété des fruits. — XVI. Récolte des fruits. — XVII. Conservation des fruits ; fruitier.

I. DE LA GREFFE

1. *Greffer* est une opération pour laquelle on reporte

sur un végétal un rameau, quelquefois à l'état de bourgeon, pris sur un autre végétal pour qu'il s'y développe et en remplace toute la partie aérienne. Le rameau détaché de l'arbre qu'on veut multiplier est la **greffe**; l'arbre sur lequel la greffe est pratiquée s'appelle le *sujet*.

2. Le but de cette opération est de multiplier les espèces rares et d'en activer la fructification.

3. Pour que la greffe réussisse, il faut que les vaisseaux conduisant la sève soient analogues comme structure et force de végétation ; par conséquent on ne peut la pratiquer qu'entre des espèces très voisines.

4. Le **pommier** se greffe sur *franc* (sujet provenant d'une graine). Le *doucin* et le *parodis* sont deux variétés peu vigoureuses de sauvageons, qui donnent de beaux fruits et conviennent aux arbres en espaliers, cordons ou vases.

Le **poirier** se greffe sur *franc*, si le sol est profond, parce que ses racines sont pivotantes ; sur *coignassier* si le sol a peu de profondeur, parce que les racines s'étalent.

Le **pêcher** et l'**abricotier** se greffent sur *franc*, sur *prunier*, sur *amandier*.

Les autres arbres à fruits se greffent sur eux-mêmes.

5. On ne doit prendre des greffes que sur le bois d'un an, si l'on veut des arbres vigoureux. On coupe les rameaux un mois à six semaines à l'avance, et on les fiche en terre, jusqu'au tiers de leur longueur, au pied d'un mur, à l'exposition du Nord. La reprise en est ainsi plus assurée. Si elles ont voyagé pendant un certain temps, on les fait tremper un jour ou deux dans l'eau. Pour faire voyager les greffes, on les enveloppe dans de la mousse humide.

ENTRETIENS.

1. Qu'est-ce que la greffe ? — **2**. Quel est le but de cette opération? — **3**. Que faut-il pour que la greffe réussisse ? — **4**. A quel moment se pratique la greffe? — **5**. Sur quels sujets peut-on greffer ?

II. GREFFE EN FENTE

1. La **greffe en fente** consiste à placer un rameau dans une *fente* que l'on a pratiquée, à cet effet, sur une branche ou sur un tronc.

2. On scie le sujet que l'on veut greffer, en suivant un plan légèrement incliné, puis on polit la plaie à la serpette et on pratique avec un couteau, la fente où la greffe doit être insérée, en ayant bien soin de ne pas entamer la moelle.

3. Le rameau taillé en coin, pourvu de deux ou trois bons yeux, est alors introduit dans cette fente par son extrémité inférieure et placé de telle sorte que les écorces, ou plus justement les couches de liber et d'aubier, coïncident exactement.

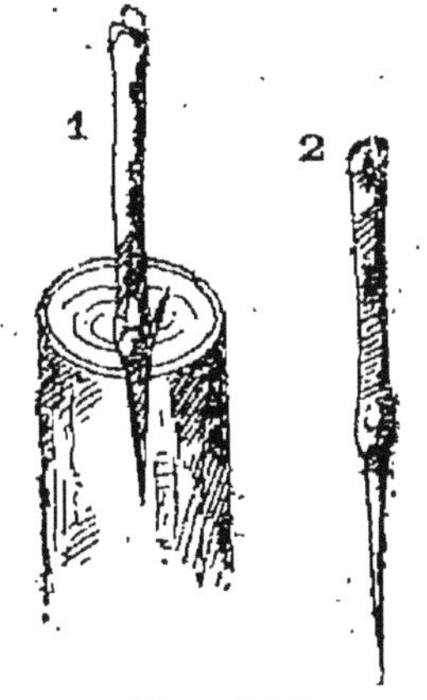

Fig. 143

GREFFE EN FENTE.

1. Greffe placée dans la *fente* du sujet. — **2**. Greffe montrant l'extrémité taillée en biseau.

4. Il n'y a plus qu'à emmailloter la plaie en la recouvrant de cire à greffer ou d'onguent de Saint-Fiacre retenu par une ligature de laine filée et, pendant quelques jours, à préserver le jeune rameau, avec un cornet de papier, contre l'action desséchante des rayons solaires.

ENTRETIENS

1. En quoi consiste la greffe en fente ? — **2**. Comment prépare-t-on le sujet? — **3**. Comment doit-on disposer le rameau qui sert de greffe ? — **4**. Ne faut-il pas recouvrir la plaie ? — Comment garantit-on le rameau ?

III. GREFFE EN COURONNE, EN ÉCUSSON

1. La **greffe en couronne** ne se pratique que sur de gros troncs auxquels on ne fait point de fente.

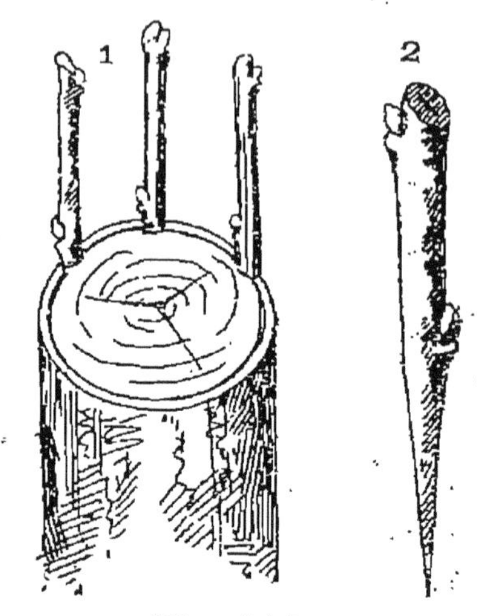

Fig. 144.

GREFFE EN COURONNE.

1. Sujet montrant les greffes enfoncées entre l'écorce et le bois. — 2. Greffe.

2. Après avoir taillé la greffe en *biseau*, comme un bec de plume aminci, on la fait pénétrer entre l'écorce et l'arbre, sur le sujet scié à hauteur voulue; ces greffes mises en cercle les unes à la suite des autres offrent l'aspect d'une couronne.

3. Il faut assujettir le tout avec des liens, redresser au besoin le tissu déchiré, et enduire avec de la cire à greffer ou de l'argile, afin d'empêcher le contact de l'air.

4. Ces greffes se font en mars ou avril, à l'époque de la pleine sève, où l'écorce se détache de l'aubier plus aisément.

Fig. 145.

GREFFE EN ÉCUSSON.

1. Greffe ou écusson montrant l'œil. — 2. Sujet greffé l'écusson a été introduit entre son écorce et son bois; il est fixé par une ligature.

5. La **greffe en écusson** consiste à porter sur le sujet, dont on a soulevé un morceau d'écorce, un œil appartenant à un autre rameau, et que l'on nomme *écusson*.

6. Pour être bon, cet œil doit retenir un morceau de bois; s'il est proprement détaché et bien placé, il réussit à merveille.

Cette greffe se pratique au printemps à *œil poussant*; en juillet et août à *œil dormant*.

ENTRETIENS

1. Sur quels sujets se pratique la greffe en couronne ? — 2. Comment s'y prend-on ? — Pourquoi l'appelle-t-on ainsi ? — 3. Avec quoi assujettit-on le tout ? — 4. A quelle époque se fait cette greffe ? — 5. En quoi consiste la greffe en écusson ? — 6. A quelle condition l'opération réussit-elle ?

IV. GREFFE EN APPROCHE

1. La **greffe en approche** diffère des autres en ce que le sujet et la greffe restent attachés à l'arbre qui les a produits. On l'emploie pour greffer des arbres très voisins, ou pour rapporter, sur une branche qui manquerait de prolongement, un rameau d'une branche voisine.

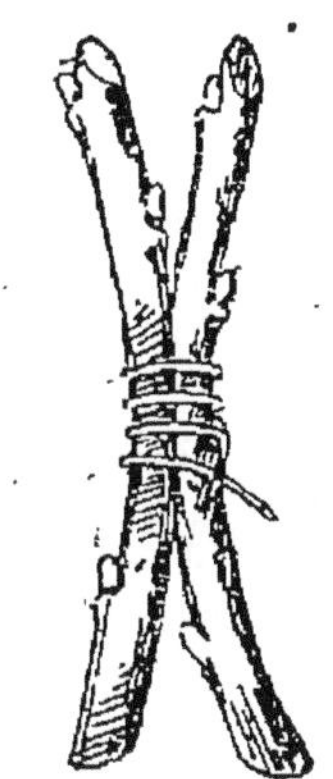

Fig. 146.

GREFFE EN APPROCHE.

Les deux rameaux entaillés sont appliqués l'un contre l'autre et maintenus par une ligature.

2. On pratique sur le sujet et sur la greffe des entailles d'égale étendue, qui pénètrent jusqu'à l'aubier. On les applique exactement en ayant soin que les couches libériennes correspondent et on ligature.

3. On sèvre peu à peu et par des entailles de plus en plus profondes, lorsqu'on suppose que la greffe est reprise.

4. On peut greffer en approche pendant tout l'été.

ENTRETIENS

1. Qu'appelle-t-on greffe en approche ? — 2. Décrivez la greffe en approche. — 3. Comment sèvre-t-on la greffe ? — 4. Quand peut-on greffer en approche ?

V. DE LA TAILLE

1. La **taille** des arbres a pour but de leur donner une forme agréable, régulière, peu gênante, de consolider

leur santé par une distribution mieux entendue de la sève, de les maintenir en bon état de production et de rendre leurs fruits plus hâtifs et plus savoureux.

2. On distingue la *taille d'hiver* et la *taille d'été* ou *pincement*. La taille d'hiver se fait avant l'ascension de la sève, plus ou moins tard, selon le climat. Sous le climat de Paris, le meilleur moment est du commencement de février à la fin de mars. La taille d'été se fait lorsque la sève est en pleine activité, c'est-à-dire du commencement de mai à la fin d'août.

3. On appelle *branches charpentières*, celles qui donnent à l'arbre sa forme, et *petites branches* ou *coursonnes* celles qui, postées sur les branches charpentières, sont destinées à produire du fruit.

4. La taille a toute son importance avec les arbres à pépins, qui s'en accommodent admirablement. Les arbres à noyaux y sont plus rebelles. On arrive par ce moyen à augmenter la grosseur de leurs fruits et même à leur en faire donner sous des climats où ils n'en produiraient pas naturellement ; mais c'est à l'aide de soins constants et journaliers. Partout où l'arbre à noyau réussit en plein vent, il ne faut pas chercher à le cultiver autrement.

5. On taille principalement en *pyramide*, en *vase* et en *espalier*.

ENTRETIENS.

1. Dans quel but taille-t-on les arbres ? — 2. A quelle époque taille-t-on les branches charpentières ou coursonnes ? — 5. Quelles sont les principales espèces de taille ?

VI. TAILLE EN PYRAMIDE

1. La **taille en pyramide** ou **quenouille** peut être appliquée à la plupart des arbres fruitiers ; elle convient pourtant au *poirier* plus qu'à tout autre.

2. Dans cette disposition la tige est *verticale*. De bas en haut, les branches latérales alternent entre elles, à 30 centimètres les unes des autres, prennent une direction oblique, et se raccourcissent insensiblement en allant de la base au sommet.

3. Le rameau ou *flèche* qui termine la tige doit être maintenu prépondérant; les branches latérales se taillent à cinq ou six yeux, si elles sont vigoureuses; à trois ou quatre, si elles sont faibles et toujours sur un œil extérieur, pour éviter les coudes. On élague soigneusement toute *bifurcation*, à moins qu'on n'en ait besoin pour combler un vide.

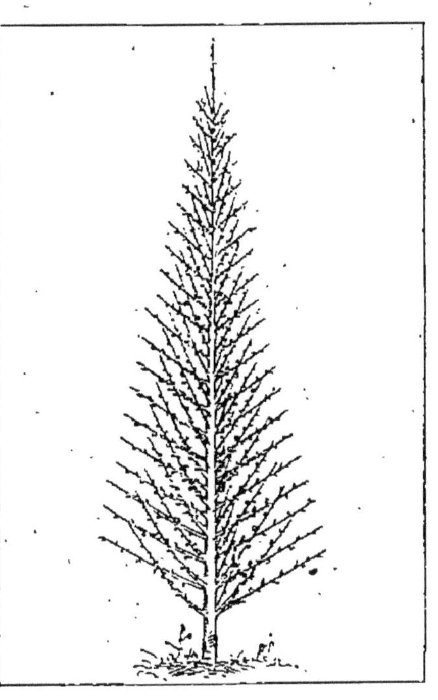

Fig 147. — ARBRE TAILLÉ EN PYRAMIDE.

4. Le plus grand diamètre du cône doit être le tiers de la hauteur totale.

5. Si toutes les parties sont convenablement équilibrées, cette disposition permet à l'air et à la lumière de pénétrer librement autour des bourgeons et des fruits, pour favoriser leur développement dans le moins d'étendue possible.

ENTRETIENS

1. A quels arbres convient surtout la taille en pyramide? — **2.** Quelle est dans ce cas la disposition de la tige? — Et celle des branches? — **3.** Que faut-il élaguer? — **4.** Quel est le rapport de la hauteur au plus grand diamètre? — **5.** Quels sont les principaux avantages de la taille en pyramide?

VII. TAILLE EN VASE

1. La **taille en gobelet** ou **vase** s'applique, à l'exception du pêcher, à tous les autres arbres fruitiers et surtout au pommier.

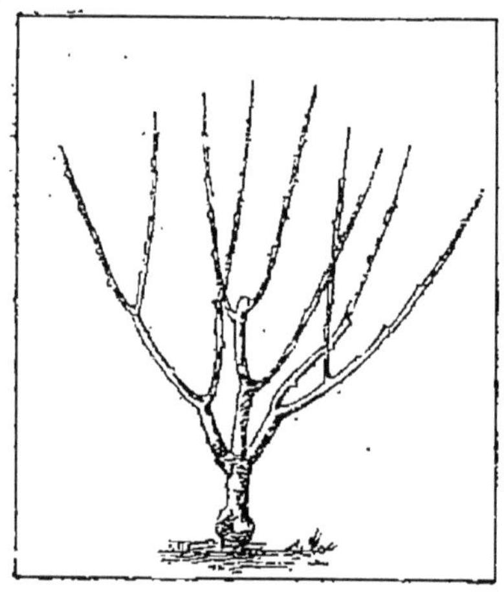

Fig. 148. — ARBRE TAILLÉ EN VASE.

2. Pour former un vase, on taille, la première année, à 3 yeux ou 3 rameaux; la deuxième année on taille ces rameaux à 10 ou 12 centimètres, de manière à en avoir six; la troisième année, on produit 12 branches et l'on s'arrête là.

3. La tige, les racines et les principales branches grossissent promptement, par l'abondance de la sève dans un parcours de canaux sagement limité; elles résistent davantage aux secousses des vents violents, peuvent être plus aisément soignées et donnent des fruits qui se recommandent par le volume, la saveur et la couleur.

ENTRETIENS

1. A quels arbres applique-t-on la taille en gobelet ? — **2.** Comment obtient-on cette forme? — **3.** Pourquoi les arbres ainsi taillés grossissent-ils vite ? — Quels autres avantages présente la taille en gobelet ?

VIII. TAILLE EN ESPALIER

1. Dans la **taille en espalier,** on dirige les branches mères parallèlement au mur.

2. Tantôt ces branches prennent la forme d'un V ouvert, disposition commode et facile à établir; tantôt on les aménage en *parallélogramme* ou en *carré* (forme à la

Dumoutier) ; tantôt enfin on les dispose en *cordon* ; alors elles alternent successivement à droite et à gauche.

3. Mais ce dernier mode a l'inconvénient de favoriser le développement des branches supérieures au détriment des branches inférieures.

4. La forme en *palmette*, composée de deux branches verticales avec ramifications obliques et la forme

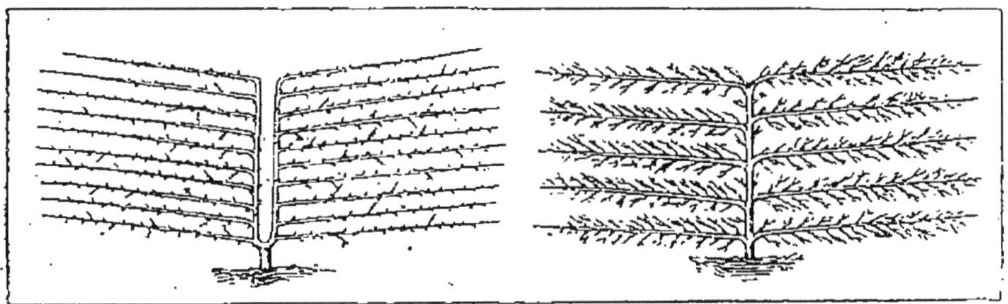

Fig. 149. — ESPALIERS.

Arbre taillé en V. Arbre taillé en palmette.

en U sont des plus avantageuses en ce sens qu'elles couvrent toutes les parties du mur et que l'espace entre les deux branches principales est utilisé pour produire du fruit.

5. On appelle arbres en **contre-espalier**, les arbres dont les branches sont fixées et étendues soit sur des fils de fer, soit contre un treillage, à distance des murs et en plein air.

ENTRETIENS

1. Comment dirige-t-on les branches dans la taille en espalier? — **2.** Quelles sont les formes les plus ordinaires que l'on donne aux espaliers? — **3.** Quel est l'inconvénient de la forme en cordon? — **4.** De quoi se compose une palmette? — Quels avantages offre-t-elle? — **5.** Qu'est-ce que des arbres en contre-espalier? — Comment les dispose-t-on?

IX. TAILLE D'HIVER

1. Ainsi que nous venons de le voir et quelle que soit la forme de l'arbre, les branches charpentières se taillent au cinquième ou sixième œil s'il est vigoureux ; au deuxième ou troisième s'il est faible et toujours sur l'œil qui continue le mieux la branche. La flèche est maintenue prépondérante.

2. Toute branche charpentière doit être terminée par un rameau à bois pour attirer fortement la sève. Si elle se termine par un bourgeon à fleur, il faut revenir sur un bon rameau, ou lui refaire un prolongement au moyen de la greffe en approche.

3. Les bifurcations inutiles, les gourmands doivent être supprimés.

4. Si un arbre est mal équilibré, on taille court la partie faible, long la partie vigoureuse.

5. Les coursonnes ou petites branches du poirier et du pommier peuvent se tailler de plusieurs manières ; la plus simple, et peut-être la meilleure, est la taille à trois yeux ou *trigemme*, découverte récemment par M. Courtais.

6. Elle se pratique de la manière suivante : *quel que soit le nombre des yeux à bois et des boutons, on ne laisse que trois yeux à chaque coursonne;* par exemple : si la coursonne n'a que des yeux à bois, on laisse trois yeux; si elle a des yeux à bois et un bouton, on laisse le bouton et deux yeux; si elle a des yeux à bois et trois boutons, on laisse les trois boutons ; si elle a un, deux, trois boutons et pas d'yeux à bois, on ne taille pas.

7. On doit, en taillant les coursonnes, se rapprocher autant que possible de la branche charpentière..

ENTRETIENS

1. Résumez la taille d'hiver des branches charpentières. — **2.** Comment doit être terminée toute branche charpentière? — pourquoi? — **3.** Doit-on laisser à la taille des bifurcations et des gourmands? — **4.** Comment taille-t-on un arbre mal équilibré? **5.** Comment se taillent les coursonnes? — **6.** Décrivez la taille trigemme.

X. OEIL, BOURGEON, BRANCHES A FRUITS

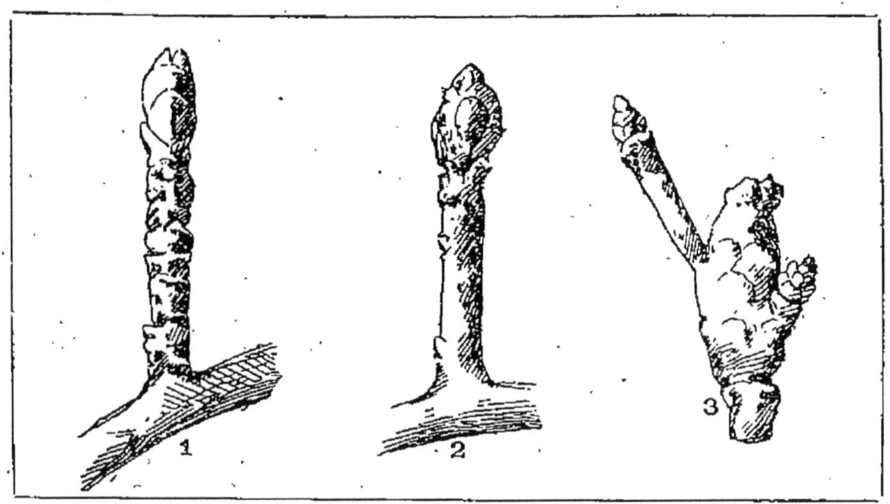

Fig. 150. — BOURGEONS.
1. Dard. — 2. Lambourde. — 3. Bourse.

1. On appelle en général **œil** le bourgeon à l'état rudimentaire. L'*œil terminal* d'un rameau est conique, l'*œil latéral* est aplati.

2. L'œil principal est toujours accompagné de deux yeux supplémentaires ou *sous-yeux* qui se développent s'il vient à être détruit. Les sous-yeux donnent des bourgeons moins vigoureux que les yeux principaux.

3. Il existe en outre, sur le bois, une infinité d'*yeux latents* qui se développent soit spontanément, soit au moyen d'une taille courte et qui sont d'une grande ressource en arboriculture.

4. Dans les arbres à pépins, les **bourgeons à fruits** se manifestent trois années à l'avance et appellent la plus grande attention au moment de la taille.

5. Les bourgeons à fruits développés, **branches à fruits** prennent différents noms :

1° La **brindille** est un petit rameau grêle, flexible, qui pousse surtout sur les jeunes arbres. On le met à fruit, à moins qu'il ne prenne ce caractère de lui-même, en l'arquant et en éborgnant l'œil terminal. Sur les arbres fertiles, on les taille comme les branches à bois.

2° Le **dard** est un petit rameau à œil conique, placé à angle droit sur la branche ; c'est la première forme du bourgeon fructifère. On ne le taille pas.

3° La **lambourde** est le développement naturel du dard, l'écorce du pourtour en est ridée.

6. On appelle **bourse** un organe lisse, charnu, tendre, tronqué à sa partie supérieure. C'est l'organe fructifère par excellence. Une bourse donne toujours des bourgeons à fruits.

7. Lorsqu'une branche à fruit se trouve à l'extrémité d'un rameau latéral, on doit le supprimer et revenir sur un œil à bois.

ENTRETIENS

1. Qu'appelle-t-on œil ? — **2.** Qu'appelle-t-on sous-yeux ? — **3.** Qu'appelle-t-on yeux latents ? — **4.** Que remarque-t-on sur les bourgeons à fruits dans les arbres à pépins ? — **5.** Donnez des détails sur les branches à fruits. — **6.** Qu'est-ce qu'une bourse ? — **7.** Que doit-on faire lorsqu'une branche à fruit se trouve à l'extrémité d'un rameau latéral ?

XI. OPÉRATION DU PINCEMENT

1. Le **pincement** ou taille herbacée, consiste à supprimer, avec les doigts ou un instrument, l'extrémité de tout bourgeon qui n'est pas nécessaire à la charpente de l'arbre.

2. Cette suppression se fait à 20 ou 25 cent. de longueur du bourgeon (environ quatre feuilles). Si l'on pinçait plus tôt, la sève abandonnerait le bourgeon ; si l'on attendait trop tard, les yeux de l'aisselle des feuilles se développeraient et il faudrait recommencer.

3. Le pincement se fait en plusieurs fois, au fur et à mesure du développement des bourgeons. Il a pour effet de convertir en branches à fruits des branches qui, livrées à elles-mêmes, n'auraient donné que du bois ou des *gourmands*.

ENTRETIENS

1. En quoi consiste le pincement ? — **2.** Quand et comment se fait le pincement ? — **3.** Quels sont les effets du pincement ?

XII. ENTAILLES, INCISIONS

1. Sur les arbres vigoureux, on peut aussi augmenter ou diminuer le développement des rameaux en pratiquant en forme de croissant, de février en mars, des **entailles** qui enlèvent l'écorce et pénètrent jusqu'à l'aubier.

2. L'entaille, dont il faut user sobrement, se pratique en dessous de l'œil ou du bourgeon dont on veut ralentir ou diminuer la force vitale et au-dessus de l'œil engourdi ou du rameau resté faible dont on veut augmenter l'énergie.

3. La marche ordinaire de la sève se trouve ainsi contrariée au profit ou au détriment des parties productives.

4. On applique l'entaille plutôt aux arbres à pépins qu'aux arbres à noyau.

5. Les horticulteurs intelligents pourront aussi pratiquer l'**incision longitudinale,** par laquelle l'écorce devient plus élastique, et l'**incision annulaire,** au moment de la floraison, pour mettre à fruit les rameaux vigoureux, mais stériles.

ENTRETIENS

1. Dans quel but pratique-t-on des entailles? — **2.** Comment se fait l'opération? — Dans quel cas? — **3.** Comment se comporte alors la sève? — **4** A quels arbres applique-t-on de préférence l'entaille? — **5.** Les horticulteurs n'ont-ils pas aussi recours à des incisions? — Pour quels motifs?

XIII. ÉBOURGEONNEMENT

1. Quelque vigoureuse que soit la taille, les arbres produisent un grand nombre de bourgeons sur lesquels on n'a point compté; il y a donc lieu de supprimer tout ce superflu au profit du nécessaire. L'opération usitée prend le nom d'**ébourgeonnement.**

2. On ébourgeonne en avril ou mai.

3. Quand les yeux sont triples ou doubles, on garde le plus fort s'il est en dessous ou au bout des branches charpentières; et le plus faible s'il est né au-dessus des branches.

4. Ce travail délicat, que complète le pincement, se fait à la *serpette* et proprement, dès que les pousses ont 5 ou 6 centimètres de long.

5. On ne l'exécute jamais tout d'une traite, mais à plusieurs reprises, par un temps sec et beau et il est indispensable d'y recourir pour une bonne direction des espaliers.

ENTRETIENS

1. Les arbres produisent-ils trop de bourgeons? — Quelle en est la conséquence? — Que faut-il faire du superflu? — Qu'est-ce que l'ébourgeonnement? — **2.** Quand le pratique-t-on? — **3.** Quelle est la marche à suivre? — **4.** De quel instrument se sert-on? — **5.** Exécute-t-on l'opération d'une seule fois?

XIV. PALISSAGE

1. Plusieurs arbres fruitiers, en espaliers ou contre-espaliers, la vigne, en treilles veulent être *palissés*, c'est-à-dire avoir leur charpente fixée contre le mur pour les espaliers, et contre un treillage pour les contre-espaliers.

Fig. 151. — PALISSAGE.
Jardinier palissant des espaliers.

2. Le **palissage** est une opération importante, mais facile dans l'exécution et ne demandant qu'un peu d'adresse.

3. Il faut éviter de prendre avec les liens les feuilles ou les bourgeons et ne pas laisser les branches s'entremêler.

4. Les pousses sont constamment surveillées et palissées, pendant toute la durée de la végétation, au fur et à mesure que le besoin s'en fait sentir.

5. Les branches-mères, formant la charpente, devront toujours être tenues très droites; les bourgeons supérieurs et inférieurs devront former des angles aigus avec la branche-mère, pour que la sève s'y répande plus également et que l'énergie vitale soit équilibrée dans toutes les parties.

ENTRETIENS

1. Qu'est-ce que palisser un arbre? — Quel arbre demande surtout à être palissé? — **2**. Est-il difficile de palisser? — **3.** Que faut-il éviter? — **4.** Quand se fait cette opération? — **5.** Comment devront être tenues les branches-mères? — Et les bourgeons supérieurs et inférieurs? — Pourquoi?

XV. PROPRIÉTÉ DES FRUITS

1. Les **fruits**, quand ils sont mûrs, constituent une nourriture saine et agréable, d'une digestion facile, à cause du sucre qu'ils contiennent; ils conviennent à tous les âges et jouissent de la même faveur sur la table du riche que sur celle du pauvre.

2. Leur variété est infinie; ils flattent la vue par la forme et la couleur; l'odorat, par le parfum qu'ils exhalent; le goût, par la délicatesse de leur chair.

3. La France, par la richesse de son sol et par la douceur de son climat, est une des nations qui peuvent produire le plus de bons fruits.

4. La commodité des transports et l'abondance des débouchés permettent de tirer grand profit de leur récolte.

ENTRETIENS

1. Quelles sont les propriétés générales des fruits? — A qui conviennent-ils? — **2.** Comment flattent-ils la vue? — l'odorat? — le goût? — **3.** La France est-elle riche en fruits? — **4.** Peut-on s'en procurer facilement?

XVI. RÉCOLTE DES FRUITS

1. Les fruits de consommation prochaine doivent être **récoltés** au moment de leur parfaite maturité, c'est-à-dire quand ils ne grossissent plus, et que, laissés sur l'arbre, ils tomberaient d'eux-mêmes à bref délai.

2. Il faut les cueillir avec précaution par un temps sec, à la main, en évitant de les presser ou de les meurtrir, ce qui avancerait leur décomposition.

3. Pour les porter au fruitier, on les place les uns à côté des autres, dans un panier plus large que profond, et qu'on a d'abord recouvert de feuilles vertes, de fougère, de mousse ou de foin.

4. Ceux qui ne doivent mûrir qu'en hiver, dans le *fruitier*, sont récoltés une quinzaine de jours avant leur maturité.

5. On les dépose provisoirement dans une pièce saine, bien aérée, où ils évaporent leur eau végétale, et on élimine tous ceux qui ne présenteraient pas des garanties suffisantes de conservation.

ENTRETIENS

1. Quand faut-il récolter les fruits? — A quoi reconnaît-on qu'ils sont mûrs? — **2.** Comment faut-il les cueillir? — **3.** Quelles précautions doit-on prendre pour les porter au fruitier? — **4.** Doit-on toujours attendre la maturité des fruits pour les cueillir? — **5.** Où les dépose-t-on? — Un triage est-il utile?

XVII. CONSERVATION DES FRUITS, FRUITIER

1. Le **fruitier** doit être établi dans un endroit sain, distant des mares, des cours d'eau, des fumiers, plutôt au nord qu'au midi, soustrait autant que possible aux influences de la chaleur, et maintenu dans une température constante, (8 à 12 degrés centigrades.)

2. Les étagères, à claire-voie de préférence, larges d'environ 50 centimètres, seront placées à 25 centimètres au moins les unes au-dessus des autres.

3. Les fruits y seront rangés méthodiquement par espèces différentes, sans qu'ils se touchent jamais, et seront soumis à une surveillance de tous les jours, pour écarter au besoin ceux qui seraient détériorés.

4. La propreté devra être méticuleuse. Il ne faudra pas ouvrir le fruitier par un temps humide; mais quand le temps sera beau et sec, il conviendra de renouveler quelquefois l'air de la pièce, qui, sans cette précaution, ne tarderait pas à se vicier.

Fig. 152. — FRUITIER

ENTRETIENS

1. Dans quelles conditions établit-on un bon fruitier? — Quelle température faut-il y maintenir? — **2.** Comment seront placées les étagères? — **3.** Importe-t-il de visiter souvent le fruitier?— Pourquoi? — **4.** Quand doit-on ouvrir pour renouveler l'air?

CHAPITRE XXVII

Économie rurale.

SOMMAIRE. — I. Hygiène de l'habitation. — II. Causes d'insalubrité. — III. Du vêtement. — IV. De la nourriture. — V. Grande et petite voirie. — VI. Nettoyage des rues. — VII. Prestation. — VIII. Caisses d'épargne. — IX. Caisse de retraite pour la vieillesse. — X. Sociétés de secours mutuels. — XI. Assurances. — XII. Contrats. — XIII. Organisation d'une exploitation agricole.

I. HYGIÈNE DE L'HABITATION.

1. L'homme passe dans sa maison une grande partie de son existence ; il a dès lors le devoir de la rendre saine, agréable et commode.

2. L'exposition du sud-est est la meilleure pour éviter, autant que possible, les vents et la pluie que l'ouest nous donne.

3. Le niveau du rez-de-chaussée doit être au-dessus du sol extérieur et, si c'est possible, avec un plancher établi sur cave, ou séparé du sol par une hauteur de 20 à 30 centimètres. Les pièces bitumées ou dallées sont toujours froides.

4. Les murs verdâtres, salpêtrés ou couverts de moisissures demandent à être reblanchis à la chaux.

5. Les étages supérieurs sont les plus sains, et doivent être préférés à tous les points de vue; ils devraient toujours avoir une hauteur de 3 à 4 mètres, et être accessibles à une abondante distribution d'air et de lumière.

6. L'intérieur ne doit présenter aucune cause d'ennui ou de malaise, pour que l'homme s'y plaise et y vive heureux avec sa famille.

ENTRETIENS

1. Est-il important de rendre l'habitation saine et agréable ? — **2.** Quelle est la meilleure exposition? — **3.** Le rez-de-chaussée doit-il être de plain-pied avec le sol extérieur? — Comment faut-il établir le plancher? — **4.** Quels soins demandent les murs? — **5.** Quels sont les étages les plus sains? — Quelles conditions doivent-ils remplir? — **6.** L'intérieur ne doit-il pas être gai?

II. CAUSES D'INSALUBRITÉ

1. Pour conserver sa santé, il faut écarter de l'habitation toutes les **causes d'insalubrité**.

2. Les émanations des fumiers et des mares croupissantes sont malsaines; l'odeur putride des latrines et des égouts ne l'est pas moins.

3. Il importe d'avoir de bonnes cheminées qui emportent au dehors la fumée, les gaz provenant de l'éclairage et qui, par un bon fonctionnement, renouvellent l'air des appartements, trop réduit d'oxygène par le travail de la respiration.

4. Les eaux ménagères, les détritus des fruits et des légumes, les balayures, doivent être soigneusement portés au dehors.

5. Les meubles, les murs seront souvent frottés pour empêcher la poussière de s'y déposer; le linge doit être bien blanc et parfaitement rangé dans l'armoire; la batterie de cuisine sera écurée et reluisante; la vaisselle bien propre. Ces derniers soins sont l'ouvrage de la femme.

ENTRETIENS

1. Que faut-il faire pour conserver sa santé? — **2.** Quelles sont les principales causes d'insalubrité? — **3.** Quels services rendent les cheminées? — **4.** Quels sont les principaux soins de propreté à observer? — **5.** Quels sont ceux qui sont particulièrement l'œuvre de la femme?

III. DU VÊTEMENT

1. S'habiller suivant *la mode* n'est qu'un caprice qu'il n'est pas sage de satisfaire; la mode est changeante, dispendieuse, et ne constitue pas toujours un progrès pour rehausser les formes du corps, le laisser libre dans son développement normal, pour le tenir et plus propre et plus sain.

2. Suivant son rang et sa fortune, chacun doit s'habiller convenablement, par décence d'abord, ensuite pour s'abriter contre les intempéries : c'est là le **vêtement,** c'est-à-dire le nécessaire.

3. Aller au delà, c'est rechercher le superflu, c'est tomber dans le *luxe*, dans une telle exagération des dépenses, que souvent les fortunes les mieux assises et les familles les plus honorables sont entraînées insensiblement dans la ruine ou le déshonneur pour ce besoin factice qui tend de plus en plus à gagner toutes les classes de la société. Ne donnons pas dans ce travers.

ENTRETIENS

1. Faut-il toujours s'habiller suivant la mode ? — N'est-ce pas un caprice qui coûte cher ? — **2.** Comment faut-il s'habiller ? — **3.** Le goût du luxe n'est-il pas une cause de ruine pour bien des familles ?

IV. DE LA NOURRITURE

1. Le corps a besoin de réparer, par une bonne alimentation, les forces qu'il a perdues.

2. Ce besoin veut être satisfait, mais avec modération, avec tempérance, par le manger et le boire, sans jamais s'oublier dans le plaisir qu'on éprouve à satisfaire la faim ou la soif.

3. L'excès dans le boire ou le manger occasionne des troubles organiques et des désordres moraux qui parfois abaissent l'homme au niveau de la brute ; les querelles, les disputes, les violences, la désunion des familles, en sont les suites naturelles.

4. Devons-nous tendre à ce but où tout se corrompt, l'esprit et le corps; où tout se perd, la vertu, la dignité, la santé? Rappelons-nous ce mot des Anciens : « Il faut manger pour vivre et non pas vivre pour manger. »

ENTRETIENS

1. Quels sont les besoins du corps ? — **2.** Comment doivent-ils être satisfaits ? — **3.** Quelles sont les suites des excès ? — **4.** Quelle règle de conduite avons-nous à suivre ?

V. GRANDE ET PETITE VOIRIE

1. Les routes nationales et départementales, les routes stratégiques, avec leurs prolongements dans les rues des villes ou des villages, forment la **grande voirie**, à laquelle se rattachent aussi les voies ferrées et les fleuves navigables ou flottables ; la **petite voirie** comprend les communications d'intérêt purement local ; chemins vicinaux, cours d'eau non flottables ou non navigables.

2. Les affaires de petite voirie sont de la compétence du maire ; les affaires de grande voirie rentrent dans les attributions du préfet.

3. Toute personne qui veut bâtir, réparer, embellir des maisons, établir des balcons à ses fenêtres, des bancs devant sa porte, élever des clôtures le long des chemins, etc. doit avoir une autorisation du préfet si l'immeuble confronte la grande voirie ; ou une autorisation du maire, quand il ne s'agit que de petite voirie.

4. La sécurité publique exige qu'on prenne, en ce cas, l'alignement indiqué par l'administration.

ENTRETIENS

1. Que comprend la grande voirie ? — la petite voirie ? — **2.** De qui dépendent les affaires de la première ? — de la seconde ? — **3.** Peut-on bâtir le long des chemins sans autorisation ? — A qui faut-il s'adresser ? — **4.** Est-il juste que l'administration exerce une surveillance sur ce point ?

VI. NETTOYAGE DES RUES

1. Dans chaque commune, le maire, suivant que les circonstances l'exigent, prend des arrêtés pour assurer l'hygiène des maisons et des rues, ainsi que la sécurité des habitants.

2. Mais tout homme raisonnable sait maintenir son intérieur en état de propreté et n'attend pas les sommations municipales pour faire balayer le devant de sa porte et le chemin qui borde sa maison.

3. Il fait enlever toutes matières fétides ou repoussantes, tout ce qui peut nuire à la santé : eaux stagnantes, fumiers ; tout ce qui gêne la libre circulation : amas de bois, charrettes, outils, etc., neige, boues encombrantes.

4. Ces précautions sont indispensables pour prévenir ou pour combattre les épidémies, qui n'ont souvent d'autre cause que des foyers d'infection établis dans le voisinage.

5. « La rue, dit Stahl, est le royaume du passant. » Oui, mais les passants, c'est nous tous : agriculteurs, ouvriers, commerçants... et nous voulons que ce petit royaume soit tranquille, propre et commode.

ENTRETIENS

1. Le maire ne prend-il pas des arrêtés pour assurer l'hygiène des maisons et des rues ? — **2.** Faut-il attendre les sommations municipales pour nettoyer les abords de sa maison ? — **3.** Que fait à cet égard un homme raisonnable ? — **4.** Quelle est souvent la cause des épidémies ? — **5.** Rappelez et commentez le mot de Stahl.

VII. PRESTATION

1. L'entretien des chemins vicinaux est laissé aux soins des communes, qui imposent à chaque chef de famille porté sur le rôle des contributions directes, trois journées de travail, pour lui, ses enfants mâles ou ses serviteurs âgés de 18 à 60 ans, ou une redevance payable en argent (6 francs ordinairement).

2. Ce même travail ou impôt frappe le propriétaire pour chaque charrette ou voiture attelées ; pour chaque bête de somme, de selle ou de trait.

3. En l'espèce, le riche n'est pas plus taxé que le pauvre ;

mais s'il possède de vastes domaines, s'il lui faut de nombreux serviteurs, des véhicules, des attelages, l'impôt de **prestation** s'élève d'autant et l'inégalité disparaît.

4. En bonne justice, celui qui use du chemin doit le réparer. Or, tous les gens valides, en allant et venant, détériorent plus ou moins la voie publique; c'est donc à eux qu'incombent les charges d'entretien. Ils doivent s'acquitter de cette obligation en *nature* ou en *argent*.

ENTRETIENS

1. Qui doit entretenir les chemins vicinaux ? — Comment impose-t-on les chefs de famille? — **2.** L'impôt ne frappe-t-il pas aussi les propriétaires de voitures ou de bêtes de somme ? — **3.** Le riche est-il plus taxé que le pauvre ? — **4.** Est-il juste de payer les prestations ?

VIII. CAISSES D'ÉPARGNE

1. Les **caisses d'épargne** sont des établissements de prévoyance destinés à recevoir les petites économies réalisées par l'ouvrier industriel ou agricole, les domestiques, les employés etc. Les gens ordonnés peuvent ainsi s'assurer un petit avoir par des dépôts successifs, qui peuvent varier de 1 à 1 000 francs par semaine, tant que le capital ainsi mis en réserve ne dépasse pas, intérêts compris, la somme de 2 000 francs.

2. L'intérêt, fixé entre 3 fr. 50 et 4 0/0, court du 7e jour après le versement et cesse 7 jours avant le remboursement.

3. Chaque déposant reçoit à son premier versement un *livret de caisse d'épargne* numéroté où figurent ses nom, prénoms, âge, domicile et profession; ce livret porte la mention de chaque versement ou remboursement opéré, avec indication des dates qui s'y rapportent.

4. La caisse d'épargne est administrée gratuitement et sévèrement contrôlée par l'administration.

5. Les valeurs qu'on y apporte sont en sûreté et aucune institution de prévoyance n'est plus justement populaire.

ENTRETIENS

1. Qu'est-ce que les caisses d'épargne ? — Combien peut-on placer à la caisse d'épargne ? — 2. Quel est l'intérêt servi ? — 3. Que reçoit chaque déposant ? — 4. La caisse d'épargne est-elle contrôlée ? — 5. Est-ce un placement sûr ?

IX. CAISSE DE RETRAITE POUR LA VIEILLESSE

1. Une autre institution des plus utiles est la **caisse des retraites pour la vieillesse.** Moyennant un léger versement, chacun peut se constituer une rente dont il jouit à 50 ou 60 ans, à son choix. Plus on est jeune, plus la somme à verser est modique.

2. Les dépôts sont facultatifs et se font chez les receveurs particuliers; pour les célibataires, ils doivent être de 5 francs au moins, sans fraction de franc; pour les personnes mariées, de 10 francs au moins avec multiples de 2 francs.

3. Le compte annuel de chaque individu ne peut être supérieur à 3 000 francs.

4. Chaque déposant peut, à son choix, réserver le capital pour ses héritiers après son décès, ou l'abandonner, s'il n'a pas d'héritiers, au profit de la rente qui est alors plus élevée.

5. Cette institution qui date du 18 juin 1852, permet aux gens laborieux et prévoyants de s'assurer des ressources pour leurs vieux jours et de ne plus être exposés à la pauvreté ou au dénûment.

ENTRETIENS

1. Quel est le but de la caisse des retraites ? — 2. Où se font les versements ? — Quel est le taux minimum des versements ? — 3. Quel est le maximum du compte annuel ? — 4. Peut-on réserver le capital pour ses héritiers ? — 5. Résumez les bienfaits de cette institution.

X. SOCIÉTÉS DE SECOURS MUTUELS

1. Pris isolément, l'homme n'est par lui-même que peu de chose ; associé à ses semblables par l'esprit et par le cœur, il devient dans la lutte du bien une force indestructible.

2. Puisque nous sommes tous frères, dans la grande famille nationale, nous devons tous nous aimer, rester unis, nous secourir, partager nos joies ou nos tristesses dans la bonne comme dans la mauvaise fortune.

3. C'est de ce besoin d'aide réciproque qu'est sortie la création des **sociétés de secours mutuels.**

4. Moyennant une légère cotisation annuelle versée par chaque sociétaire, on assure à tous les ayants droit des secours et des remèdes dans les cas d'accident, de maladie, d'infirmité, d'incapacité de travail.

5. L'homme qui jouit de sa santé et qui sait produire, se suffit toujours à lui-même; qu'il sache alors prélever sur ses ressources une modique part du superflu pour parer aux éventualités fâcheuses qui peuvent l'atteindre ou frapper son semblable : c'est une des formes de la solidarité la mieux entendue.

ENTRETIENS

1. L'homme a-t-il intérêt à s'associer à ses semblables? — **2.** N'avons-nous pas des devoirs envers la société? — **3.** D'où est venue la création des sociétés de secours mutuels? — **4.** Parlez des avantages de l'association en général. — **5.** Ne doit-on pas profiter du moment où l'on est en bonne santé pour faire des économies en vue de l'avenir?

XI. ASSURANCES

1. On appelle **assurance** un contrat par lequel *l'assureur* garantit *l'assuré*, moyennant paiement d'une **prime** annuelle contre les risques qu'il court en cas d'incendie, de grêle, de gelée, d'épizootie de naufrage, d'inondation etc.

2. La convention passée entre les deux parties prend le nom de *police d'assurance.*

3. On peut assurer sa personne contre les accidents ou la mort; on assure ses biens, meubles et immeubles, ses bestiaux, ses marchandises, ses récoltes.

4. Les assurances se divisent en deux catégories :

1° Les **assurances à primes fixes**, sociétés *anonymes*, disposant de grands *capitaux*, rayonnant sur un ou plusieurs états.

2° Les **assurances mutuelles**, sociétés formées par des associés qui veulent se garantir, réciproquement contre les éventualités fâcheuses et qui sont à la fois assureurs et assurés. Le premier mode est le plus généralement suivi par l'assuré.

ENTRETIENS

1. Qu'appelle-t-on assurance? — **2.** Qu'est-ce qu'une police d'assurance ? — **3.** Contre quels risques peut-on s'assurer ? — **4.** Qu'appelez-vous assurances à primes fixes ? — Assurances mutuelles? — Quel est le mode le plus usité ?

XII. CONTRATS

1. Quand on loue ou qu'on achète une maison, un domaine, le *propriétaire* et le *locataire*, le *vendeur* et *l'acheteur*, passent, suivant le cas, une convention qui tantôt n'est qu'un **bail de louage**, d'autres fois un **contrat de vente.**

2. La convention lie les parties qui doivent toujours l'exécuter loyalement, sans aucune arrière pensée. C'est le **contrat** : quand il est écrit, il spécifie clairement les obligations réciproques des deux parties.

3. Mais s'il est simplement verbal : location d'une maison, conventions pour prendre les gens à son service, ce contrat tacite n'en doit pas moins être scrupuleusement observé par tous les honnêtes gens.

4. On est toujours libre de prendre avec autrui tels

engagements qu'on juge nécessaires ou avantageux ; mais quand on les a pris, le premier des devoirs, c'est de les tenir dans leur entier.

ENTRETIENS

1. Qu'est-ce qu'un bail ? — Un contrat de vente ? — 2. Faut-il exécuter toutes les clauses d'une convention écrite ? — 3. Si le contrat est simplement verbal, est-il honnête de chercher à se soustraire à ses engagements ? — 4. Doit-on prendre des engagements à la légère ?

XIII. ORGANISATION D'UNE EXPLOITATION AGRICOLE

1. **Une exploitation agricole** se compose des bâtiments : maison d'habitation, étables, écuries, granges, hangars qui constituent la *ferme*, et des terres cultivables que le cultivateur met en rapport.

3. L'agriculteur a besoin pour mener à bien son entreprise d'instruments aratoires, de bestiaux et de semences; c'est ce qu'on nomme le **capital mobilier** ou **cheptel**.

3. Mais ce capital ne lui suffit pas, il faut encore qu'il possède une somme d'argent pour faire face à l'entretien de ses bâtiments, de ses instruments, de son bétail, au paiement de ses ouvriers et domestiques, à l'achat des engrais etc., etc. Ce capital est son **capital circulant.** Son importance varie suivant les cultures entreprises et la nature des terres.

4. Le fermier n'entreprendra donc que l'exploitation d'une ferme proportionnée à ses ressources ; il s'adonnera à la culture des plantes convenant le mieux à ses terres et dont il est sûr de trouver un placement certain. S'il a des prairies, il pourra se livrer à l'élevage ou à l'engraissement du bétail, mais en ayant soin de n'entretenir que le nombre de bêtes qu'il lui sera possible de bien nourrir.

5. Les bons instruments font les bons travaux, il y a un intérêt majeur pour le fermier à faire achat, quand il le peut, d'instruments perfectionnés et de bonne qualité.

Fig. 153. — INTÉRIEUR DE FERME.

L'outillage agricole devra être tenu continuellement en bon état.

6. A notre époque les journaux spéciaux publiant le prix des denrées sont nombreux, l'agriculteur les consultera pour se tenir au courant des cours. Il ira aux foires et aux marchés ; de cette façon il sera suffisamment renseigné pour effectuer ses achats et ses ventes au moment propice.

ENTRETIENS

1. De quoi se compose une exploitation agricole? — 2. Qu'est-ce que le capital mobilier ou cheptel? — 3. Ce capital suffit-il? — Qu'appelle-t-on capital circulant? — 4. Que fera le fermier prévoyant? — Dans quelles conditions pourra-t-il faire de l'élevage? — 5. Pourquoi le fermier a-t-il intérêt à avoir de bons instruments et à bien les entretenir? — 6. Que fera l'agriculteur pour se tenir au courant des cours des denrées?

CHAPITRE XXVIII

Comptabilité agricole [1].

SOMMAIRE. — I. Comptabilité du fermier — II. Inventaire. — III. Brouillard ou main courante. — IV. Livre de caisse. — V. Livre d'entrée et de sortie. — VI. Livre de main-d'œuvre. — VII. Livre des animaux. — VIII. Rendements.

I. COMPTABILITÉ DU FERMIER

1. Comme le commerçant, le cultivateur doit se rendre compte de ses opérations. Il le fait en tenant une **comptabilité**, c'est-à-dire en notant jour par jour, et au fur et à mesure qu'ils se produisent, les mouvements d'argent, de marchandises, etc., etc.

2. Cette comptabilité doit être aussi simple que possible, le fermier n'ayant que peu de temps à lui consacrer et n'ayant pas toujours reçu une instruction suffisante pour se livrer à des écritures compliquées.

3. Voici les livres qu'il est urgent de tenir à jour pour se rendre un compte exact de la marche d'une exploitation et de ses résultats annuels : *Brouillard ou main courante, livre de caisse, livre d'entrée et de sortie, livre de main-d'œuvre et livre des animaux.*

ENTRETIENS

1. Le fermier doit-il tenir une comptabilité? — **2.** Cette comptabilité doit-elle être compliquée? — **3.** Indiquez les livres qu'il est urgent de tenir à jour.

---

1. Voir COMBETTE. — *Arithmétique, cours moyen et supérieur*. p. 341. — Paris, A. Picard et Kaan, 1 vol. in-18, 1 fr. 60.

II. INVENTAIRE

(*Voir modèle p.* 268.)

1. Lorsqu'un agriculteur entreprend l'exploitation d'une ferme, il doit commencer par faire une situation aussi exacte que possible de tout ce qu'il possède. Cette situation porte le nom d'*inventaire*.

2 L'**inventaire** est un état divisé en deux parties; du côté gauche nommé *actif* le fermier inscrit tout ce qu'il possède et tout ce qui lui est dû, et du côté droit nommé *passif*, tout ce qu'il doit. (Voir modèle p. 268.)

3. On inscrit à l'**actif** : 1° le *mobilier de ménage* qui se compose des meubles, effets, linge à l'usage personnel du cultivateur et de sa famille; ces objets ne doivent pas être évalués à prix d'achat, mais selon ce qu'il valent au moment de l'inventaire. 2° Le *mobilier agricole* composé des instruments de grande et de petite culture : charrues, herses, rouleaux, moissonneuses, voitures, harnais, mobilier d'étables, d'écuries, etc., etc. Comme pour le mobilier de ménage tous ces objets doivent être estimés à leur valeur du jour de l'inventaire. 3° Les *récoltes* en grange et en grenier : grains, paille, racines, fourrages, etc., le tout estimé au cours du jour. 4° Le *bétail* : chevaux, juments, bœufs, vaches, veaux, moutons, porcs, poules, dindons, oies, canards, etc., également estimés à leur valeur réelle. 5° Les *fumiers* et *engrais*. 6° L'*argent* en caisse. 7° Toutes les sommes dues au cultivateur et qui portent le nom de *créances*.

4. Le **passif** se compose de la nomenclature de ce que doit l'agriculteur à ses fournisseurs ou à des prêteurs. On inscrit le nom du *créancier* et la somme qui lui est due.

5. Les additions de la colonne de l'*actif* et de la colonne du *passif* étant faites, la différence qui existe entre le *passif* et l'*actif* constitue le *capital*.

6. Pareil inventaire doit être fait chaque année, soit à l'époque correspondant au début de l'exploitation, soit au 31 décembre. Cette date est préférable, les travaux de culture sont peu importants à cette époque et laissent plus de temps au fermier pour se livrer à cette opération.

7. Quand les bâtiments et les champs constituant la ferme appartiennent au fermier, il va sans dire que leur valeur doit figurer à l'actif sous la rubrique *Batiments d'exploitation et terres.*

ENTRETIENS

1. Qu'est-ce qu'un inventaire? — **2.** Qu'inscrit-on à l'actif? — Au passif? — **3.** Qu'est-ce que le mobilier de ménage? — Le mobilier agricole? — Comment les récoltes doivent-elles être estimées? — Et le bétail? — Qu'entend-on par créances? — **4.** De quoi se compose le passif? — **5.** Qu'est-ce que le capital? — **6.** Quand doit-on faire un inventaire?— Quelle date doit être préférée ? Pourquoi? — **7.** Quand la ferme appartient au fermier, où doit-il en faire figurer la valeur?

III. LE BROUILLARD OU MAIN COURANTE

(*Voir modèle p.* 270.)

L'inventaire étant fait, le fermier possède une base d'opération, il ne lui reste plus qu'à noter avec la plus grande régularité toutes les opérations auxquelles il se livre, il le fait sur le **brouillard** ou **main courante**.

2. Le brouillard est un livre réglé avec deux colonnes de francs et centimes, l'une pour les sommes partielles, l'autre pour les totaux. (Voir modèle page 270.)

Cette disposition est la meilleure, mais un cahier quelconque de papier blanc peut faire un brouillard si l'on veut.

3. Chaque opération y est notée au moment où elle se présente et à la suite de la précédente. On écrit la date au milieu de la ligne et sur la ligne immédiatement au-dessous l'objet de l'article. Exemple :

5 Juin 1888						
Livré à Nicoud, à Prunay,						
200 kil. blé à...........	27	»	54		60	»
100 kil. seigle à..........	15	»	15	»		»
id.						
Payé à Vilmorin de Paris...					100	

4. Tous ces articles sont ensuite reportés aux livres spéciaux, car le brouillard n'est qu'un aide-mémoire sur lequel on écrit au *brouillon*, comme son nom l'indique, tout ce que l'on fait; il sert à passer les autres écritures à tête reposée quand on a un moment, le soir par exemple, après le dîner, quand les autres travaux de la ferme sont terminés.

ENTRETIENS

1. Quel est l'usage du brouillard? — **2.** Quelle disposition doit-il avoir? — **3.** Comment se passent les articles? — **4.** Où reporte-t-on les articles du brouillard? — Quel est le moment le plus favorable pour cela ?

IV. LE LIVRE DE CAISSE

(*Voir modèle p.* 271.)

1. Le livre de caisse sert à tenir compte des *recettes* et des *dépenses*. On inscrit les recettes sur la page de *gauche* et les dépenses sur la page de *droite*.

3. La disposition de ce livre est la même que celle du brouillard (voir modèle page 271) il a en plus sur le côté gauche de chaque page deux colonnes; dans l'une on écrit le mois dans l'autre le quantième.

3. On relève sur le livre de caisse les recettes et les dépenses qui ont été notées sur le brouillard et par ordre de date.

4. On fait l'addition des recettes et des dépenses et à la fin de chaque journée, de chaque semaine ou de chaque mois suivant l'importance de l'exploitation, on arrête la caisse, c'est-à-dire que l'on déduit le total des dépenses du total des recettes, la différence doit être de la même somme que l'argent en caisse; sinon la caisse n'est pas juste; ou les additions en sont erronnées, ou des articles ont été omis, il faut pointer pour retrouver cette erreur.

ENTRETIENS

1. A quoi sert le livre de caisse? — Qu'inscrit-on sur la page de gauche? — Sur la page de droite? — **2.** Quelle est la disposition de ce livre? — **3.** De quel livre se sert-on pour faire la caisse? — **4.** Comment arrête-t-on la caisse? — Que représente la différence des dépenses aux recettes? — Que faut-il faire si cette différence n'est pas égale à la somme d'argent en caisse?

V. LIVRE D'ENTRÉE ET DE SORTIE

(*Voir modèle p.* 272.)

1. C'est sur le **livre d'entrée et de sortie** que le fermier inscrit les entrées et les sorties des produits de sa ferme. Lorsque ce livre est tenu avec régularité, il lui est possible, quand il le désire, de savoir quelle quantité de chaque denrée il a en magasin.

2. Le **livre d'entrée et de sortie** peut être imprimé à l'avance ou tracé à la règle. Les pages sont partagées en autant de divisions qu'il y a de cultures dans la ferme chaque division comprend deux colonnes, l'une pour *l'entrée*, l'autre pour la *sortie*. (Voir modèle page 272.)

3. Chaque division porte en tête le nom du produit : blé, avoine, seigle, orge, foin, paille, betteraves, pommes de terre, colza, tabac, etc., etc.; il est bon d'y tenir compte aussi des engrais : fumier, marne, engrais chimiques, etc.

4. On commence par inscrire en tête de chaque

article et dans la colonne de l'entrée la quantité de chaque produit constatée par l'inventaire. Au fur et à mesure des ventes et de la consommation on porte les quantités à la sortie et lorsqu'on fait une récolte ou un achat, on le porte à l'entrée. De cette façon l'écart entre l'entrée et la sortie représente la quantité en magasin.

ENTRETIENS

1. Quelle est l'utilité du livre d'entrée et de sortie? — **2.** Comment est établi ce livre? — **3.** Que met-on en tête de chaque division? — Doit-on faire figurer les engrais? — **4.** Comment procède-t-on? — Que représente l'écart entre l'entrée et la sortie?

VI. LIVRE DE MAIN-D'ŒUVRE

(*Voir modèle p.* 273.)

1. Il est bon que l'agriculteur puisse se rendre compte de l'argent qu'il dépense en journées de travail et à quelles cultures s'appliquent ces journées. Il arrive facilement à ce résultat au moyen du **livre de main-d'œuvre.**

2. Comme les autres registres, le livre de main-d'œuvre peut être imprimé ou tracé à la main. Il comprend d'abord deux colonnes pour le mois et le quantième, une colonne pour le nom du journalier, une colonne pour le prix de la journée et une colonne pour chaque genre de culture. (Voir page modèle 273.)

3. Chaque jour on inscrit la date, le nom de l'ouvrier, le prix qui lui est alloué et l'on sort sa journée dans la colonne blé, s'il a fait un travail pour le blé, betteraves, s'il a travaillé aux betteraves, etc.

4. Par ce livre, l'agriculteur est renseigné, non seulement sur le nombre de journées de travail de chaque mois, mais encore sur le temps employé pour chaque culture. Ces données sont précieuses pour l'établissement du prix de revient.

ENTRETIENS

1. A quoi sert le livre de main-d'œuvre? — 2. Quel est le tracé de ce livre? — 3. Comment y inscrit-on les journées de travail? — 4. A quoi peuvent être employés les renseignements fournis par le livre de main-d'œuvre?

VII. — LIVRE DES ANIMAUX

(*Voir modèle p.* 274.)

1. Le **livre des animaux** a la même utilité que le livre d'entrée et de sortie des produits de culture. Par lui le fermier est renseigné sur la quantité, la mortalité la reproduction, la vente, etc., des animaux qu'il possède.

2. On consacre à chaque espèce d'animaux: chevaux, bœufs, vaches, ânes, mulets, moutons, porcs, un certain nombre de pages. On divise ces pages en colonnes: une pour la date d'entrée ou de naissance, une pour le quantième, une pour le nom de l'animal, une pour la saillie, une pour la mise bas, une pour la sortie (voir modèle p. 274). Pour les vaches et les brebis il est bon d'ajouter trois colonnes lait, beurre, fromages, ces produits étant donnés par ces animaux (voir modèle p. 274). Il faut aussi procéder de même pour la volaille poules, dindons, oies, canards, pigeons; on ajoutera alors une colonne pour les œufs.

3. Quand ces animaux sont en bandes comme les moutons, les porcs, on peut les inscrire par lots. Il en est de même pour les volailles qu'il est impossible de noter isolément.

ENTRETIENS

1. Quelle est l'utilité du livre des animaux? — 2. Comment le trace-t-on? — Que faut-il ajouter pour les vaches et les brebis? — 3. Que fait-on pour les animaux en bandes et les volailles?

VIII. RENDEMENTS

(*Voir modèle p.* 275.)

1. Nous conseillons aux fermiers désireux de savoir ce

que leur rapporte la culture d'une plante ou l'élevage des animaux, d'adjoindre aux livres que nous venons d'énumérer un **livre de rendements**. Ils pourront ainsi, en toute connaissance de cause, s'adonner de préférence aux cultures des plus productives ou abandonner celles qui leur donnent de mauvais résultats.

2. Pour l'établissement d'un livre de rendement un registre quelconque suffit, mais un grand livre comme tous les papetiers en vendent est préférable (voir modèle p. 275).

3. Le fermier ouvrira un compte, c'est-à-dire consacrera une ou plusieurs pages à chaque genre de culture : Blé, seigle, avoine, betteraves, foin, etc. Il portera au débit de chaque compte (sur la page de gauche) toutes les dépenses faites et au crédit (page de droite) toutes les recettes provenant de la vente.

4. Prenons pour exemple le blé. On portera au débit : la valeur des journées passées pour les labours, le hersage, etc; la valeur des fumiers ou engrais, la valeur de la semence, les frais de moisson, de mise en grange, de battage, etc. Puis au crédit, le montant de la vente du grain et de la paille. La différence entre le débit et le crédit, déduction faite de la cote-part de frais généraux donnera le bénéfice réalisé sur la culture du blé.

5. Pour les vaches et les brebis, il faut faire figurer à leur crédit le montant de la vente du lait, du beurre et des fromages; pour les moutons le produit de la laine provenant de la tonte, et pour les volailles le montant de la vente des œufs, du duvet des oies, etc.

ENTRETIENS

1. Que doivent faire les fermiers, désireux de se rendre compte des résultats des différents produits qu'ils exploitent? — **2.** Que faut-il pour établir un livre de rendements? — **3.** Comment installe-t-on ce livre? — Que porte-t-on au débit? — Au crédit? — **4.** Comment fait-on le prix de revient du blé? — **5.** Que faut-il compter pour les vaches et brebis? — Les moutons? — Les volailles?

MODÈLES

Inventaire

ACTIF				
Bâtiments d'exploitation et terres			20 000	»
Mobilier de ménage				
Meubles	1 100	»		
Linge et vêtements	600	»	1 700	»
Mobilier agricole				
1 charrue araire				
1 charrue avant-train				
1 herse en bois				
1 herse en fer				
1 rouleau			2 000	»
Etc.				
Récoltes				
2 500 kilos blé à 27 fr.	675	»		
1 500 kilos seigle à 15 fr.	225	»	900	»
Bétail				
5 chevaux, ensemble	2 000	»		
4 bœufs, —	1 200	»		
6 vaches, —	1 800	»		
50 moutons, —	1 500	»	6 500	»
Fumiers et Engrais				
Fumier de ferme et Engrais			200	»
Argent en caisse				
Espèces			1 100	»
Créances diverses				
Nicoud, à Prunay	200	»		
Dubuisson, à Beaugency	300	»		
Barry, à La Garenne	500	»	1 000	»
			33 400	»

PASSIF				
Créditeurs divers				
Vilmorin à Paris	100	»		
Hidien, à Châteauroux	1 200	»		
Bernard, à la Ferté	3 000	»	5 300	»
			5 300	»
Capital			28 100	»
			33 400	»

Brouillard ou Main courante

DÉSIGNATION DES ARTICLES	PRIX		TOTAUX partiels		TOTAUX	
5 juin 1888						
Livré à Nicoud à Prunay,						
200 kil. blé...........	27	»	54	»		
100 kil. seigle..........	15	»	15	»	69	»
id.						
Payé à Vilmorin de Paris...					100	»
id.						
Donné aux vaches: 50 kilogrammes betteraves......						
6 juin 1888						
Reçu de Dubuisson, de Beaugency...................					200	»
id.						
Vendu à la ville 40 litres lait.	»	20	8	»		
— 3 kil. beurre.	2	»	6	»	14	»
8 juin 1888						
Vendu à la ville 5 douzaines d'œufs..................	»	60			3	»

Recettes — **Caisse** — **Dépenses**

DATES		INDICATION des Articles	TOTAUX partiels		TOTAUX		DATES		INDICATION des Articles	TOTAUX partiels		TOTAUX	
1888							1888						
Juin	1er	Espèces en caisse...			1 100	»	Juin	1er	A Vilmorin espèces..			100	»
»	6	Par Dubuisson espèces.			200	»							
»	6	Vendu 40 litres lait..	8	»									
»	»	» 3 kil. beurre.	6	»	14	»							
»	8	» 5 douz. œufs.			3	»							
												100	»
									Solde en caisse...			1 217	»
					1 317	»						1 317	»

Livre d'Entrée et de Sortie

DATES		INDICATION	BLÉ		SEIGLE		AVOINE		ORGE		FOIN		PAILLE		BETTERAVES		POMMES DE TERRE		VIN	
			Entrée	Sortie	Entrée	Sortie	Entrée	Sortie	Entrée	Sortie	Entrée	Sortie	Entrée	Sortie	Entrée	Sortie	Entrée	Sortie	Entrée	Sortie
1888			k.	k.	k.	k.	k.	k.	k.	k.	k.	k.	k.	k.	k.	k.	k.	k.	k.	k.
Juin	1er	A l'inventaire	2500	»	1500	»	»	»	»	»	»	»	»	»	»	»	»	»	»	»
»	5	Vendu à Nicoud.......	»	200	»	100	»	»	»	»	»	»	»	»	»	»	»	»	»	»
»	»	Donné aux vaches.....	»	»	»	»	»	»	»	»	»	»	»	»	»	50	»	»	»	»

Livre de Main-d'œuvre

DATES		NOMS des journaliers	PRIX de la journée	BLÉ	SEIGLE	AVOINE	ORGE	Prairies naturelles et artificielles	BETTERAVES	POMMES DE TERRE	VIGNES	COLZA
1888												
Juin	10	Voisin..............	1.50	»	»	»	»	»	1	»	»	»
»	10	Saturnin...........	1. »	»	»	»	»	»	»	1	»	»
»	12	Alphonse..........	1.75	»	»	»	»	»	»	»	1	»

Livre des Animaux

CHEVAUX

DATE de l'entrée ou de la naissance		NOMS des Animaux	SAILLIE	MISE BAS	DATE de la sortie		MOTIF DE LA SORTIE
1888 Juin	1er	Bibi..............	»	»	1888 Juillet	1er	Vendu à Léonard
		Cadet..............	»	»			»
		Cigarette..........	10 avril	»			»
		La Grise...........	15 mars	10 décembre			»

VACHES

DATE de l'entrée ou de la naissance		NOMS des Animaux	SAILLIE	MISE BAS	LAIT	BEURRE	FROMAGES	DATE de la sortie		MOTIF DE LA SORTIE
1888 Juin	1er	Margot.........	»	»	»	»	»	1888 Juillet	1er	Vendue au boucher
		Blanchette.....	11 mai	»	»	»	»			»
		La-Rouge.......	15 mai	»	»	»	»			»
		Mirabelle......	1er juin	»	»	»	»			»

Livre des Rendements

Doit — BLÉ — BLÉ — Avoir

DATE	NATURE DE L'ARTICLE	TOTAUX partiels	TOTAUX	DATE	NATURE DE L'ARTICLE	TOTAUX partiels	TOTAUX

INDEX ALPHABÉTIQUE

DES MATIÈRES CONTENUES DANS L'OUVRAGE

R

S

TABLE DES MATIÈRES

CHAPITRE VI. — **Céréales.**

CHAPITRE VII. — **Légumineuses.**

CHAPITRE VIII. — **Plantes sarclées.**

CHAPITRE IX. — **Plantes oléagineuses.**

CHAPITRE X. — **Plantes textiles.**

CHAPITRE XI. — **Plantes tinctoriales.**

CHAPITRE XII. — **Plantes industrielles.**

CHAPITRE XIII. — **Considérations générales.**

CHAPITRE XIV. — **Prairies naturelles.**

CHAPITRE XV. — **Prairies artificielles.**

CHAPITRE XVI. — **Animaux et plantes nuisibles ; animaux et plantes utiles.**

CHAPITRE XVII. — **Reproduction des végétaux.**

CHAPITRE XVIII. — **Culture forestière.**

CHAPITRE XIX. — **Le mûrier. — Le pommier. — La vigne.**

CHAPITRE XX. — **Le bétail.**

CHAPITRE XXI. — **Oiseaux de basse-cour.**

CHAPITRE XXII. — **Le ver à soie. — Les abeilles.**

CHAPITRE XXIII. — **Jardin potager.**

CHAPITRE XXIV. — **Culture maraichère.**

CHAPITRE XXV. — **Jardin fruitier.**

CHAPITRE XXVI. — **Greffe. — Taille. — Les fruits.**

ARITHMÉTIQUE. SYSTÈME MÉTRIQUE. GÉOMÉTRIE.

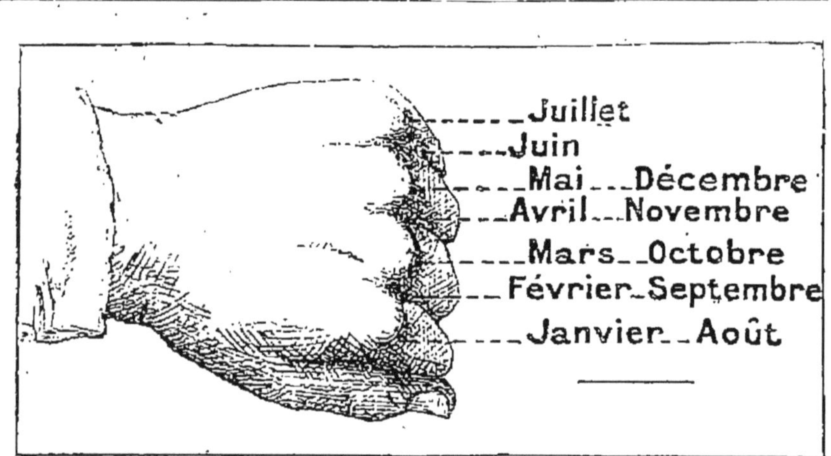

502. — Au moyen de la main fermée, on trouve les mois de 30 jours et de 31 jours en comptant les saillies comme mois de 31 jours et les creux comme mois de 30 jours. (Extrait de l'*Arithmétique de M. Combette* cours moyen et supérieur).

COMBETTE. — Arithmétique, système métrique et géométrie usuelle. *Cours élémentaire* contenant 115 figures et **730 exercices de calcul mental et écrit.** 1 volume in-12, cartonné. » 80

— **Problèmes et exercices** (1081), complémentaires. 1 vol. in-12, cartonné.. » 45

— **Arithmétique, système métrique et géométrie usuelle.** *Cours moyen et supérieur* contenant un grand nombre d'exercices et de problèmes donnés dans les examens du brevet élémentaire et du certificat d'études primaires : *commerce, épargne, industrie, vie usuelle*, etc. 1 fort volume, nombreuses figures, cart........ 1 60

Le même ouvrage **(livre du maître)**, un fort volume in-12, cartonné. Prix.. 2 50

COMBETTE et CUISSART. — Choix de problèmes donnés dans les divers examens. Un fort volume in-12, cartonné...... 1 25

Le même ouvrage **(livre du maître)**. Un fort volume in-12, cartonné (sous presse).